ひと目でわかる

Azure

基本から学ぶ
サーバー&ネットワーク構築
第4版

横山 哲也 [著]

第4版まえがき

　2015年に本書の初版が出版されてから7年がたち、クラウドを取り巻く状況も大きく変化しました。2015年頃は「便利な仮想マシン」、つまり「IaaS（Infrastructure as a Service）」として使う方が多かったようです。現在でもそうした使い方はありますが、それ以上に増えてきたのが、Webサーバーなどのアプリケーションサービス機能を提供する「PaaS（Platform as a Service）」としての使い方です。PaaSではOSの構成はAzureが自動的に行うため、利用者が操作する部分はほとんどありません（IaaSとPaaSの意味については本文を参照してください）。

　しかし、本書では相変わらずIaaSを扱い、基本的なWindowsサーバーとLinuxサーバーを構成します。PaaSは確かに便利ですが、仮想マシンほどの自由度はありません。仮想マシンは「最初の選択肢」ではないでしょうが、「最後の手段」としての安心感があります。

　また、Azureは「OSについて自習するための環境」としても有用です。OSの学習には、実際に操作してみるのが近道です。設定に失敗して、二度と起動できない状態にしてしまうかもしれません（筆者は何度も経験しています）。こうした失敗を実際に体験することは、知識を技能（スキル）として定着させるために必要なことだと筆者は考えています。しかし、現実の環境でそう簡単に失敗するわけにはいきません。Hyper-Vなどの仮想化システムを使ったテスト環境があったとしても、テスト環境の再構築には案外手間がかかります。「できれば失敗したくない」と思うことで、自由な学習が妨げられます。

　Azureを使うことで、失敗しても簡単に再構成できます。「失敗しても、やり直せばよい」という安心感は、OSの学習する上で非常に重要です。学習中にさまざまな失敗をすることで、本番環境での失敗を減らしたり、失敗しそうな操作を事前に察知したりできます。どんどん試して、たくさん失敗して、何度もやり直すことで、本当の意味でスキルが身に付きます。「こんなことをしたら取り返しがつかないのではないだろうか」などと思う必要はありません。失敗したら削除してやり直せば済むことです。気兼ねせずに何でも試してください。本書が、Azure仮想マシンを使って、WindowsやLinuxを学習する方の助けになれば幸いです。

　なお、第4版では最新のAzure事情に合わせ、新機能を取り込むとともに操作手順を更新しました。一方、以前のデプロイモデルである「クラシックモデル（サービスマネージャー）」についてはほとんどの記述を削除しています。クラシックモデルは、仮想マシン環境が2023年3月1日に廃止されることが決まっています。今から学習する必要はないでしょう。

　本書の出版にあたり、勤務先であるトレノケート株式会社テクニカルトレーニング第4チームリーダーの多田博一氏には、執筆作業に対して多大な配慮をしていただきました。ただし、本書の執筆自体は個人的な活動であり、内容についても勤務先とは無関係であることをお断りしておきます。

2022年12月2日

横山哲也

第3版まえがき

　技術者が新しい知識を習得するには、どのような方法があるでしょうか。実際に仕事で使いながら勉強する人も多いでしょうが、休日や夜間に勉強会に参加する人もいらっしゃると思います。もちろん、Web記事やブログ、それに書籍で独学する人も多いでしょう。本書を手に取ってくださった方も、勤務時間外に読んでいただいているのではないでしょうか。

　「技術を習得するのは、最終的には仕事に活かすためだから、勤務時間外に勉強するのはおかしい」という意見もあります。確かに「次のプロジェクトはAzureを使うから、プロジェクトメンバーは週末を使って各自予習しておくように」と言われたら私も反発します。プロジェクト遂行に必要な学習時間は、プロジェクトの中に組み込むべきです。

　しかし、すぐに仕事で使うわけではないけど、知っておきたい知識だったらどうでしょう。これは、個人的な時間を使って学習した方がよいと私は思います。

　技術者は勤務先に雇われている「労働者」であるとともに、「技術」という「資本」を持ち、運用する「資本家」でもあります。資本家が、資本を運用せずに放置したら目減りしていくでしょう。技術者は、自分の資産が目減りしないよう、現在の資産を運用し、増やしていかなければ生き残れません。

　クラウドコンピューティングサービスは、初期コストがほとんどかからず、使い終わったらすぐに破棄することで最小限のコストで利用できます。新しい技術を学習するにはぴったりの環境です。

　本書は、初版から一貫して「個人で技術を勉強する人」を念頭に構成しています。新しい技術は次々と登場しますが、Azureをはじめとするクラウドコンピューティングサービスを使えば、これらの技術をいち早く、そして最小のコストで使うことができます。本書が、みなさまの「技術的な資本」の強化に役立つことを願っています。

　第3版では最新のAzure事情に合わせ、操作手順を更新するとともに、構成も見直しました。また、「可用性ゾーン」などの新しい機能も取り込んでいます。一方、以前のデプロイモデルである「クラシックモデル（サービスマネージャー）」については、利用頻度も減ってきたため記述を大幅に縮小し、最小限の記述にとどめました。クラシックモデルそのものの廃止は予定されていませんが、新たに使うことはないでしょう。

　本書の出版にあたり、勤務先であるトレノケート株式会社テクニカルトレーニング第3部部長の田中亮氏および部長代理の多田博一氏には、執筆作業に対して多大な配慮をしていただきました。ただし、本書の執筆自体は個人的な活動であり、内容についても勤務先とは無関係であることをお断りしておきます。

2019年8月29日
横山哲也

改訂版まえがき

　クラウドサービスはますます多くの人に使われるようになり、新しいサービスを提供する場合、最初にクラウドを検討することは当たり前になりました。旧来のオンプレミスがなくなるとは思いませんが、クラウドが当たり前になって、オンプレミスの方が特殊な環境になるかもしれません。

　1980年代に登場した「パーソナルコンピュータ（PC）」は、「自分だけのコンピューターが使える」という「わくわく感」がありました。しかし同じコンピューターであっても、PCと企業システムでは構成が大きく違います。企業システムでは、複数のサーバーを連携させることで、高い機能と信頼性を実現していますが、PCは1台で利用するのが基本です。仮想マシンを使うこともできますが、個人用のPCで企業システムを構築するのは性能的にも容量的にも限界があります。

　一部のパワーユーザーは自宅にサーバーラックを持ち、企業システムとほぼ同等の環境を構築しているようですが、場所も費用も現実的ではありません。フリーランスのプログラマーが、企業システムのプロトタイプを自宅で構築するのは、現在でもかなり無理があります。

　そこで利用したいのがクラウドサービスです。使いたいときに、使いたいだけ使い、使った分だけ払えばよいので、短期間の利用であれば最小限の出費で抑えられます。継続的な運用を行う場合は、クラウドの方が安いとは言い切れない場合もありますが、一時的な運用ではクラウドが圧倒的に有利です。サーバーの学習教材や、テスト環境としては最適でしょう。

　クラウドを利用することで「自分だけの（企業システムと同等の構成の）コンピューターが使える」という「わくわく感」を体験していただければ幸いです。

　改訂版では最新のAzure事情に合わせ、操作手順を「Azureポータル」に差し替えるとともに、新しいデプロイモデル（展開モデル）である「リソースマネージャー」について解説しています。

　また、以前のデプロイモデルである「クラシックモデル（サービスマネージャー）」についても扱っているため、以前からのユーザーにも役立つ内容になるでしょう。

　本書の出版にあたり、勤務先であるグローバルナレッジネットワーク株式会社ラーニングソリューション3部部長の芝山賢氏には、執筆作業に対して多大な配慮をしていただきました。ただし、本書の執筆自体は個人的な活動であり、内容についても勤務先とは無関係であることをお断りしておきます。

2017年4月10日
横山哲也

初版まえがき

　私がコンピューター関連の雑誌記事や書籍を書き始めた頃、自分でサーバーを構成するのは少々面倒でした。まず、サーバーOSを入手しなければなりません。Windows Serverは高価ですし、Linuxのインストールは今よりもずっと面倒でした。何よりインストール可能なPCを調達する必要がありました。

　そのうちに、VMware Workstationが登場し、仮想マシンが使えるようになりました。Windows 8.1にはWindows Server 2012 R2とほぼ同等の機能を持つ仮想化機能Hyper-Vが標準搭載されています。

　Windowsはもちろん、現在のLinuxにはHyper-Vゲストのサポート機能が組み込まれているので、インストールも格段に簡単になりました。しかし、LinuxはともかくWindows Serverは製品ライセンスの価格が高く、個人的な興味で試験的に利用するには少々ハードルが高いことには変わりありません。数日間のテストのために高価なサーバー製品を購入するのは無駄な話です。

　そこで、目を付けたのがAmazon Web ServicesやMicrosoft Azureといったクラウドサービスです。これなら、誰でも簡単に、短時間で自分専用のサーバーを立てることができます。しかも時間単位の課金なので、短期間であればわずかな費用で済みます。

　ただし、クラウドはインターネットの向こう側にあり、手元で操作できるサーバーとは違う部分もたくさんあります。そのため、初期インストールでつまずく人も多いようです。

　特に、ストレージ（ディスク装置）とネットワークはクラウドサービス固有の機能が多く、一筋縄ではいきません。私は仕事の関係で、Amazon Web Services、Microsoft Azure、IBM Bluemix Infrastructure（旧称SoftLayer）といったクラウドサービスを利用していますが、いずれもストレージとネットワークはそれぞれ特徴があり、考え方や構成手順が違います。

　本書は、Microsoft Azureを使って仮想マシンを構成するための手引き書です。主な対象者は、短時間で、最小料金で、短期間だけサーバーを使いたい方ですが、もちろん恒常的に使い続ける場合にも役立ちます。なお、サーバーをインストールしたあと、そのサーバーをどう使うかについては本書の対象外です。いったんサーバーがインストールされてしまえば、あとはふつうのサーバーと同じです。ちょっと遅いネットワークにつながっていることを除けば何の違いもありませんので、サーバーの具体的な使い方については別の参考書で学習してください。

　本書の出版にあたり、勤務先であるグローバルナレッジネットワーク株式会社ラーニングソリューション2部部長の山本晃氏には、執筆作業に対して多大な配慮をしていただきました。ただし、本書の執筆自体は個人的な活動であり、内容についても勤務先とは無関係であることをお断りしておきます。

2015年8月8日

横山哲也

本書について

本書は、"知りたい機能がすばやく探せるビジュアルリファレンス" というコンセプトのもとにMicrosoft Azureによる仮想マシン・仮想ネットワークの設定・操作手順を豊富な画面でわかりやすく解説します。

本書の表記

本書では、次のように表記しています。

■リボン、ウィンドウ、アイコン、メニュー、コマンド、ツールバー、ダイアログボックスの名称やボタン上の表示、各種ボックス内の選択項目の表示を、原則として［ ］で囲んで表記しています。

■画面上の 、のボタンは、すべて▼、▲と表記しています。

■本書でのボタン名の表記は、画面上にボタン名が表示される場合はそのボタン名を、表示されない場合はポップアップヒントに表示される名前を使用しています。

■手順説明の中で、「［○○］メニューの［××］をクリックする」とある場合は、［○○］をクリックしてコマンド一覧を表示し、［××］をクリックしてコマンドを実行します。

■手順説明の中で、「［○○］タブの［△△］の［××］をクリックする」とある場合は、［○○］をクリックしてタブを表示し、［△△］グループの［××］をクリックしてコマンドを実行します。

トピック内の要素とその内容については、次の表を参照してください。

要素	内容
ヒント	他の操作方法や知っておくと便利な情報など、さらに使いこなすための関連情報を紹介します。
注　意	操作上の注意点を説明します。
参　照	関連する機能や情報の参照先を示します。 ※その他、特定の手順に関連し、ヒントの参照を促す「ヒント参照」、参照先を示す「手順内参照」もあります。

本書編集時の環境

使用したソフトウェアと表記

本書の編集にあたり、次のソフトウェアを使用しました。

■Azure上の仮想マシン

Windows Server 2022 Datacenter Gen2（一部はGen1）
.... **Windows Server 2022**、**Windows Server**
Windows Server 2019 Datacenter Gen2（一部はGen1）
.... **Windows Server 2019**、**Windows Server**
Ubuntu Server 20.04 LTS Gen2（一部はGen1） .... **Ubuntu Server**、**Ubuntu**、**Linux**

■Azureの操作環境

Windows 11 Pro（バージョン21H2） .... **Windows 11**、**Windows**
Microsoft Edge .... **Edge**
Google Chrome .... **Chrome**

　本書に掲載した画面は、一部の例外を除き、ウィンドウサイズを1280×1024ピクセルに設定しています。ご使用のコンピューターやソフトウェアのパッケージの種類、セットアップの方法、ディスプレイの解像度などの状態によっては、画面の表示が本書と異なる場合があります。あらかじめご了承ください。

　また、Microsoft Azureの管理ポータルWebサイト（Azureポータル）は、しばしば予告なく変更されます。新機能が追加されたり、機能変更が行われたりするほか、表記が日本語から英語、あるいは英語から日本語に変わることもあります。また、設定項目の並び順が変わったり、既定値が変わったりします。あらかじめご了承ください。

　OSの言語設定やアプリケーションによって、円記号（¥）がバックスラッシュ（\）で表示される場合があります。本文ではすべて「¥」に統一しましたが、画面では「\」になっている場合もあります。ご注意ください。

Webサイトによる情報提供

Azureの情報について

　本書で説明するAzureの機能や価格などの情報は、すべて本書の執筆時点のものです。Azureは頻繁に更新が行われるため、最新情報はAzureポータルに表示される通知や、マイクロソフト社の公式サイト（https://azure.microsoft.com）でご確認ください。

本書に掲載されているWebサイトについて

　本書に掲載されているWebサイトに関する情報は、本書の執筆時点で確認済みのものです。Webサイトは、内容やアドレスの変更が頻繁に行われるため、本書の発行後、内容の変更、追加、削除やアドレスの移動、閉鎖などが行われる場合があります。あらかじめご了承ください。

訂正情報の掲載について

　本書の内容については細心の注意を払っておりますが、発行後に判明した訂正情報については本書のWebページに掲載いたします。URLは次のとおりです。

　https://nkbp.jp/080229

第1章

Azureの概要   1

第2章

仮想マシンを作ってみよう   57

第3章 仮想マシンイメージを作ってみよう 147

第4章	仮想マシンを冗長化しよう	199

第5章	仮想ネットワークを構成しよう	269

第6章　Azureにバックアップしよう　337

第7章 まとめ～ Webアプリケーションサーバーを構築しよう 435

Azureの概要 第 1 章

Microsoft Azure（以下、Azureと表記）は、「クラウドコンピューティング」と呼ばれるサービスの一種です。初期投資ゼロで、数分でサーバーが調達できる「クラウド」は、現在のIT環境を大きく変えることになりました。

新しいサービスを提供するとき、まずクラウドでの実装を検討する「クラウドファースト」が当然となり、既存システムをクラウドへ移行する作業も進んでいます。しかし、まだまだクラウドについての理解が進んでいない方や誤解されている方も多いようです。

この章では「クラウド」とは何かを明確にし、Azureの概要について説明します。既にクラウドについてご存じの方は、この章の2から読んでいただいて構いません。

1 クラウドコンピューティングとは

　Azureについての解説を始める前に、改めて「クラウドコンピューティング」について説明しておきましょう。既にクラウドコンピューティングについてご存じの方は、この章の2から読み始めても構いません。

クラウドコンピューティングの考え方

　「クラウドコンピューティング」は、新しいコンピューター（主にサーバー）の利用形態で、単に「クラウド」とも呼ばれます。クラウドを利用すれば、必要なハードウェアを迅速に調達でき、不要になれば即座に廃棄できます。一般に、サーバーの負荷は常に変化しているため、負荷のピークでは能力が不足し、暇なときは無駄が出ます（図1-1）。
　クラウドを使えば、使った分だけ支払えばいいので、ピークに合わせた無駄なサーバー調達をする必要がなく、コストを下げることができます。たとえば、1日の中でも忙しいときにサーバーを増やし、暇なときに減らすことが簡単にできます。

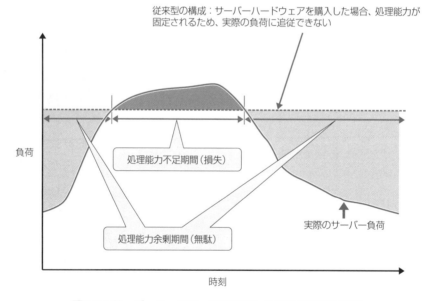

図1-1：サーバーハードウェアを固定した場合の損失と無駄

クラウドコンピューティングの定義

　クラウドコンピューティングの定義として広く受け入れられているものが、米国商務省の国立標準技術研究所（NIST）が公開する以下の文書です。

「The NIST Definition of Cloud Computing」
http://nvlpubs.nist.gov/nistpubs/Legacy/SP/nistspecialpublication800-145.pdf

　日本語訳は独立行政法人情報処理推進機構（IPA）によって公開されています。英語版は実質的に2ページ、日本語版は3ページと、非常に短いものですので、一読することをお勧めします。

「NISTによるクラウドコンピューティングの定義」
https://www.ipa.go.jp/files/000025366.pdf

　NISTによると、クラウドの定義は以下の通りです（原文は文章になっていますが、わかりやすいように箇条書きにしました）。

・共用の構成可能なコンピューティングリソース（ネットワーク、サーバー、ストレージ、アプリケーション、サービス）の集積
・どこからでも、簡便に、必要に応じて、ネットワーク経由でアクセス可能
・最小限の利用手続きまたはサービスプロバイダーとのやりとりで速やかに割り当てられ提供（解放）される

クラウドコンピューティングの特徴

　NISTによると、クラウドコンピューティングには以下の5つの特徴があるとされています。

・**オンデマンドセルフサービス（On-demand self-service）**
　必要に応じて、自分で構成できます。
・**幅広いネットワークアクセス（Broad network access）**
　ネットワー経由で利用できます（インターネットには限定していません）。
・**リソースの共用（Resource pooling）**
　CPUやディスク装置などがプールされていて、需要に応じて利用できます。
・**スピーディな拡張性（Rapid elasticity）**
　迅速に能力を拡大したり縮小したりできます。
・**サービスが計測可能（Measured service）**
　実際のサービス利用量を計測することで「使った分だけ支払う」ことができます。

ヒント

Measured Service

「計測可能（Measured Service）」の意味は、携帯電話のパケット使用料金がわかりやすいでしょう。携帯電話のパケット使用量は計測されており、毎月の明細に記載されます。基本契約では従量制なので、本来なら数万円を超える金額になることも珍しくありません。しかし、多くの人はオプションの定額制契約をしているため、実際に支払う金額は数千円程度です。
ただし、一定以上のパケットを使うと速度制限がかかります。これもパケット使用量を計測しているからできることです。残念ながら定額制のクラウドサービスは今のところほとんど

ありませんが、各種の割引制度や一定の無料枠があるため、純粋な従量制ではありません。「Measured Service」を「従量制」と意訳することもありますが、実際の支払い条件は契約によって変化することに注意してください。
ちなみにIBM Cloudでは、一部サービスの定額料金に対して「アンメータード（unmetered）」という表現がよく使われています。「メーター（meter）」と「メジャー（measure）」はほぼ同じ意味なので、「アンメータード」は「計測していない＝従量課金できない＝定額」という意味になります。

クラウドコンピューティングのサービスモデル

NISTは、クラウドを以下の3つのサービスモデルに分類しています（図1-2）。

- ・SaaS（Software as a Service）
- ・PaaS（Platform as a Service）
- ・IaaS（Infrastructure as a Service）

アプリケーション	SaaS
ミドルウェア	PaaS
コンピューター基盤	IaaS
ハードウェア	

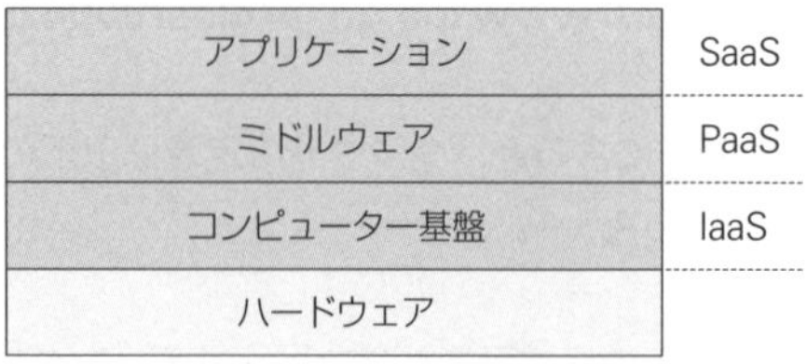

図1-2：クラウドコンピューティングの種類

　SaaSは、ASP（アプリケーションサービスプロバイダー）と呼ばれていたサービスと同じものを指し、アプリケーションを提供します。Webベースのメールサービスなどは SaaSの一例です。

　SaaSの利点は、すぐに使えることですが、もともと備わっていない機能を追加することは困難です。たとえば、電子メールのサービスを拡張して、顧客管理システムにすることはできません。

　PaaSは、アプリケーションの実行環境を提供します。たとえばJavaで記述されたアプリケーションは、WindowsであろうとLinuxであろうと同じように（原理的には）動作します。OSのことを意識せずに、アプリケーションの実行だけを考える形態を「PaaS」と呼びます。データベース管理システム（DBMS）などのミドルウェアを提供するサービスもPaaSと呼びます。

　また、Webアプリケーションのテンプレート（たとえばブログ管理システムで有名なWordPress）などもPaaSの一種です。「最終的に必要なアプリケーションではないが、単なるOSよりも多くの機能が含まれているもの」はすべてPaaSと考えられます。

　PaaSの利点は、クラウドに最適化されたプラットフォームを使うことで、クラウド固有の機能を生かしたアプリケーションを容易に作れることですが、既存のプログラムは書き直しが必要な場合もあります。

　IaaSは、サーバーをそのまま提供します。Azureを含め、ほとんどのクラウドは仮想マシンを提供しますが、IBM Cloudのように仮想マシンと物理マシンの両方を提供するIaaSもあります。

　IaaSでは、Windows ServerやLinuxなどのOSをインストールしたあとの仮想マシンを提供し、OSのライセンス料は仮想マシンの使用料に上乗せされるのが普通です。AzureでもWindowsよりもLinuxの方が安くなっているのはそのためですが、同じLinuxでもRed Hat Enterprise Linux（RHEL）のようにWindowsよりも高価なものもあります。これはRHELにはRed Hat社によるサポート料金が上乗せされるためです。

　IaaSの利点は、既存のサーバーと高い互換性を持つことですが、クラウド固有の機能を使うには追加のプログラミングや構成が必要になります。

　AzureにはPaaSの機能とIaaSの機能が備わっていますが、本書ではIaaSについてのみ扱います。

ヒント

IaaSの読み方

IaaSは、「イアース」または「アイアース」と読みます。日本では「イアース」と読む方が比較的多いかもしれません。英語ではそのまま「アイ・エイ・エイ・エス」と読む人が多いそうです（実際にたくさんいらっしゃいました）。大きな会場でのプレゼンテーションではまったく略さずに「Infrastructure as a Service」と読む人も多くいらっしゃいます。日本人が思っているほど「IaaS」という略語は浸透してないため、英単語のように読み上げることに抵抗があるそうです。また、母音が続く単語は英語として不自然だという説も聞きました。ただ、先日見た動画では「アイアーズ」のように発音していたので、最近は変わってきたようです。

ヒント

マイクロソフトが提供するPaaS

本書ではIaaS機能を扱い、PaaS機能は原則として扱っていません。代表的なPaaS機能には以下のものがあります。

- ストレージサービス…Azureでは、データ保存のサービスを複数提供している。本書ではBLOBやFilesを簡単に紹介する。
- データベースサービス…AzureにはMicrosoft SQL Server互換の「Azure SQL Database」や、オープンソースのMySQL互換の「Azure Database for MySQL」、同じくオープンソースのPostgreSQL互換の「Azure Database for PostgreSQL」などが利用できる。
- Webアプリケーションサービス…Webベースのアプリケーションを簡単に作成できるWeb Appが用意されている。
- その他…WordPressコミュニティが提供する「WordPress」や、多くのサードパーティ製品が利用できる。

マイクロソフトが提供するSaaS

マイクロソフトは、Microsoft AzureブランドでIaaSとPaaSを提供していますが、SaaSも提供しています。いずれも、クラウド上で使うだけではなく、社内システムとの連携も考慮しているのが特徴です。代表的なSaaSは以下の通りです。

- Office 365…Microsoft 365に含まれ、Officeアプリケーションを提供する。
- SharePoint Online…企業向けMicrosoft 365に含まれ、SharePointをベースとしたグループウェアを提供する。
- Exchange Online…企業向けMicrosoft 365に含まれ、電子メールサービスを提供する。
- Teams…企業向けMicrosoft 365に含まれ、電子掲示板を使った組織内での情報共有や、リアルタイムコミュニケーション機能を提供する。
- Dynamics 365…CRM（顧客管理システム）や会計システムを提供する。

クラウドコンピューティングの展開モデル

クラウドではない従来の形態を「オンプレミス」と呼びます（原義は「構内の」）。オンプレミスに対応する言葉は「オフプレミス」ですが、一般には単に「クラウド」と呼びます。

NISTでは、クラウドコンピューティングの展開モデル（デプロイモデル）として以下の4つを定義しています。

- **パブリッククラウド**…契約すれば誰でも利用可能
- **コミュニティクラウド**…同じ業界の会社など、特定多数で利用可能
- **プライベートクラウド**…1社専用のシステム
- **ハイブリッドクラウド**…2つ以上の異なるクラウドの組み合わせ

Azureを含め、ほとんどのクラウドサービスはパブリッククラウドです。しかし、パブリッククラウドの提供会社の中には、パブリッククラウドの一部を切り出して1社向けに提供する場合があります。「あたかも1社向けクラウドのように見える」ため、これを「仮想プライベートクラウド（VPC）」と呼ぶ場合があります。現在では多くのパブリッククラウドがVPCを提供しています。もちろんAzureも例外ではありません。

VPCの構築は、ネットワークに関する深い知識と、インターネットに接続されたルーターの構成が不可欠です。本書では概要を紹介しますが、実際の構築については扱いません。

ヒント

「オンプレミス」の本当の意味

オンプレミス（on-premises）の「premises（プレミス）」、本当の意味をご存じでしょうか。premiseのpreは「前」でmiseは「送る」、premiseでは「前提」という意味だそうです。ここから、不動産譲渡証書や遺言書のような法的文書で「先に述べたこと」の意味で使われ、さらに「先に述べたこと」が実際には土地や建物を指すことが多かったことから、「premises」が「土地・建物」の意味になったそうです（「土地・建物」の場合は常に複数形）。

2 Azureとは

Azureは、マイクロソフトが提供するPaaSおよびIaaS型のパブリッククラウドです。ここでは、Azureの歴史を振り返りながらその特徴を紹介し、契約までの手順を説明します。

Azureの歴史

Azureは、マイクロソフトが提供するパブリッククラウドで、2008年に発表され、評価期間を経て2010年から正式にサービスを提供しています。当初は「Windows Azure」と呼び、Microsoft .NETをサポートするPaaSとしてサービスを開始しました。

現在、Windowsのアプリケーションの多くは「Microsoft .NET Framework」上で動作しています。AzureのPaaSも.NET Frameworkを提供していたため「Windowsとの互換性が高い」という意味を込めて「Windows Azure」と名付けられました。

しかし「既存のシステムを移行するために、単純な仮想マシンが欲しい」という要望に応えて、2013年から始まったIaaSではHyper-Vベースの仮想マシンを提供しています。このときから、Windowsはもちろん、Linuxのサポートも積極的に行われており、Windowsの枠に収まらなくなってきたため、2014年に「Microsoft Azure」と改称されました。

PaaSとIaaSでは使い勝手がかなり違うため、ほとんど別物のように感じられるかもしれません。たとえばPaaSを使ったアプリケーション開発は、マイクロソフトの開発ツール「Visual Studio」を使ってプログラムを作成し、Visual StudioからAzureにアップロードして使うのが一般的です。このとき、Azureは仮想マシンを作るのですがOSの存在を意識する必要はほとんどありません。

これに対してIaaSでは、仮想マシンを作成したあとリモートデスクトップクライアントを使ってサーバーに接続し（Linuxの場合はSSHで接続し）、設定を変更します。このときは通常の管理ツールを使うため、OSのコマンドや管理ツールを知っている必要があります。

本書では、IaaSについてのみ扱うため、PaaSの詳細を知る必要はありませんが、後述する「ストレージアカウント」など、PaaSとしての機能が影響している部分もあります。

表1-1：Azureと主なIaaS/PaaSの歴史

年	出来事	分類
2006年	サーチエンジン戦略会議で「クラウドコンピューティング」の言葉が登場（8月9日）	
	Amazon Web Services EC2（Elastic Compute Cloud）開始（8月25日）	IaaS
2008年	Windows Azure発表	PaaS
	Google App Engine開始	PaaS
2009年	Amazon Web Services RDS（Relational Database Service）開始	PaaS
2010年	Windows Azure正式リリース	PaaS
2013年	Windows AzureでIaaS開始	IaaS
2014年	Microsoft Azureに改称	IaaS/PaaS
	Google Compute Engine開始	IaaS

Azureのデータセンター

Azureのデータセンターは、以下のような構造を持ちます（図1-3）。

- **データセンター**…データセンターの建屋（詳細は非公開）
- **リージョン（地域）**…データセンターの集合（都道府県や米国の州まで公開）
- **リージョンペア**…リージョン間での冗長化の単位
- **可用性ゾーン**…リージョン内での冗長化の単位の1つ

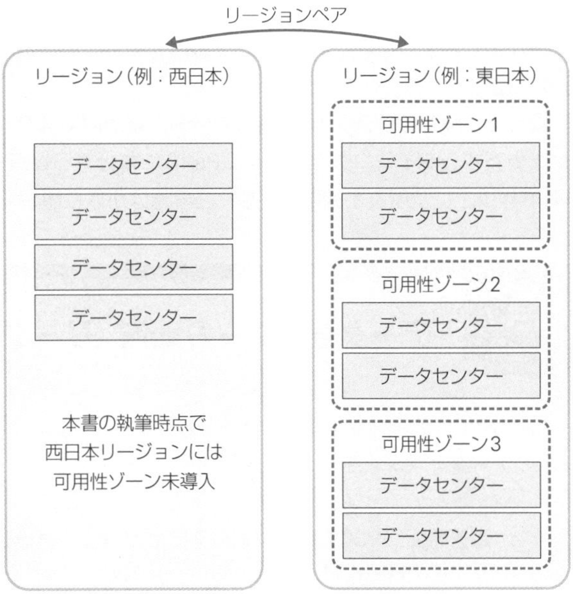

日本には、東日本（東京・埼玉）と西日本（大阪）の2つのリージョンがあります。各リージョンで利用できる機能には若干の違いがあります。また、価格も違います。たとえば、仮想マシンの使用料は東日本と西日本でもわずかな差があります。

データセンター内のハードウェアは多重化されており、障害に備えています。後述するように、この仕組みを「可用性セット（Availability Set：AS）」と呼びます。

しかし、大規模災害などで地域全体が被害を受けるような状況では可用性セットは効果がありません。そこで、ストレージサービスなど、一部のサービスはあらかじめ決められた別のリージョンにデータを複製する仕組みを持ちます。複製先のリージョンを「リージョンペア」と呼び、利用者が指定することはできません。たとえば、東日本と西日本のリージョンは互いにリージョンペアを構成します。

リージョンペアは数百km以上離れているので安心ですが、切り替えはAzureのオペレーターが行います。利用者が手動で切り換えることも可能ですが、切り替えには数分以上かかります。そこで「可用性ゾーン（Availability Zone：AZ）」の導入が進んでいます。AZは、同一リージョン内（たとえば東日本リージョンの中）である程度離れたところにあるデータセンター群で、通常はリージョン内に3箇所設置されます。利用者は、複数の仮想マシンを異なるAZに配置することで冗長性を確保します。

AZは2019年から正式にスタートし、2021年にはAzureリージョンのあるすべての国で少なくとも1つのリージョンがAZを持つようになりました。たとえば、日本には東日本リージョンと西日本リージョンがあり、AZは東日本リージョンで利用できます。また、韓国には韓国中部リージョン（ソウル）と韓国南部リージョン（プサン）があり、AZは韓国中部で利用できます（いずれも本書の執筆時点）。

実際の利用はAZよりもASの方が手軽なため、ASのサポートも継続します。

図1-3：Azureのデータセンターの構造

IaaSの歴史

Azureに先立つ2006年にAmazon Web Services（AWS）がサービスを開始しました。ほぼ同時期に、当時GoogleのCEOであったエリック・シュミット氏が「クラウドコンピューティング」という概念を打ち出しています。ただし、AWSが開始した時点では、一般には単に「仮想マシンを迅速に提供するサービス」としか認識されていなかったようです。

　その後「アプリケーションをクラウド上で動かす」という発想が出てきました。「アプリケーションを動かすための環境」としてPaaSが注目されるようになり、2008年にはGoogleとマイクロソフトが参入を決定します。また、AWSも単なる仮想マシンから、「プログラムの実行環境」としての側面を強化します。

　しかし、PaaSの力を十分に発揮するには新たにアプリケーションを開発する必要があります。既存のアプリケーションをそのまま動かすには、IaaSの方が有利です。そこで、2013年頃からクラウドの流れを揺り戻す形でIaaSの人気が出てきました。これを受け、PaaSとSaaSのみを提供していたマイクロソフトがIaaSを提供し、Googleも追従します。

　現在は、既存のシステムの移行はIaaS、新規開発はPaaSと使い分けられていますが、IaaS上のアプリケーションを更新するタイミングで、徐々にPaaSに移行すると筆者は考えています。ただし、業務アプリケーションの寿命は10年以上に及ぶことは珍しくなく、移行はかなりゆっくりと進むことが予想されます。

 コラム　## データセンターの地域（リージョン）

　Azureのデータセンターのある地域（リージョン）は、毎年のように増えています。以下のことを考えて、どのデータセンターを使うかを選んでください。

- **応答時間**…地理的に遠いと応答時間が増え、体感速度が低下します。日本から使う場合は［東日本］または［西日本］が適切です。［東アジア（香港）］や［東南アジア（シンガポール）］も高速に利用できます。米国西部は太平洋を横断する海底ケーブルを使うため比較的高速ですが、米国東部や欧州のリージョンは速度面で不利になります。

- **サービス**…サービスによっては特定のリージョンにのみ提供している場合があります。有用なサービスは、順次リージョンを拡大していきますが、具体的なスケジュールが公開されることは少なく、「2023年中」や「数か月以内」といった予定しかわかりません。今すぐ使えるリージョンを選んだ方が得策でしょう。

- **価格**…物価事情等を配慮して、リージョンごとに異なる使用料金が設定されています。日本は土地代が高いためか、高額になる傾向にあります。［東日本］と［西日本］は、概ね同じ価格ですが、仮想マシンの価格にはサイズごとに若干の差があります。古くからあるサイズは西日本が少し安いのですが、最近追加されたサイズは東日本の方が安い場合もあります。日本国内では応答時間に大きな差はありませんから、どちらを使っても似たようなものですが、新しい機能は［東日本］に先に実装されることが多いようです。たとえば、可用性ゾーン（AZ）は本書の執筆時点で東日本にのみ存在します。

ヒント

可用性ゾーン（AZ）

可用性ゾーン（AZ）は、AWS（Amazon Web Services）の同名の機能（Availability Zone）を真似て作られました。災害対策としてはリージョンペアの方が優れていますが、別リージョンへのサーバー切り替えは何かと面倒なため、AZが導入されたようです。
AZ間のネットワーク遅延は往復2ミリ秒程度と、LAN並みに抑えられているため手軽に切り換えることができます。また、AZ間の距離は数十km離れていると推定されており、ある程度大きな災害でも影響を受けることはありません。

Azureの中身

Windows Serverで作成した仮想ディスクをAzureにアップロードすることができます。ただし、仮想ディスクの形式は旧来のVHD形式の容量固定ディスクのみがサポートされ、Windows Server 2012から利用可能になっているVHDX形式はサポートされません。VHDXの方が信頼性も性能も高いため、この制限は不思議に思いますが、本書の執筆時点ではVHDXはサポートされていません。

3 Azureを使うには

　クラウドの定義の1つに「最小限の利用手続きまたはサービスプロバイダーとのやりとりで速やかに利用可能」という項目があります。Azureも、もちろん例外ではありません。ここでは、Azureを使うための手続きについて説明します。クレジットカードさえあれば、おそらく5分程度で完了することでしょう。

Azureのサインアップ

　Azureを使うには、最初にサービス契約（サインアップ）を行う必要があります。契約に必要な条件は以下の通りです。

・有効なクレジットカード
・Microsoftアカウント（旧称Live ID）

サインアップの画面では、以下の点に注意してください。

・**姓と名の順序**…名・姓の順に入力を求められる可能性があるのでよく確認してください。
・**携帯電話**…本人確認のためテキストメッセージ（ショートメッセージ：SMS）または音声を受信（着信）できる必要があります。
・**クレジットカード情報**…携帯電話を使った本人確認を行ったあとで登録画面が表示されます。

　契約後、30日間利用可能な200ドル相当のクレジットが割り当てられます（ただし、1人につき1回限り）。一部のサービスは引き続き最大1年間無料で利用できますが、それには従量課金に移行する必要があります（図1-4）。また、常に無料で提供されるサービスも存在します。詳しくは以下のWebサイトを参照してください。

https://azure.microsoft.com/ja-jp/free/

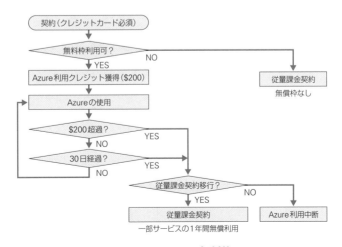

図1-4：Azureの無料枠

　契約の時点でクレジットカードが必要ですが、利用者が明示的に従量課金に移行しない限り課金が自動的に行われることはありません。念のため、評価期間の終了前後には課金対象となっているサービスの利用状況を確認することをお勧めしますが、勝手に課金されることはないので安心してください。

　以下に示すのは本書の執筆時点での手順です。

❶
Azureの無料アカウントのサインアップ用URL（https://signup.azure.com/）にアクセスする。アカウントの選択画面が表示された場合は、適切なアカウントを選択するか、［別のアカウントを使用する］を選択して、サインイン画面に進む。
●アカウントの選択画面は表示されない場合もある。
●既にMicrosoftアカウントまたはAzure ADアカウントでサインインしている場合は、ユーザー名とパスワード入力を求められず自動的にサインインする場合がある。

❷
［サインイン］画面で、Microsoftアカウントのユーザー名（メールアドレス）を入力して［次へ］をクリックする。
●Microsoftアカウントをまだ取得していない場合、この画面の［アカウントをお持ちでない場合、作成できます］の［作成］リンクをクリックするとMicrosoftアカウントを作成できる。詳しくは次項「Microsoftアカウントのサインアップ」を参照。

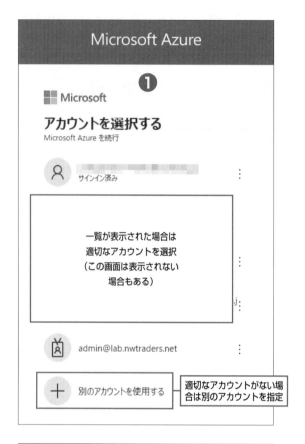

③
[パスワードの入力]画面で、パスワードを入力して
[サインイン]をクリックする。

④
[サインインの状態を維持しますか？]画面で、[は
い]をクリックする。
- これにより設定情報が保存されるため、再サイン
  インの回数を減らせる。共用PCを使っている場合
  はセキュリティリスクとなるので[いいえ]を選
  択する。

❺

[プロフィール（自分の情報）] として、以下の項目を入力する。姓名の順序に注意すること。

- ・国/地域
- ・名
- ・ミドルネーム（省略可能）
- ・姓
- ・電子メールアドレス（Microsoft アカウントのメールアドレスと別でもよい）
- ・電話番号

●電話番号は、個人情報として記録するほか、ショートメッセージ（SMS）を送信して身元確認に使用する。身元確認用に別の電話を使いたい場合は [別の電話番号を使用してお客様のID を確認します] をオンにすると、別の番号を指定できる。

❻

[テキストメッセージを送信する] をクリックして、SMS を受信する。または、[電話する] をクリックして音声応答システムで確認コードを受け取ることも可能。

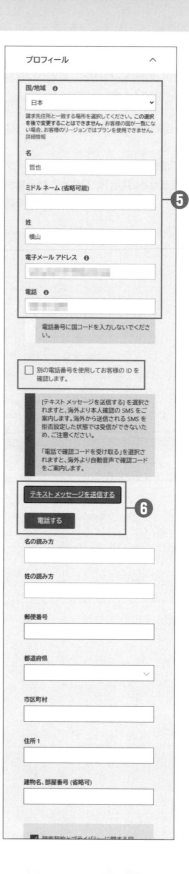

⑦
SMSで送られてきた確認コードを［確認コード］ボックスに入力して［コードの確認］をクリックする。

⑧
コードの確認が完了したらスクロールダウンして、追加のプロフィール情報を入力する。
・名の読み方
・姓の読み方
・郵便番号
・都道府県
・市区町村
・住所
・建物名、部屋番号（省略可）

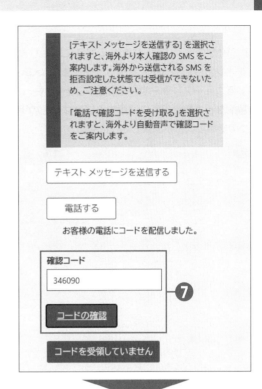

[テキスト メッセージを送信する] を選択されますと、海外より本人確認の SMS をご案内します。海外から送信される SMS を拒否設定した状態では受信ができないため、ご注意ください。

「電話で確認コードを受け取る」を選択されますと、海外より自動音声で確認コードをご案内します。

テキスト メッセージを送信する

電話する

お客様の電話にコードを配信しました。

確認コード
346090

⑦

コードの確認

コードを受領していません

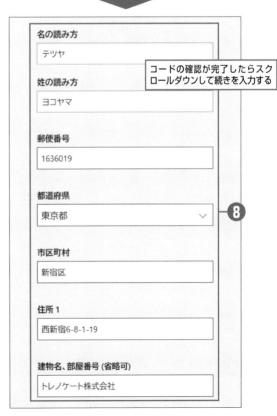

名の読み方
テツヤ

姓の読み方
ヨコヤマ

郵便番号
1636019

都道府県
東京都

⑧

コードの確認が完了したらスクロールダウンして続きを入力する

市区町村
新宿区

住所 1
西新宿6-8-1-19

建物名、部屋番号 (省略可)
トレノケート株式会社

❾

[顧客契約とプライバシーに関する同意に同意します]をオンにして、[次へ]をクリックする。Azure に関するニュースレターやマイクロソフトのパートナー製品などの情報提供に同意する場合は、その下の2つのチェックボックスもオンにする。

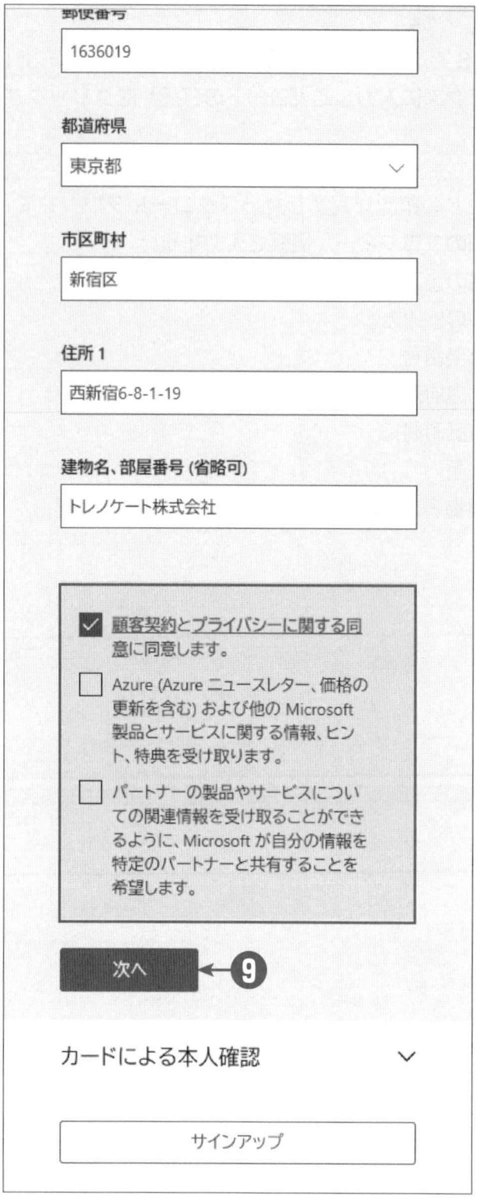

郵便番号

1636019

都道府県

東京都

市区町村

新宿区

住所 1

西新宿6-8-1-19

建物名、部屋番号 (省略可)

トレノケート株式会社

☑ 顧客契約とプライバシーに関する同意に同意します。

☐ Azure (Azure ニュースレター、価格の更新を含む) および他の Microsoft 製品とサービスに関する情報、ヒント、特典を受け取ります。

☐ パートナーの製品やサービスについての関連情報を受け取ることができるように、Microsoft が自分の情報を特定のパートナーと共有することを希望します。

次へ ◄━❾

カードによる本人確認　　　∨

サインアップ

⑩ クレジットカードに関する情報を入力し、［サインアップ］をクリックする。

プロフィール ⌄

カードによる本人確認 ⌃

クレジット カードまたはデビット カードを指定してください。このカードで一時的な信用照会が行われますが、**従量課金制の価格に移行しない限り、請求されることはありません。**プリペイド カードは受け入れられません。

次のカードを使用できます:

VISA   AMERICAN EXPRESS   JCB

名義
TETSUYA YOKOYAMA

カード番号

有効期限
月 ⌄ 　年 ⌄

セキュリティコード
　　　　　　　　　CVV とは何ですか?

郵便番号
1636019

都道府県
東京都 ⌄

市区町村
新宿区

住所 1
西新宿6-8-1-19

建物名、部屋番号 (省略可)
トレノケート株式会社

国/地域
日本 ⌄

サインアップ ←⑩

⓫ サインアップの処理が開始されるので、終わるまで待つ。待っている間に、ここまでの作業についての意見を書いて送信することもできる。特になければ何もせず待てばよい。ここで、無料試用版が使えない場合は、従量課金の契約画面に移行するので、必要事項に答えて無料試用なしの従量課金契約を行う。

⓬ 以上で契約が完了し、自動的にAzureの管理画面（Azureポータル）に移行する。

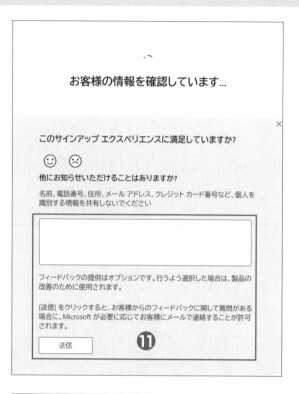

ヒント

サインイン、ログオン、ログイン

「サインイン」「ログオン」「ログイン」はすべて同じ意味です。また「サインアウト」「ログオフ」「ログアウト」も同じ意味です。

ログ（log）は航海日誌の意味で、そこから業務日誌の意味になりました。そこからコンピューターを使い始めることを「業務の開始」と考えたようです。ログオンはIBMを中心とする汎用機で使われ、ログインはUNIX系のOSで広く使われました。1980年代のマイクロソフトはIBMとの結びつきが強かったため、ログオンという言葉が使われたようです。

サインインは「契約の開始」という意味で、こちらはIT用語ではなく一般的な英語です。コンピューターが一般化したため、一般的な用語に切り換えたようです。

Azureの無料試用版

Azureの無料試用版は1人につき1回だけ追加できます。無料期間終了後にもう一度申し込むとエラーになります。いったんAzureアカウントを削除しても駄目なようです。同じ人かどうかの判定基準は公開されていませんが、メールアドレスや携帯電話番号を組み合わせて判断しているようです。

もうひとつの無料試用版「Student Pass」

マイクロソフトが提供する教育コース（Microsoft Official Curriculum：MOC）などには、Azureの特別な利用権が付属する場合があります。これは「Student Pass」または「Azure Pass」と呼ばれ、通常の無料試用版と比べて次のような特徴

があります。

- ・クレジットカード不要（Microsoftアカウントは必要）
- ・100ドルまたは50ドル相当のクレジット（無料試用版は200ドル相当）
- ・リソースの作成制限

その他の制限は、無料試用版と同じです。Student Passは、教育コース中の演習用に利用することを想定しています。ほとんどの教育コースは5日以内なので100ドルあれば十分でしょう（1日コースの場合は50ドルのクレジット）。余ったクレジットは30日以内であれば自由に使えますし、従量課金に移行することもできます。もちろん従量課金に移行する場合にはクレジットカードの登録が必要です。

注意しないといけないのは、リソースの作成制限です。どうも、混んでいるリージョンでの利用は制限されているようで、タイミングによっては日本のリージョンにリソースを作れない場合があります。

また、無料試用版と同様、同じアカウントで複数のStudent Passの契約はできません。以前使っていたStudent Passの利用期限が切れていても駄目です。1人の人が複数の教育コースを受講する場合、その都度異なるメールアドレスが必要なので注意してください。新しいメールアドレスを作るときは、Microsoftアカウントが自動的に紐付くoutlook.comをお勧めします。

なおStudent Passと、学生向けの試用版「Azure for Students」とは別物なので混乱しないようにしてください。

Microsoftアカウントのサインアップ：メールアドレスと同時作成

　Microsoftアカウントは、Azureを含めマイクロソフトが提供する大半のサービスで必要なIDで、任意の電子メールアドレスに対して登録できます。OneDriveやoutlook.comなどを使っている場合は自動的にMicrosoftアカウントとして登録されるので、それを使ってください。Windows 8以降を使っている場合は、OSの初期設定時にMicrosoftアカウントを作成しているかもしれません。「既に登録されている」というエラーが表示された場合で、普段Windowsにメールアドレスでサインインしているならば、OSのサインイン情報を使ってAzureにサインインしてみてください。

　Microsoftアカウントを持っていない場合、Azureポータルのサインイン画面でエラーが起きます。このとき、[アカウントをお持ちでない場合、作成できます]の[作成]をクリックすると、Microsoftアカウントを作成できます。

　ここでは、新しいメールアドレスを取得してMicrosoftアカウントを作成する手順を説明します。手持ちのメールアドレスを使ってMicrosoft アカウントを作成する手順は、次項で説明します。

　なお、Microsoftアカウントを取得するための画面は頻繁に変わるので、参考程度にご覧ください。ただし、基本的な流れは今後も変わらないと思われます。

　Microsoftアカウントの代わりにAzure AD（Azure Active Directory）のユーザーアカウントを使うこともできます。会社の業務でAzureを利用する場合で、既にAzure ADが導入されているときは、必ずAzure ADのユーザーアカウントを使ってください。たとえば法人向けMicrosoft 365の契約をしている場合はAzure ADを使っているはずです。

❶
Microsoft アカウントのサインイン画面で［アカウ
ントをお持ちでない場合、作成できます］の［作成］
リンクをクリックする。

❷
［アカウントの作成］画面で、［新しいメールアドレ
スを取得］をクリックする。
- ●［新しいメールアドレスを取得］をクリックする
  と、無料のメールアドレスとともに Microsoft ア
  カウントを作成できる。手持ちのメールアドレス
  を使いたい場合は、有効なメールアドレスを指定
  して［次へ］をクリックする（次項を参照）。

❸
ほかと重複しない任意の名前とドメイン名を指定し
て［次へ］をクリックする。ドメイン名は outlook.
jp、outlook.com、hotmail.com の中から選択で
きる。

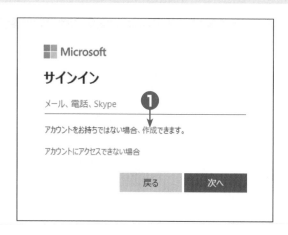

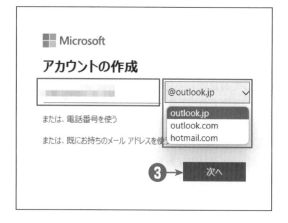

❹
[パスワードの作成]画面で、次回からのサインイン
に使うパスワードを指定して[次へ]をクリックす
る。

❺
[アカウントの作成]画面で[次へ]をクリックす
る。

⑥

クイズを読んで解答画像をクリックする。

⑦

Microsoftアカウントが作成される。

ヒント

Microsoftアカウント作成時のクイズ

Microsoftアカウント作成時に出題されるクイズは、プログラムによる自動登録を防ぐためにあります。
以前はクイズの代わりに「CAPTCHA（Completely Automated Public Turing test to tell Computers and Humans Apart）」と呼ばれる機能を使っていました。CAPTCHAは、崩した文字を識別することで人間かどうかを確認しますが、画像認識技術の発達で有効性が失われつつあります。
現在採用されているクイズは、複数のイラストを提示し、指示通りに選択できるかどうかで判断しています。誇張したイラストの判定は案外難しいことを利用しているようです。

Microsoftアカウントのサインアップ：既存のメールアドレスで作成

手持ちのメールアドレスでMicrosoftアカウントを作成する手順は以下の通りです

❶ Microsoftアカウントのサインイン画面で［アカウントをお持ちでない場合、作成できます］の［作成］リンクをクリックする。

❷ ［アカウントの作成］画面で、有効なメールアドレスを指定して［次へ］をクリックする。

❸ ［パスワードの作成］画面で、次回からのサインインに使うパスワードを指定して［次へ］をクリックする。

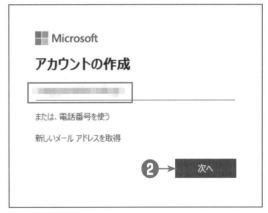

④ 指定したメールアドレスにコードが送られてくるの
で、［メールの確認］画面にそれを入力して［次へ］
をクリックする。マイクロソフトからのキャンペー
ンメールを受け取るかどうかは任意。

● これ以降は、新しいメールアドレスを取得する場
合と同様の手順となる。

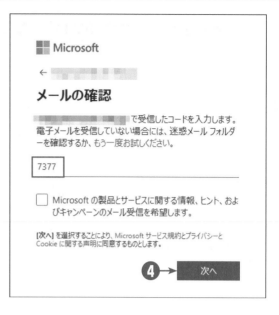

過去に何度か Microsoft アカウントを作成している場合、携帯電話による認証が要求される場合があります。さら
に、連続して多くの Microsoft アカウントを作成すると、その電話番号からは Microsoft アカウントが作成できなく
なります。判定基準は公開されていません。おそらく最初はリクエスト元の IP アドレスを見ているのだと思います。

コラム　ユーザーアカウントの種類

サインイン時にユーザー名（メールアドレス）が
Microsoft アカウントとして登録されていない場合は
エラーメッセージが表示されます。Microsoft アカウ
ントの登録は以下のいずれかの手続きが必要です。

・ **マイクロソフトが発行したメールアドレス
（outlook.com や outlook.jp ドメインなど）**
…自動的に Microsoft アカウントとなっている
ので、特別な作業は必要ありません。

・ **その他のメールアドレス**…前述の方法で、任意
のメールアドレスと紐付けた Microsoft アカウ
ントを作成します。

・ **Office 365 などを会社で利用している場合の
メールアドレス**…［職場または学校アカウント］
か［個人用アカウント］の選択を求められた場合
は（図 1-5）、勤務先のシステム管理者に相談し
てください。

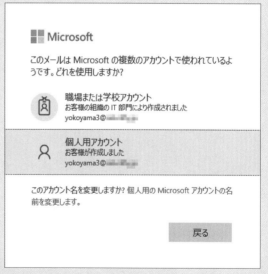

図 1-5：職場または学校アカウント

［職場または学校アカウント］と［個人用アカウント］の意味は以下の通りです（図1-6）。

- **［職場または学校アカウント］**…所属組織のIT管理者が割り当てたアカウントで、多くの場合は職場のアカウントとパスワードを同期しています。技術的には、組織が管理するAzure Active Directory（Azure AD）に登録されたユーザーを意味します。個人でAzure ADを登録している場合もこちらになります。単に「組織アカウント」と呼ぶこともあります。
- **［個人用アカウント］**…個人が自分で作成したアカウントが「個人用アカウント」です。マイクロソフトが管理するデータベースに登録されるため「Microsoftアカウント」とも呼びます。マイクロソフトが提供する無料メールアカウント（たとえばoutlook.comドメインのメールアドレス）はMicrosoftアカウントの一種です。また、Gmailやインターネットプロバイダーの個人メールアドレスを使ってMicrosoftアカウントを作成することもできます。

　同じメールアドレスが複数の場所で管理されるのは望ましくないため、会社のメールアドレスでAzureにサインインする場合、可能なら［職場または学校アカウント］を選んでください。会社のシステム管理者が許可していないなど、何らかの事情でそれができない場合は、会社のメールアドレスとは別のMicrosoftアカウントを個人で登録してください。

　職場または学校アカウントと個人用アカウントはDNSドメインで判別します。両方に同じDNSドメインが登録されている場合は、どちらを使うのか選択します。

　Microsoftアカウントと組織アカウントの関係について、詳しくは以下のブログ記事を参照してください。

「Microsoftアカウントと組織アカウントについて」
https://learn.microsoft.com/ja-jp/archive/blogs/dsazurejp/account

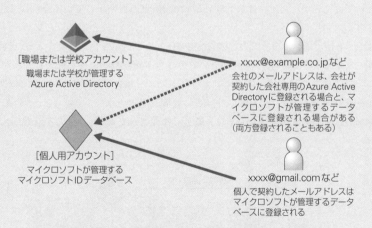

［職場または学校アカウント］
職場または学校が管理する
Azure Active Directory

［個人用アカウント］
マイクロソフトが管理する
マイクロソフトIDデータベース

xxxx@example.co.jpなど
会社のメールアドレスは、会社が
契約した会社専用のAzure Active
Directoryに登録される場合と、マ
イクロソフトが管理するデータ
ベースに登録される場合がある
（両方登録されることもある）

xxxx@gmail.comなど
個人で契約したメールアドレスは
マイクロソフトが管理するデータ
ベースに登録される

図1-6：［職場または学校アカウント］と［個人用アカウント］

Azure ADテナントとAzureサブスクリプション

　Azureのサブスクリプション契約は、Microsoftアカウント（個人用アカウント）でもAzure Active Directory（Azure AD）アカウント（組織アカウント）でも可能ですが、実際にAzureを使うにはAzure ADが必須です。そのため、Azureのサブスクリプション契約時にMicrosoftアカウントを指定した場合は、自動的にAzure ADが新規作成されます。これはAzure ADのアクセス許可機能である「役割ベースのアクセス制御（Role Base Access Control：RBAC）」がAzure ADに依存するからです。ただし、本書ではRBACについては扱いません。

　Azure ADの作成単位を「テナント」と呼びます。1つのテナントには、1つのAzure ADデータベースが対応します。組織アカウントでAzureを契約した場合、RBACには契約したアカウントのAzure ADテナントがそのまま使われます（図1-7）。

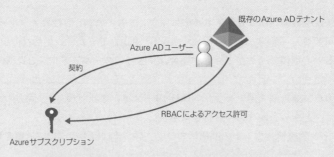

図1-7：組織アカウントでAzureを契約した場合

　会社でAzureを使う場合で、既にAzure ADを使用している場合は、必ず会社のAzure ADアカウントでAzureの契約を行ってください。たとえば法人向けMicrosoft 365を使用している場合は、既にAzure ADを使用しているはずです。

　一方、個人でAzureを使う場合、誤って会社のAzure ADアカウントを指定しないように注意してください。会社の業務で利用しているPCの場合、Azure ADのアカウントが自動的に使われてしまうかもしれません。

　個人用アカウントで契約した場合は、個人用アカウントのメールアドレスをベースに適当なAzure ADテナントが新しく自動的に作成されます（図1-8）。RBACには個人用アカウントではなく、このAzure ADテナントが使用されます。また、元の個人用アカウントは、新しく作成されたAzure ADの管理者として登録されます。

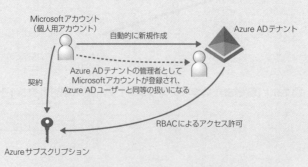

図1-8：個人用アカウントでAzureを契約した場合

Azure ADテナントの切り替えは面倒なので、可能な限り1社で1つのテナントに統一してください。よくあるトラブルを2つ紹介します。

例1：会社で使うAzureなのに、個人用アカウントで契約してしまった

この場合、新しいAzure ADテナントが自動的に作成されます。このままでは、会社で使うAzure AD（組織アカウント）を使った役割管理ができません。

例2：個人で使うAzureなのに、組織アカウントで契約してしまった。

この場合、Azureの役割管理をするために、既存のAzure ADテナントを利用する必要があります。Azure ADテナントの管理権限を持たない場合は、Azureの構成が制限されます。

Azure ADはMicrosoft 365でも使用しています。Microsoft 365の契約時には、Azure ADテナントの名前を指定するので間違えることは少ないでしょう。しかし、Azureの契約時は、必要に応じて適当に生成された名前でAzure ADテナントが自動的に作成されます。Microsoft 365とAzureの両方を新たに契約する場合は、先にMicrosoft 365の契約を行い、Azure ADの構成を完了させてからAzureを契約することをお勧めします。

ヒント

テナントの切り替え

複数のテナントを利用している場合、Azureポータルの［設定］ボタン（歯車のアイコン）をクリックし、［すべてのディレクトリ］から変更します。多くのテナントが表示されている場合、☆印をクリックすることで、よく使うテナントを「お気に入り」に登録できます。

コマンドを使う場合は、以下の手順で再サインインを行います。

Azure PowerShellの場合

```
Connect-AzAccount -TenantId 'テナントのDNS名'
```

Azure CLIの場合（ハイフンは2つ）

```
az login --tenant 'テナントのDNS名'
```

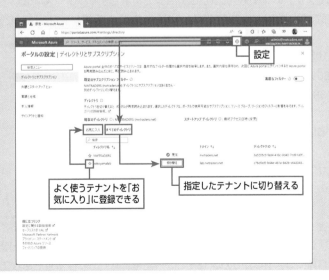

ヒント

サブスクリプションの切り替え

複数のサブスクリプションを契約している場合、Azure ポータルではサブスクリプションの選択肢がその都度提示されます。コマンドを使う場合は、以下の手順で切り換えます。

Azure PowerShell の場合

```
Select-AzSubscription -SubscriptionName 'サブスクリプション名'
```

Azure CLI の場合（ハイフンは 2 つ）

```
az account set --subscription 'サブスクリプション名'
```

ヒント

GitHub とマイクロソフト

GitHub（https://github.com）は世界規模のソースコード管理システムで、Azureのサンプルスクリプトなどもたくさん登録されています。

GitHubは、多くの開発者に使われていますが、経営は決して安定していなかったようです。オープンソースに力を入れるマイクロソフトは、2018年にGitHubを支援するため買収を行いました。このことは、概ね好意的に受け止められたようですが、一部に不安視する声もありました。たとえば「GitHubの利用にMicrosoftアカウントが必要になるのでは？」という憶測です。

この憶測は即座に否定され「むしろ、GitHubのアカウントでAzureにサインインできるようにするかもしれない」という発言がありました。そして、2019年5月から実際にGitHubのアカウントでAzureにサインインすることができるようになりました（右の画面）。

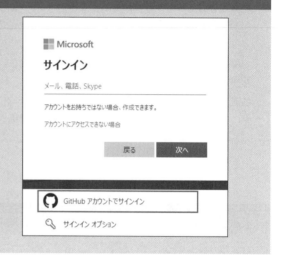

サブスクリプションと課金状況の確認

　Azureの課金単位を「サブスクリプション」と呼びます。多くの場合、1つのITプロジェクトに対して1つのサブスクリプションを割り当てます。1つのサブスクリプションで利用できるリソースには以下のような制限があります（ここに挙げたものは一部です）。各リソースの意味は、第2章の「1　仮想マシンとは」で説明します。

・リージョンあたり20仮想CPUコア
・リージョンあたり250ストレージアカウント
・リソースグループ数980

これらの制限を回避するには、次の2つの方法があります。

・1つのMicrosoftアカウントで複数のサブスクリプションを契約
・サブスクリプションの上限を引き上げるようにマイクロソフトのサポートに依頼

　複数のサブスクリプションを使う方が手軽です。しかし、異なるサブスクリプション間でリソースを共有するのは難しいので、1つのプロジェクトで大量のリソースを使う場合は、サポートに依頼して上限を引き上げてもらう方がよいでしょう。引き上げ自体にコストはかかりませんし、一定量までであれば審査もありません。

各種制限の完全な一覧は、以下のドキュメントを参照してください。

「Azureサブスクリプションとサービスの制限、クォータ、制約」
https://learn.microsoft.com/ja-jp/azure/azure-resource-manager/management/azure-subscription-service-limits

現在の課金状況は以下の手順で調べることができます。

❶ Azureポータルで画面左上のポータルメニューボタン（通称「ハンバーガーボタン」）をクリックする。

❷ [すべてのサービス] をクリックする。

❸ [すべて] から [サブスクリプション] を選択する。

❹ 利用権限のあるサブスクリプションがすべて表示されるので、現在のコストを調べる。サブスクリプションのリンクをクリックすると、さらに詳細な情報を表示できる。

4 管理ツールとデプロイモデル

　Azureの仮想マシンを管理するために覚えておかなければならないのが、管理ツールとデプロイモデル（展開モデル）です。

Azureポータル（Azure管理Webサイト）

　Azureの管理サイト（https://portal.azure.com）を「管理ポータル」または「Azureポータル」と呼びます。Azureポータルの特徴は、以下の通りです。

- **開始画面のカスタマイズ**…よく使う機能を「ダッシュボード」として登録できます。また、機能が固定された「ホーム」を選択することもできます。現在の既定値は「ホーム」です。
- **リッチな操作体験**…Webアプリケーションですが、右クリックを含め一般的なWindowsアプリケーションのように利用できます。
- **クラウドシェルの利用**…AzureポータルからLinuxシェル（bash）またはPowerShellを起動し、コマンドラインツールを使った管理が可能です。

Azureポータルの基本的な使い方：初期画面

　Azureポータルを利用するにはhttps://portal.azure.comにアクセスし、Azureのサブスクリプション契約を行ったMicrosoftアカウント（またはAzure ADのアカウント）でサインインします。

　Azureポータルは、通常のWindowsアプリケーションと同様、右クリックで多くの操作が可能です（後述のヒント「Azureポータルの右クリック」を参照）。

　また、仮想マシンを含むAzureの状態はほぼリアルタイムに画面に反映されるため、その都度再表示する必要はありません。ただし、自動更新が適切に動作しない場合もあるので、必要に応じて再表示してください。

　Azureポータルの初期画面は「ホーム」と「ダッシュボード」のいずれかを選択できます（図1-9）。「ホーム」は基本的な機能が並んだ固定的な画面で、「ダッシュボード」はカスタマイズ可能な画面です。

ホーム：表示内容が固定されている　　　　　**ダッシュボード：カスタマイズ可能**

図1-9：Azureポータルの初期画面

ホームとダッシュボードは、ポータルメニューからいつでも切り替えることができます。

① Azureポータルで画面左上のポータルメニューボタン（通称「ハンバーガーボタン」）をクリックする。

② [ホーム] または [ダッシュボード] をクリックして、表示を切り替える。

初期画面の既定値を変更する手順は以下の通りです。

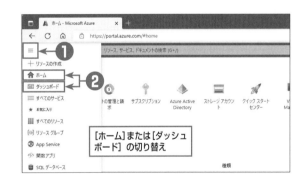

① Azureポータルで [設定] ボタン（歯車のアイコン）をクリックする。

② [外観とスタートアップビュー] をクリックし、[スタートアップ表示] で [ホーム] または [ダッシュボード] を選択する。

③ [適用] をクリックする。

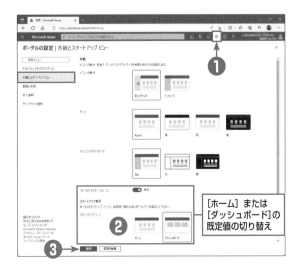

Azure ポータルの基本的な使い方：リソース作成

　新しいリソースを作成する場合は、ウィンドウ内左上の［＋リソースの作成］をクリックするか、ポータルメニューの［＋リソースの作成］をクリックします。このとき開くサブウィンドウを「ブレード」と呼びます。

　最初に表示されるブレードには、リソースのカテゴリ分類のほか、人気のあるサービスの種別（たとえば「仮想マシン」や「ストレージアカウント」）や人気のあるMarketplace製品（たとえば「Windows Server 2019」や「Ubuntu Server 20.04 LTS」）が並びます（図1-10）。Marketplace製品は、サードパーティ提供のサービスを含めたAzureの具体的なリソースを意味します。

　作成したいリソースの種別を選択すると、必要に応じてさらに細かな設定に進んでいきます。

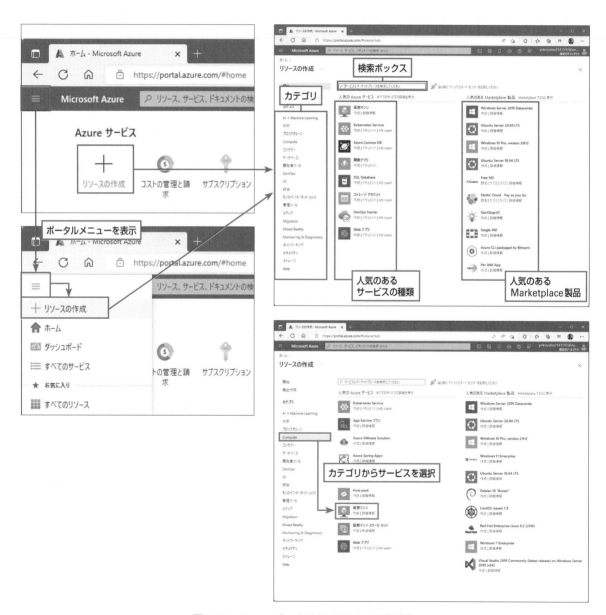

図1-10：Azure ポータルでのリソース作成①

ヒント

ポータルメニュー

Azureポータルの左上にある［≡］ボタンを「ポータル
メニューボタン」と呼びます（右の画面）。また、［≡］
をクリックして表示されるメニューを「ポータルメ
ニュー」と呼びます。ちなみに、［≡］ボタンは「ハン
バーガーボタン」と俗に呼ばれますが、本来は「引き出
し」を意味するアイコンです。

目的のリソースが表示されないときは

目的のリソースが表示されないときは、検索ボックスで
以下のいずれかをキーボード入力して検索し、それぞれ
のリソース管理画面から［＋追加］ボタンをクリックし
てください。

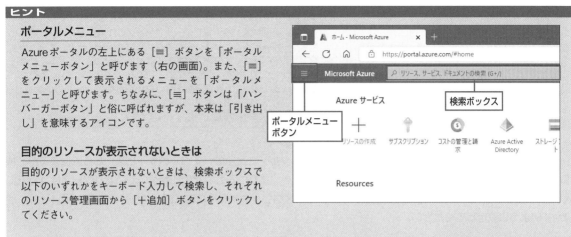

・英語リソース名の先頭文字列（たとえば「virtu」まで入力すると「Virtual Networks」や「Virtual Machines」などが表
　示される）
・日本語リソース名の先頭文字列（たとえば「仮想」と入力すると「仮想ネットワークゲートウェイ」などが表示される）
・キーワード（たとえば「VPN」と入力すると「仮想ネットワークゲートウェイ」などが表示される）

　既存のリソースを設定するには、ポータルメニューで管理したいリソースの種類を選択します。このとき、各リソー
スのウィンドウ上部にある［＋作成］ボタンをクリックすると、その種類のリソースを作成できます（図1-11）。

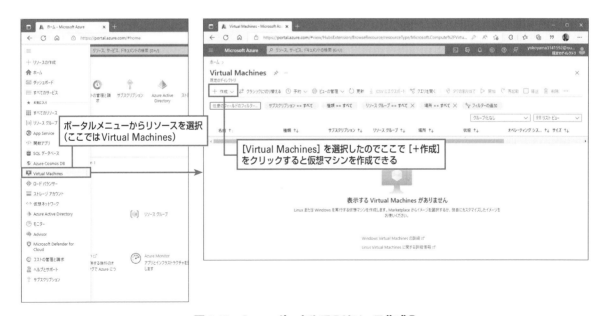

図1-11：Azureポータルでのリソース作成②

ヒント

リソースの新規作成手順の違い

新しくリソースを作成する場合、図1-10のように［＋リソー
スの作成］から選択する方法と、図1-11のように、リソース
の管理画面から［＋作成］を選ぶ方法があります。どちらも

結果は同じですが、操作性に差があります。
［＋リソースの作成］から選ぶ場合は、操作手順が若干少なく
なるものの、目当てのリソースが一覧表示されず、検索しな

ければならない場合があります。また検索キーワードも少ないようです。

リソースの管理画面から［＋作成］を選ぶ場合は、いったん目的のリソース管理画面を開く必要があるため、操作手順は増えます。しかし、目的のリソースが［お気に入り］に登録されている場合は、ポータルメニューから簡単に選択できます。［お気に入り］に登録されていない場合でも、Azure ポータルの検索ボックスには多くの検索キーワードが登録されて

いるため、目的のリソース管理画面を容易に開けます。

筆者は昔からの習慣で［＋リソースの作成］からリソースを作成することが多いのですが、目当てのリソースが見つからず、リソースの管理画面から改めて［＋作成］を選ぶことがよくあります。そのたびに「1 クリックを惜しまずに、最初からリソースの管理画面を開いておけばよかった」と思います。まだ Azure ポータルの操作に慣れていないのであれば、リソースの管理画面から［＋作成］を選ぶことをお勧めします。

　ポータルメニューに表示されていないリソースは、ポータルメニューの［すべてのサービス］から選択するか、検索ボックスから検索して指定することができます。このとき、塗りつぶされた星印が付いているリソースは［お気に入り］としてポータルメニューに常時表示されます。星印はクリックするたびに状態が切り替わります（図1-12）。使いやすいように設定してください。

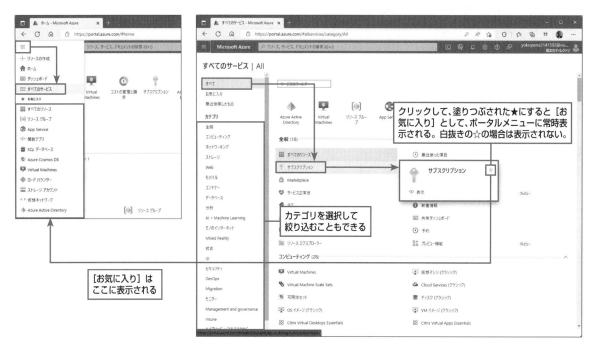

図1-12：ポータルメニューのカスタマイズ

仮想マシンのOS

以前の Azure ポータルでは、［＋リソースの作成］ブレードで仮想マシンの OS を選択できました。［人気のある Marketplace 製品］に OS 名が入っているのはその名残です。

2019 年 7 月頃から、OS に依存しない［Virtual Machines］というリソースが追加され、OS の種類は仮想マシン（Virtual Machines）作成中の属性として指定するようになっています（右の画面）。

なお［人気のある Marketplace 製品］で OS を指定した場合でも仮想マシン作成の画面は変わりません。そのため、たとえば［Windows Server 2019］を選択して仮想マシンを作り始めた場合でも、他の OS に変更することは可能です。

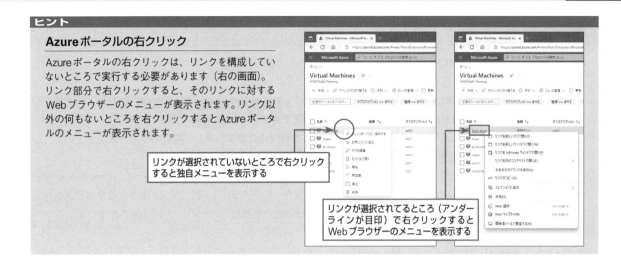

ヒント

Azureポータルの右クリック

Azureポータルの右クリックは、リンクを構成していないところで実行する必要があります（右の画面）。リンク部分で右クリックすると、そのリンクに対するWebブラウザーのメニューが表示されます。リンク以外の何もないところを右クリックするとAzureポータルのメニューが表示されます。

リンクが選択されていないところで右クリックすると独自メニューを表示する

リンクが選択されてるところ（アンダーラインが目印）で右クリックするとWebブラウザーのメニューを表示する

 コラム

Azure管理ポータルのタイムアウト

　Azureの管理ポータルは、一定時間使用していないと自動的にサインアウトするように設定できます。サインアウトした場合、サインイン情報を入力する画面になるので、Microsoftアカウントとパスワードを入力すればサインアウト前の画面に復帰できます。

　Azureポータルのカスタマイズは以下の手順で行います。

❶ Azureポータルの上部にある［設定］ボタン（歯車のアイコン）をクリックする。

❷ ［サインアウトと通知］を選択する。

❸ ［非アクティブの時にサインアウトする］を、［なし］から、任意の時間に変更する。

❹ ［適用］をクリックする。

　そのほか、表示言語の選択や画面の色使いなどのカスタマイズも可能です。

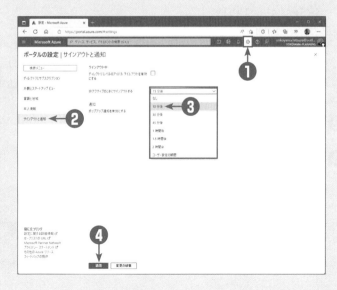

デプロイモデル

Azureの仮想マシンは、2つのデプロイモデル（展開モデル）があります。

- **リソースマネージャー**…新しいデプロイモデルで、ARM（Azure Resource Manager）とも呼ばれます。リソースマネージャーは、Azure上のリソースを細かく管理できます。たとえば、仮想マシンを作成すると、ネットワークカードやIPアドレスなどが個別のリソースとして管理されます。また、複数のリソースをまとめて「リソースグループ」として管理することもできます。
- **クラシックモデル（サービスマネージャー）**…旧形式のデプロイモデルで、ASM（Azure Service Manager）とも呼ばれます。クラシックモデルは、Azureのサービスを中心に考えているため、意味のあるサービスを単位に構成されます。たとえば、仮想マシンは単独で1つのサービスを構成し、それ以上細分化できません。

　クラシックモデルのサポートは徐々に縮小されており、新規に作成できるサービスはほとんどありません。また、既に作成済みのサービスも廃止されるものが増えています。たとえばクラシックモデルの仮想マシンサービスは、2023年3月1日に完全に廃止される予定です。2024年8月31日には、クラシックモデルそのものが廃止される予定です。

コマンドラインツール：Azure PowerShell

　Azureの操作をPowerShellから行うことも可能です。これを「Azure PowerShell」と呼びます。Azure PowerShellを利用するには、PowerShell 5.0以降の「PowerShellGet」機能を使います。PowerShellGetは、PowerShellが内蔵するパッケージ管理ツールでLinuxの**apt**や**yum**に似た機能を提供します。
　実際のインストール手順は以下の通りです。

❶
PowerShellを起動し、プロンプトから以下を入力して Enter キーを押す。

```
$PSVersionTable
```

- PowerShellのバージョンが5.0以降であることを確認するため、変数**$PSVersionTable**の内容を表示してPSVersionの値を確認する。最初の2つの数字（画面では5.1）がバージョン番号である。
- PowerShellGetはPowerShell 5.0以降の機能で、Windows 10およびWindows Server 2016以降は標準で利用できる。

❷
PowerShellを管理者権限で起動する。

❸
以下のコマンドレットを実行する。

```
Install-Module az
```

- オプションとして**-Scope CurrentUser**を付けると、構成対象が現在のユーザーだけになる。この場合、管理者権限は必要ない。
- 画面では**-Scope CurrentUser**オプションがないので管理者権限で実行していることがわかる。

④

PowerShellモジュール「NuGet」の更新を要求された場合は**y**と入力する。

●Windows更新プログラムの適用状況によってはこのメッセージは表示されない。NuGetはPowerShellGet が内部で利用するモジュール。

⑤

インストール確認のメッセージに対して**y**と入力する。

●インストールパッケージの配布場所は既定で信頼されていないので警告が表示される。インストールを行うには 必ず**y**と入力する必要がある。

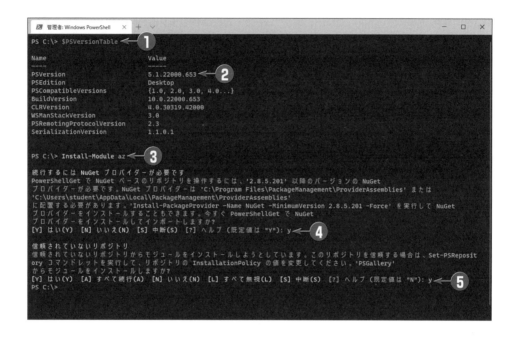

　以上の操作で、Azure PowerShellが使えるようになりました。Azure PowerShellのコマンドレットはすべて 「動詞-Az名詞」の形式になっています。たとえば、仮想マシンの一覧表示は「Get-AzVM」となります。

　なお、Azure PowerShellの機能はときどき更新されます。以下のコマンドレットを実行することで、最新の状態 に更新してください。

```
Update-Module az
```

ヒント

モジュールのアンインストール

インストールしたモジュールをアンインストールするには、以下のコマンドレットを実行します。

```
Remove-Module モジュール名
```

たとえば、古いAzure PowerShellはAzureRmモジュールを使っていました。この場合、以下のように実行するとアンインス トールできます。

```
Remove-Module AzureRm
```

Azure PowerShellのモジュールの種類

以前の Azure PowerShell は、リソースマネージャーの管理に AzureRm モジュールを使い、クラシックモデルの管理に Azure モジュールを使っていました。

AzureRm モジュールのコマンドレットは「*-AzureRm*」形式で、Azure モジュールのコマンドレットは「*-Azure*」形式です。たとえば、仮想マシンの一覧を表示するには、それぞれ以下のコマンドレットを使います。

- ・リソースマネージャー…Get-AzureRmVM
- ・クラシックモデル…Get-AzureVM

リソースマネージャーの方が長いコマンドレット名なのは、リソースマネージャーがあとから登場したためです。しかし、今後はリソースマネージャーが中心となるため2018年に新しいAzモジュールが登場しました。前述の通り、Azモジュールのコマンドレットは「*-Az*」形式になります。

AzモジュールとAzureRmモジュールのコマンドレットは名前が違うだけで、ほぼ同じ機能を提供します。そこで、Azモジュールには、**Enable-AzureRmAlias**というコマンドレットが用意されています。これを実行すると、AzureRm形式のコマンドレットをAz形式の別名として利用できます。既存のスクリプトの中にはAzureRmモジュールを使っているものもあるため、実行しておいた方が便利でしょう。

AzureRmモジュールとAzモジュールは共存できません。古いAzureRmモジュールをインストールしている場合は、あらかじめAzureRmモジュールをアンインストールしてからAzモジュールをインストールしてください（前ページのヒントを参照）。

Azモジュールではクラシックモデルは管理できないため、必要に応じてAzureモジュールをインストールしてください。AzureモジュールとAzモジュールは共存できます。

Azure PowerShellでのサインイン：既定のWebブラウザーがある場合

Azure PowerShell を使う場合、以下の手順でAzureにサインインする必要があります。

❶
PowerShellで以下のコマンドレットを実行する。多要素認証を設定している場合は、Azure ADのテナントIDも指定する必要がある（ヒント参照）。

```
Connect-AzAccount
```

❷
既定のWebブラウザーが存在する場合はダイアログボックスが開くので、Azureの認証情報を入力して［次へ］をクリックする。

❸
パスワードを入力して［サインイン］をクリックする。

④

サインインが完了すると、**Connect-AzAccount**が正常終了する。

ヒント

多要素認証が設定されているときは

多要素認証が設定されている場合、アカウントが登録されたテナント（Azure AD）のIDを指定する必要があります。エラーメッセージに表示されたテナントIDを使用してサインインしてください。

Azure PowerShellでのサインイン：既定のWebブラウザーがない場合

既定のWebブラウザーが存在しない場合は（Windowsではちょっと考えにくいのですが、Linuxではよくある状況です）以下の手順でAzureにサインインします。

①

PowerShellで以下のコマンドレットを実行する。
- 既定のWebブラウザーが利用できない場合は、自動的に**-DeviceCode**オプションがあると解釈されるので、単に**Connect-AzAccount**を実行するだけでもよい。
- 多要素認証が設定されている場合は、既定のWebブラウザーがある場合と同様テナントIDの指定が必要。

```
Connect-AzAccount -DeviceCode
```

②

警告メッセージとともに、サインイン先のURLとデバイスコードが表示される。

③

任意のWebブラウザーでhttps://microsoft.com/deviceloginにアクセスする。

④

ログイン画面が表示されたら、PowerShellの警告メッセージに表示されているデバイスコードをコピーして貼り付ける。

⑤

[次へ] をクリックする。

⑥

Azureポータルと同様の認証画面が表示されるので、サインインするアカウントを指定して [次へ]をクリックする。

⑦ パスワードを入力して［次へ］をクリックする。

⑧ 確認画面で「続行」をクリックする。

⑨ 認証が完了したらWebブラウザーを閉じてもよい。

⑩ 認証が完了すると、PowerShell画面にアカウント名とサブスクリプション名が表示される。

　このとき、PowerShellを実行しているマシンとWebブラウザーを実行しているマシンは違っていても構いません。認証作業だけなので、スマートフォンでも可能でしょう。

サインイン環境の自動保存

　既定では、サインインしたPowerShell環境を終了すると自動的にサインアウトされてしまいます。そのため、PowerShellを起動し直すたびにサインインが必要です。

　以下のコマンドレットを実行することで、サインイン環境を自動保存し、PowerShell起動時に復元できるようになります。自動保存は次のコマンドレットで制御します。

- **Enable-AzContextAutosave**…自動保存の有効化
- **Disable-AzContextAutosave**…自動保存の無効化
- **Get-AzContextAutosaveSetting**…自動保存情報の表示

　自動保存したくない場合は、以下のコマンドレットを実行して PowerShell 終了前に明示的にサインアウトを行います。

```
Disconnect-AzAccount
```

コマンドラインツール：Azure CLI

　現在、多くの Linux 仮想マシンが Azure 上で稼動しています。マイクロソフトによると、既に半数以上は Linux だそうです

　現在、PowerShell は「PowerShell Core」と呼ばれるオープンソース版が存在し、Linux と macOS をサポートします。もちろん PowerShell Core 上で Azure PowerShell を使うこともできます。しかし、多くの Linux ユーザーは使い慣れたシェル、たとえば bash を使いたいでしょう。

　マイクロソフトは Azure PowerShell のほかに、Python インタープリターを使った Azure CLI（Command Line Interface）を提供しています。Azure CLI には Windows 版もあるため、主に Linux を使い、補助的に Windows を使っている方はこちらの方が便利かもしれません。

　Azure CLI は、以下のインストール手順をサポートします。

- **apt**…Ubuntu や Debian などの Linux ディストリビューションや、Windows Subsystem for Linux（WSL）が標準で利用します。Python インタープリターは Azure CLI 独自のものを使います。
- **dnf または yum**…RHEL（Red Hat Enterprise Linux）、Fedora、CentOS などの Linux ディストリビューションが標準で利用します。Python 3.6 以上が必要です。また、CBL-Mariner（マイクロソフトが開発した Linux ディストリビューション）などでは tdnf を使ったインストールもサポートします。
- **zypper**…openSUSE や SLES（SUSE Linux Enterprise Server）などの Linux ディストリビューションが標準で利用します。Python 3.6 以上が必要です。
- **Homebrew**…macOS が利用します。Homebrew で公開される python3 のパッケージが必要です。
- **手動インストール**…bash ベースのインストールスクリプトが公開されています。Python インタープリターは Python 3.6、3.7、3.8 と互換性があります。
- **Docker イメージ**…Azure CLI をインストールした Linux が Docker イメージとして公開されています。
- **Windows Installer**…Windows 版は Windows Installer を使う MSI ファイルが公開されています。Python インタープリターも含まれます。

実際にパッケージマネージャーを使う場合、Linuxのディストリビューションやバージョンごとに、細かな設定に差があります。たとえば、配布場所の追加や署名キーのダウンロードが必要です。詳細は、以下のドキュメントを参照してください。

「Azure CLIをインストールする方法」
https://learn.microsoft.com/ja-jp/cli/azure/install-azure-cli

Azure CLIをインストールすると、**az**コマンドが使えるようになります。たとえばAzureにサインインするには**az login**コマンドを実行します。サインインの作業自体はAzure PowerShellと変わりません。既定のWebブラウザーがある場合とない場合の違いも、Azure PowerShellと同様です。

コマンドラインツール：クラウドシェル

Azureポータルには、Webブラウザー上でAzure PowerShellまたはAzure CLIを実行する機能があります。これを「クラウドシェル」と呼びます。クラウドシェルはAzureポータルのサインイン情報を引き継ぐため、サインイン作業は不要です。

クラウドシェルは以下の手順で実行します。

❶ Azureポータル上部にあるクラウドシェルのアイコン（>_）をクリックする。

❷ Azure CLIを起動する場合は[Bash]、Azure Power Shellを起動する場合は[PowerShell]を選択する。

❸ [ストレージの作成]をクリックすると、既定のストレージアカウントを作成してシェルが起動する。

❹ ストレージのカスタマイズをしたい場合は[詳細設定の表示]をクリックする。

❺ ストレージアカウントを以下のように設定して[ストレージの作成]をクリックする。ストレージアカウントの詳細はこの章の5で説明する。
[サブスクリプション]…使用しているサブスクリプションを指定する。
[Cloud Shellリージョン]…ここでは日本から作成した場合の既定値[東南アジア]を選択している。
[リソースグループ]…ストレージアカウントを管理するグループの名前を指定する。リソースグループの詳細は第2章で説明する。

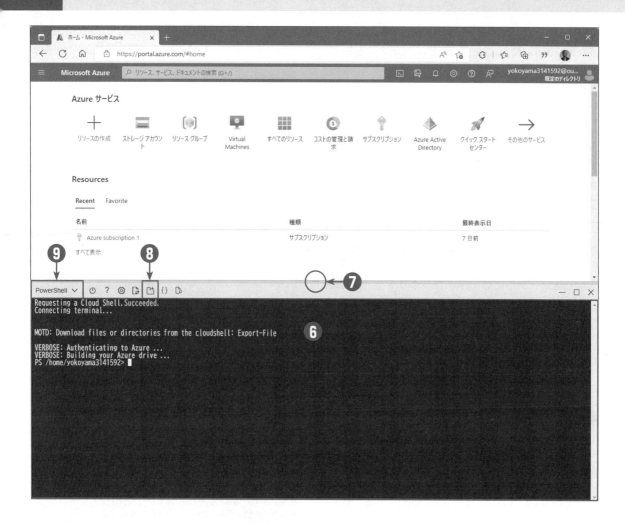

[ストレージアカウント] …ストレージアカウントの名前を指定する。

[共有ファイル] …ストレージアカウントの追加設定で、共有フォルダー名を指定する。この共有名を利用してクラウドシェルとファイル交換ができる。

❻ ストレージアカウントが作成されると、Azureポータルの下半分がシェル領域となる。

❼ 区切りを移動して、クラウドシェルのサイズを上下に変更できる。

❽ このアイコンで新しいタブが開き、ブラウザー画面全体をクラウドシェルにすることができる。

❾ PowerShellまたはbash（Azure CLI）を再選択できる。

　2度目からの起動は、直前に選んだシェルが選択されるため、手順❷～❺は不要です。

　クラウドシェルは手軽に使えますが、無操作状態が20分続くと自動的にサインアウトされるようになっています。そのため、実行に長時間かかるような操作には向いていません。また、Standard汎用v2ストレージアカウントにトランザクション最適化Filesを作成するため、月額40円ほど課金されます（ストレージアカウントは次節を参照）。

クラウドシェルのOS

初期のクラウドシェルは、PowerShellを起動すると内部で
Windows Serverが起動していました。現在はbash（Azure
CLI）とPowerShellのいずれも、UbuntuベースのLinuxが
利用されます。そのため、PowerShellを起動してもLinuxコ
マンドがそのまま使えます。たとえば、**vi**や**nano**などのエ
ディターのほか、**ssh**などのツールも利用できます。筆者が
先日試したところ、Cコンパイラまでインストールされてい
たので、簡単なプログラムならその場で作成できます。ただし、
管理者権限は与えられていないので、アプリケーションのイ
ンストールなどはできません。

クラウドシェルが利用しているUbuntuには、PowerShell
Core（オープンソース版PowerShell）がインストールされ
ているため、**pwsh**コマンドを実行することでいつでも
Azure PowerShellを利用できます。また、PowerShellを選
んだ場合でも、Azure CLIである**az**コマンドが利用できま
す。
このようにAzure PowerShellとAzure CLIは同じクラウド
シェル内で併用できます。以前はPowerShellがWindowsで
動作していたため、クラウドシェルの切り替え機能が重要で
したが、現在ではそれほど重要な機能ではなくなっています。

クラウドシェルが利用可能なWebブラウザー

クラウドシェルはPC版のMicrosoft Edge、Google Chrome、Mozilla Firefox、Apple Safariの最新バージョンがサポートさ
れます。Internet Explorer（IE）は利用できません。
スマートフォンやタブレットのWebブラウザーはクラウドシェルをサポートしませんが、モバイルアプリ「Azure mobile app」
から利用することはできます。「Azure mobile app」はGoogle Play（Android OS）やApp Store（iOS）から入手できます。
また、Azureポータルのホーム画面には配布先へのリンクが設定されています（下の画面）。

役に立つリンク

技術文書 ↗　　　　　　　Azure サービス ↗　　　　　　最新の Azure 更新プログラム ↗
Azure 移行ツール　　　　Azure Expert の検索　　　　　クイック スタート センター

https://portal.azure.com/#create/hub

Azure mobile app

Azureポータルのホーム画面にはAzure mobile
appの配布先へのリンクが設定されている

クラウドシェルのクリップボード

Webブラウザーでクラウドシェルを使っている場合、文字列
に対するクリップボード処理はWebブラウザーの機能がそ
のまま使えます。そのため、マウスで選択後、右クリックで
［コピー］や［貼り付け］が可能です。
しかし、クラウドシェル上でのキーボード操作には制約があ
ります。そこで、右の表のようなショートカットが用意され
ています。特に Ctrl + V キーを使った貼り付けはできないた
め、CUA準拠の Shift + Insert キーを使ってください（macOS
の ⌘ + V キーは使用可能）。
CUA（Common User Access）は、IBMによって1987年
に公開されたユーザーインターフェイス基準で、Windows
3.0まではマイクロソフトも採用していました。Windows
3.1からはmacOS風のキーに変わりましたが、CUA準拠の
キー操作は今でも大半のアプリケーションで使用できます。
クラウドシェルでもCUAが利用できます。
なお、Firefoxではクリップボードのアクセス許可が正しく動

作しない場合があるようです。詳しくは以下のドキュメント
を参照してください。

「Azure Cloud Shellのトラブルシューティングと制限事項」
**https://learn.microsoft.com/ja-jp/azure/cloud-
shell/troubleshooting**

CUA準拠のキーボード操作

操作	Windows	macOS	CUA準拠
コピー	Ctrl + C	⌘ + C	Ctrl + Insert
貼り付け	Ctrl + V	⌘ + V	Shift + Insert
	※ Azure不可		
切り取り*	Ctrl + X	⌘ + X	Shift + Delete

＊クラウドシェル内で［切り取り］が使えるアプリケーションは
存在しない。

5 ストレージアカウントを作るには

クラウドシェルを起動すると、シェル内でファイル保存が可能なストレージが割り当てられます。この時に利用されるのが「ストレージアカウント」です。ストレージアカウントは、Azureのストレージ基盤を提供するとともに、記憶領域を提供するPaaSとして利用できます。

本書ではPaaSとしてのAzureについては扱わないため、ストレージアカウントの詳細についても触れません。しかし、ストレージアカウントはAzureストレージの基礎であり、ストレージアカウントを理解することはAzureの理解にもつながります。そこで、本題に入る前にストレージアカウントについて簡単に説明します。

ストレージアカウントは、PaaSとしてサービスを提供するだけでなく、Azureのさまざまなサービスからも利用されます。たとえば、仮想マシンの初期化スクリプトの格納などに利用されます。

マネージドディスクとアンマネージドディスク

初期のAzureは、仮想マシンが利用するディスク装置（仮想ディスク）もストレージアカウントを利用していました。この場合、「ページBLOB」と呼ばれる巨大なファイルを作成し、そのファイルを仮想ディスクとして割り当てます。これはHyper-V仮想マシンのディスクと同じ仕組みです。

しかし、ストレージアカウントを作成し、その上に仮想ディスク用ファイルを配置するのは二度手間です。そこで、ストレージアカウントの存在を意識させない「ディスク」が登場しました。ディスクは、内部でストレージアカウントを使っているようですが、その管理はAzureが行い、利用者が意識することはありません。そのため「Azureがストレージアカウントを管理するディスク」という意味で「マネージドディスク（管理ディスク）」とも呼びます。これに伴い、ストレージアカウントを使用する仮想ディスクを「アンマネージドディスク（非管理ディスク）」と呼ぶようになりました。マネージドディスクの普及に伴い、アンマネージドディスクは2025年9月30日に廃止されることが決まっています。

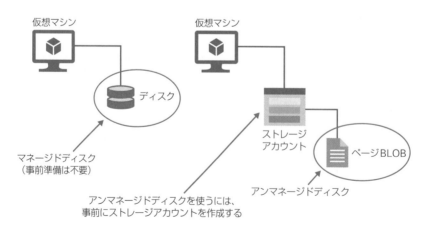

図1-13：マネージドディスクとアンマネージドディスク

現在の仮想マシンはマネージドディスクが主流なので、ストレージアカウントを意識することなく構成できます。また、マネージドディスクは仮想マシン専用のサービスであり、汎用的なストレージではありません。そこで、マネージドディスクの具体的な使い方については第2章で仮想マシンとともに説明します。

ストレージアカウントの種類

　ストレージアカウントは、プログラムから入出力が可能な汎用ストレージを提供する一種のPaaSで、独自のURLを持ちます。

　ストレージアカウントは、以下の4つの機能を提供します。

- **BLOB**…バイナリデータ（ファイル）の格納
- **Files**…SMB 3.0ベースの共有フォルダー（SMBはWindowsのファイル共有プロトコル）
- **テーブル**…「キーバリューストア」と呼ばれる一種のデータベース
- **キュー**…プログラム間通信を確実に行うための仕組み

　BLOBは「Binary Large Object」の略で、データ（バイナリデータ）が単純に並んだだけのファイルです。特に決まったフォーマットがないので、どんなデータでも格納できます。

　AzureのBLOBには「ブロックBLOB」と「ページBLOB」の2種類があります。ブロックBLOBは連続アクセスに最適化されていて、一般的なファイルとして利用するのに適しています。一方、ページBLOBは512バイト単位のランダムアクセスに最適化されており、アンマネージドディスクとして利用することを想定しています。アンマネージドディスクとして使用できるのはページBLOBだけで、ブロックBLOBは利用できません。

　ストレージアカウントには、標準的に利用されるStandardと、パフォーマンスに優れたPremiumがあります。Premiumは高速ですが、後述するように一部の機能に制限があります。

Standardストレージアカウントの種類

　Standardストレージアカウントには、以下の3種類があります。

- **汎用v1**…BLOB（ブロックBLOBおよびページBLOB）、Files、テーブル、キューを利用可能
- **汎用v2**…汎用v1の機能に加え、多くの拡張機能を持つ
- **BlobStorage**…ブロックBLOBとしてのみ利用可能（ページBLOBも不可）

　汎用ストレージアカウント（v1またはv2）を1つ作成すると、BLOB（ブロックBLOBおよびページBLOB）、Files、テーブル、キューの4種類の機能が利用できます。

　容量単価は汎用v2の方が安く、アクセス料金は汎用v1の方が安くなっています。一般には汎用v2の方が安くつくでしょう。また、v2には多くの機能拡張が行われています。ただし、アクセス回数が多い場合は汎用v1の方が安くなる可能性があります。BlobStorageを使用するメリットはないので、汎用v2を使ってください。

> **ヒント**
>
> ### ストレージアカウントの歴史
>
> ストレージアカウントは、最初に汎用v1が提供されました。その後、容量単価を下げる代わりにアクセス料金を上げたBlobStoregeが登場しました。BlobStorageと同じ価格体系で機能を拡張したストレージアカウントが汎用v2です。BlobStorageの特徴は汎用v2が引き継いでいるため、BlobStorageを積極的に使う理由はありません。

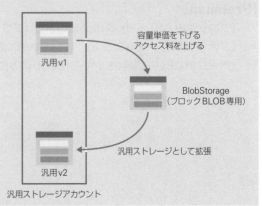

容量単価を下げる
アクセス料を上げる

汎用v1

BlobStorage
（ブロックBLOB専用）

汎用ストレージとして拡張

汎用v2

汎用ストレージアカウント

ストレージアカウントの「アカウント」とは

「アカウント」というとユーザー名を思い出す人も多いでしょうが、ストレージアカウントの「アカウント」はそういう意味ではありません。むしろ、銀行口座（bank account）としての「アカウント」の方が近いでしょう。

多くの場合、銀行口座を開設すると「総合口座」となります。総合口座は普通預金口座として使えるほか、必要に応じて定期預金口座を即座に開設できます。

ストレージアカウントも「総合口座」のようなイメージです。1つのストレージアカウントにはBLOBやFilesなどの機能がセットで用意されています。ストレージアカウント自体は課金対象ではなく、BLOBなどに保存したデータのみが課金対象となります。口座維持手数料は設定されていないということですね。

4種類の異なるストレージ機能を、1つの汎用ストレージアカウントで管理することに違和感を覚える人は多いようですが、「ストレージアカウント＝総合口座」と考えればイメージしやすいのではないでしょうか。

Premium ストレージアカウントの種類

Premiumストレージアカウントには以下の4種類があります。

- **汎用v1**…ページBLOBのみ利用可能
- **汎用v2**…ページBLOBのみ利用可能
- **BlockBlobStorage**…ブロックBLOBのみ利用可能
- **FileStorage**…Filesのみ利用可能

Premiumの場合、名前は「汎用」でも、実際には単一の機能しかありません。混乱を避けるため、Azureポータルで新規に作成するときは「汎用」という名前は表示されません。しかし、作成後のストレージアカウントには「汎用v1」「汎用v2」と表示されるので注意してください。

ストレージアカウント作成時の種類指定

Azureポータルからストレージアカウントを作成する場合、以下の中から種類を選択します。

[Standard]
- 汎用v2が暗黙のうちに指定される（BLOB、Files、テーブル、キューを作成可能）

[Premium]
- ［ブロックBLOB］…BlockBlobStorage（ブロックBLOBのみ作成可能）
- ［ファイル共有］…FileStorage（Filesのみ作成可能）
- ［ページBLOB］…汎用v2（ページBLOBのみ作成可能）

図1-14：ストレージアカウントの種類

　汎用v1を指定したい場合は、［レガシストレージアカウントの種類を作成する必要がある場合は、こちらをクリックしてください］の［こちら］をクリックすることで、以下の中から種類を指定できます。

［Standard］
- 汎用v2（BLOB、Files、テーブル、キューを作成可能）
- 汎用v1（BLOB、Files、テーブル、キューを作成可能）
- BlobStorage（ブロックBLOBのみ作成可能）

［Premium］
- 汎用v2（ページBLOBのみ作成可能）
- 汎用v1（ページBLOBのみ作成可能）
- BlockBlobStorage（ブロックBLOBのみ作成可能）
- FileStorage（Filesのみ作成可能）

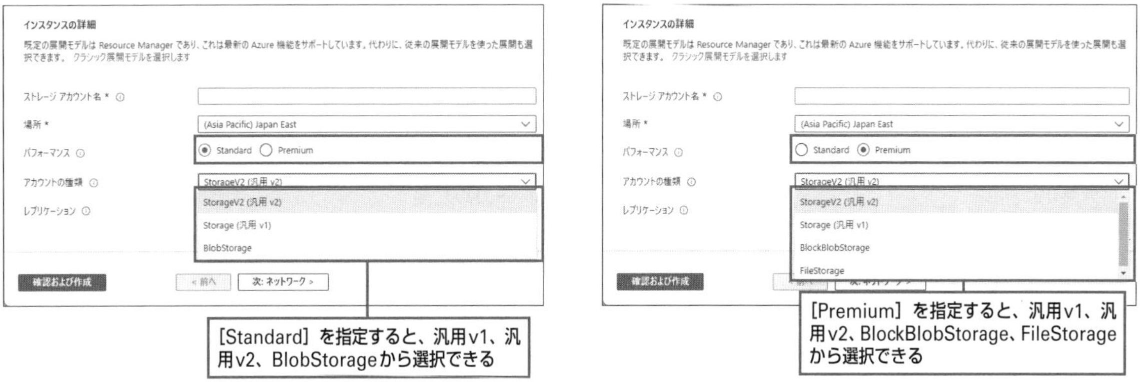

図1-15：ストレージアカウントの種類（レガシー）

アクセス層

　Standard 汎用 v2 ストレージアカウントの BLOB では、以下の3種類のアクセス層を選択できます（Premium ストレージでは指定できません）。アクセス層はファイル単位で指定しますが、ストレージアカウントの既定値をホットまたはクールに設定することもできます。既定値をアーカイブにすることはできません。

- **ホット**…最も一般的なアクセス層。
- **クール**…ギガバイト単価は少し安いがアクセス料金が少し高い。最低保存日数が30日に設定されており、30日未満で削除すると早期削除の追加料金がかかる。
- **アーカイブ**…単価は最も安い（ホットの10分の1）が、アクセスするにはいったんホットまたはクール層に変換する必要がある。変換時間は最大15時間かかる。最低保存日数が180日に設定されており、180日未満で削除すると早期削除の追加料金がかかる。

ヒント

アーカイブ層の利用目的

アーカイブ層の容量単価は非常に安く、日本では地理冗長（後述）を指定してもギガバイトあたり 0.5 円程度です（ホット層の10分の1）。しかし、アクセス料金は非常に高価ですし（読み取り料金でホット層の1300倍以上）、そもそも読み取り可能な状態にするために長ければ数時間かかります。そのため、アーカイブ層は「普段使用することはないが、保存期間が法的に決められた文書」などに利用します。この種の情報が必要な場合は監査が入るときでしょう。通常、監査は何日か前に通知があるので、それまでに用意すればよいということです。

ヒント

ストレージアカウントの課金

ストレージアカウントに対する課金は、Standard（HDD）と Premium（SSD）で異なります。Standard の方が容量コストは安いのですが、操作コストが上がります。また、Premium にはアクセス層がなく、冗長化レベルも限定されています。
詳細は以下の URL を参照してください。

- 価格一般
  https://azure.microsoft.com/ja-jp/pricing/
- ストレージアカウントの価格（Azure Blob Storage）
  https://azure.microsoft.com/ja-jp/pricing/details/storage/blobs/

ストレージアカウントの課金

	Premium	Standard
容量コスト（最初の50TBについて）	約32円/GB	約2.9円/GB（ホット層の場合）
書き込み操作（1万回あたり）	約3.7円	約7.3円（ホット層の場合）
読み取り操作（1万回あたり）	約0.3円	約0.6円（ホット層の場合）
アクセス層	なし	ホット クール アーカイブ
冗長化レベル	ローカル冗長 ゾーン冗長（一部）	ローカル冗長 ゾーン冗長 地理冗長 読み取りアクセス地理冗長 地理ゾーン冗長 読み取りアクセス地理ゾーン冗長

※価格は本書の執筆時点での東日本リージョン

冗長化レベル

Azureのストレージは冗長化されており、3箇所または6箇所に保存されます。指定可能な冗長化レベルは以下の6種類です。

- **ローカル冗長ストレージ（LRS）**…同一リージョンの同一データセンター内で3つの複製を作成します。ハードウェア障害からは保護されますが、データセンター全体が損害を受けた場合のデータは保証されません。
- **ゾーン冗長ストレージ（ZRS）**…同一リージョンにある3箇所の異なる可用性ゾーンに自動複製します。可用性ゾーンは数十キロメートル程度離れているので安全ですが、リージョン全体が被害を受けた場合は、データ損失の可能性があります。ZRSは可用性ゾーンが有効なリージョンでのみ指定できます。
- **地理冗長ストレージ（GRS）**…リージョンごとに決められた別のリージョン（リージョンペア）に自動複製します。複製先を指定することはできません。たとえば［東日本］と［西日本］はお互いの複製先になっており、他のリージョンは指定できません。リージョン間は数百キロメートル以上離れているため、大規模災害が起きても安心です。データはリージョンごとに3重化されるので、全体で6つの複製ができます。「geo（ジオ）冗長」と表記されている場合もありますが同じ意味です。
- **読み取りアクセス地理冗長ストレージ（RA-GRS）**…［地理冗長］の複製先は純粋なバックアップであり、直接利用することはできません。［読み取りアクセス地理冗長］は、複製先のデータを読み取ることができるため、読み取りの負荷分散が可能です。「読み取りアクセスgeo冗長」と表記されている場合もありますが、同じ意味です。
- **地理ゾーン冗長ストレージ（GZRS）**…［地理冗長（GRS）］のプライマリサイトをゾーン冗長にしたものです。たとえば、東日本リージョンでGZRSを指定すると、東日本でゾーン冗長相当の3重化を行い、セカンダリサイトとなるリージョンペアの西日本でローカル冗長相当の3重化を行います。
- **読み取りアクセス地理ゾーン冗長ストレージ（RA-GZRS）**…［読み取りアクセス地理冗長ストレージ（RA-GRS）］のプライマリサイトをゾーン冗長にしたものです。

Premiumストレージでは、BlockBlobStorageとFileStorageがローカル冗長とゾーン冗長をサポート、ページBLOB（汎用v1および汎用v2）ではローカル冗長のみをサポートします。いずれも地理冗長などはサポートしません。

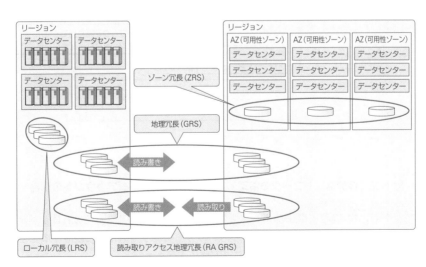

図1-16：ストレージの冗長性

コラム 仮想ネットワークの指定

ストレージアカウント作成時に［選択したネットワーク］を選択すると、仮想ネットワークの選択画面が表示されます。ここで指定できるのは単一の仮想ネットワークと1つ以上のサブネットです（図1-17）。

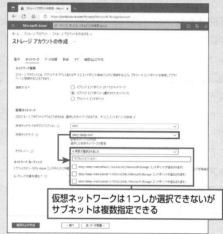

図1-17：仮想ネットワークの指定①：ストレージアカウント作成時

しかし、作成済みのストレージアカウントは［ファイアウォールと仮想ネットワーク］から、複数の仮想ネットワークを指定できます（図1-18）。

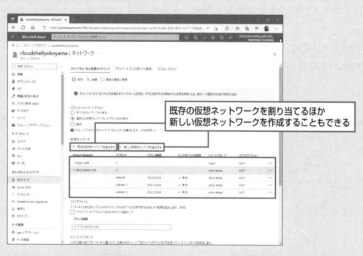

図1-18：仮想ネットワークの指定②：作成済みストレージアカウントの場合

ストレージアカウントはパブリックIPアドレスを持ち、適切なアクセス許可があればインターネットのどこからでもアクセス可能です。選択した仮想ネットワークからのアクセスだけに制限することで、インターネットからのアクセスができなくなり、セキュリティが強化されます。

コラム 削除したBLOBの復元

BLOBのデータ保護は、新規作成時に有効にできるほか、作成後に［論理的な削除］（論理削除、英語では「soft delete」）で設定することもできます。有効にした場合、データを削除してもBLOBの設定で指定した日数だけ保存されます（既定値は7日、最大365日）。

図1-19：BLOBのデータ保護の指定

削除したデータは、データを保存したコンテナーで［削除されたBlobを表示］を選択すると表示できます。そこで、該当ファイルを右クリックすると［削除の取り消し］で復元できます。

図1-20：削除したBLOBの復元

ストレージアカウントを作成する

　実際にストレージアカウントを作成する手順は次の通りです。既にいくつかの画面は紹介していますが、改めて説明します。

　なお、ストレージアカウント自体は単なる入れ物なので、ストレージアカウントを作成する時点で容量などの指定は必要ありません。データを保存しない限り、課金もありません。

❶
Azureポータルで［＋リソースの作成］をクリックする。

❷
［ストレージ］－［ストレージアカウント］を選択する。

❸
［基本］タブの［プロジェクトの詳細］で、以下の項目を指定する。
［サブスクリプション］…使用するサブスクリプションを選択する。
［リソースグループ］…新規作成または既存のものを使用する。ここでは［新規作成］をクリックし、新しいリソースグループを指定して［OK］をクリックしている。リソースグループの詳細は第2章で説明する。

4

[基本] タブの [インスタンスの詳細] で、以下の項目を指定する。

[ストレージアカウント名] …ストレージアカウント用のDNS名を指定する（ヒント参照）。

[地域] …リージョン（データセンターの場所）を選択する。

[パフォーマンス] … [Standard] または [Premium] のいずれかを選択する。

[冗長性] …冗長性レベルを選択する。[geo冗長ストレージ] または [geoゾーン冗長ストレージ] を選択した場合は、「読み取りアクセス」のオプションを指定できる。ここでは [ローカル冗長ストレージ] を選択している。

5

[次へ：詳細設定] をクリックする。

ヒント

[ストレージアカウント名] の指定

[ストレージアカウント名] に指定する名前は、core.
windows.netドメインに登録されるため、世界中でユニーク（一意）な名前でなければいけません。このような制約を「グローバルユニーク」と呼びます。ドメインサフィックスは固定されているため、一般的な名前だと衝突する可能性が高いことに注意してください。また、名前にはハイフン（-）が使えず、半角のアルファベットまたは数字のみが利用可能です。文字数も3〜24文字と、通常のホスト名よりも制限が厳しくなっています。

❻
[詳細設定] タブで以下の項目を指定して [次へ：
ネットワーク] をクリックする。
[アクセス層] …アクセス層の既定値として [クー
ル] または [ホット] を指定できる。（ここでは [アー
カイブ] は指定できない）。
●本書で扱うオプションはアクセス層のみ。その他
の設定項目は扱わない。

❼
[ネットワーク接続] タブで、アクセスを許可したい
仮想ネットワークを選択し、[次へ：データ保護] を
クリックする。
●ここでは [すべてのネットワークからのパブリッ
クアクセスを有効にする] を選択し、ネットワー
クを制限せず無制限のアクセスを許可している
（この節のコラム「仮想ネットワークの指定」を参
照）。

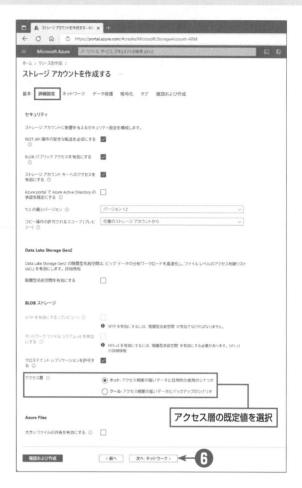

❽ ［データ保護］タブで、論理的な削除（論理削除、soft delete）を有効化するか無効化するかを選択し、［次へ：暗号化］をクリックする。

- 論理的な削除を有効化すると、BLOBやFiles（ファイル）の内容を削除したとき、すぐに消去するのではなく、ごみ箱のような場所にいったん保存する（この節のコラム「削除したBLOBの復元」を参照）。

❾ ［暗号化］タブでは、既定値のまま［次へ：タグ］をクリックする。

- すべてのストレージは強制的に暗号化される。既定ではマイクロソフトが管理する暗号化キーが使われるが、利用者がキーを指定することもできる。本書では扱わない。

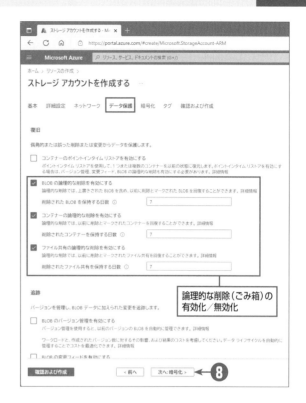

⑩ [タグ]タブで、必要に応じてタグを指定して[次へ：確認および作成]をクリックする（本書ではタグは使わない）。

⑪ [確認および作成]タブで、内容を確認して[作成]をクリックする。

仮想マシンを作ってみよう

第 **2** 章

クラウドサービスの1つ「IaaS」の基本的なサービスは「サーバーとOS」の提供です。原理的には物理マシンでも構いません。実際、IBM CloudのIaaSはクラウドサービスでありながら、仮想マシンと同じように物理マシンも提供しています。しかし、迅速な提供と柔軟な構成を実現するには仮想マシンが圧倒的に有利なため、ほとんどのIaaSは仮想マシンとして提供されます。Azureも物理マシンは提供せず、仮想マシンだけが利用できます（物理マシンを固定する方法は用意されています）。

この章では、Azureを使った仮想マシンの構成手順について説明します。なお、仮想マシンの展開後は通常のOSと完全に同じなので、詳しい説明は省略します。ただし、ほとんどの人が必要とするであろうWindows Serverの日本語化作業だけは詳しく説明します。

1 仮想マシンとは

Azure には PaaS 機能と IaaS 機能が含まれます。本書では IaaS について扱うため、中心的なサービスは仮想マシンとなります。ここでは、Azure が提供する仮想マシンの基本的な構成について説明します。

仮想マシンの基本構成

Azure の IaaS は仮想マシンを提供するサービスです。Azure の仮想マシンを利用するには、少なくとも以下のコンポーネントが必要です（図2-1）。

- **リソースグループ**…リソースの管理単位
- **仮想マシン**…OS のインストール単位
- **ネットワークセキュリティグループ（NSG）**…ファイアウォール規則
- **仮想ネットワーク**…仮想マシン同士を接続するネットワーク
- **マネージドディスク**…仮想マシンから利用するディスク装置

実際には、このほかにいくつかのリソースが自動作成されますが、この5つを知っていれば仮想マシンを展開できます。

各仮想マシンは、インターネットからの着信用に独自のパブリック IP アドレス（グローバル IP アドレス）を持つことができます。また、送受信可能な IP アドレスやポート番号を制限するために通常は NSG を割り当てます。NSG は仮想マシンごとに異なるものを指定することもできますし、複数の仮想マシンに同じものを指定することもできます。また、仮想ネットワークのサブネットに割り当てることもできます。

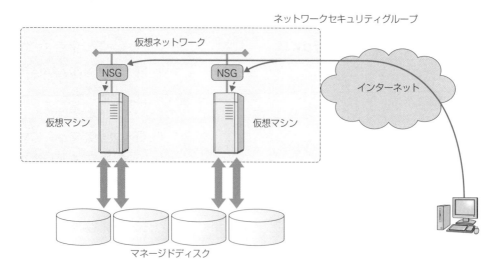

図2-1：仮想マシンの基本構成

リソースグループ

　リソースグループは、リソースの管理単位で、一括削除や権限の割り当てのために利用します。すべてのリソースはいずれかのリソースグループに所属します。リソースグループを入れ子にする（階層を作る）ことはできません。

　リソースグループの目的は主に以下の3つです。

- **論理的な分類**…複数のリソースをわかりやすく分類します。
- **ライフサイクル管理**…リソースグループを削除すると、リソースグループに含まれるすべてのリソースが削除されます。
- **役割管理**…リソースグループに与えた役割（管理権限）は、リソースグループに含まれるすべてのリソースに継承されます。

ネットワークセキュリティグループ（NSG）

　Azureの一般的な構成では、各仮想マシンが個別のパブリックIPアドレスを持ちます。ネットワークセキュリティグループ（NSG）は、仮想マシン単位（正確にはネットワークインターフェイス単位）でTCP/IPの送受信フィルター規則を構成できるほか、サブネット単位で構成することも可能です。また、1つのNSGを複数の仮想マシンやサブネットに割り当てることもできます（図2-2）。

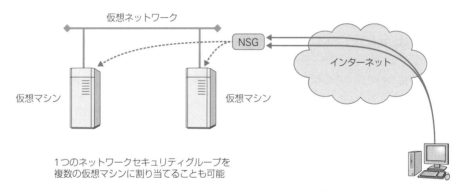

図2-2：ネットワークセキュリティグループの利用

仮想ネットワーク

　異なる仮想マシン間で自由な通信を行うには、「仮想ネットワーク」を構成します（図2-3）。仮想ネットワークは、仮想マシンを作る前に構成しておく必要があります。いったん設定した仮想マシンを別の仮想ネットワークに移動するのは、原則としてできないからです。

　第2章では、最小限の設定だけを行って仮想ネットワークを利用します。さらに詳しい内容は「第5章 仮想ネットワークを構成しよう」を参照してください。

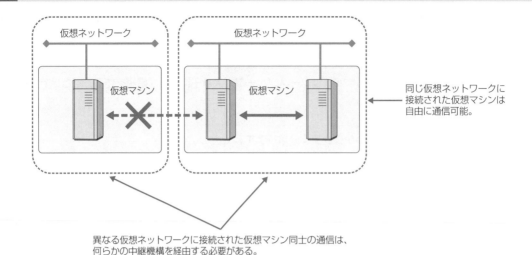

同じ仮想ネットワークに
接続された仮想マシンは
自由に通信可能。

異なる仮想ネットワークに接続された仮想マシン同士の通信は、
何らかの中継機構を経由する必要がある。

図2-3：仮想ネットワークを利用した仮想マシンの構成

マネージドディスク

　仮想マシンが利用するディスク装置は「マネージドディスク」が一般的です。マネージドディスクは容量固定VHD
形式の仮想ディスクです。Windows仮想マシンを作成した場合、127GBのシステムディスク（Cドライブ）が自動
的に作成されます（Linuxの場合は30GB）。

　マネージドディスクは、内部ではストレージアカウントを使用していますが、管理者はそのことを意識する必要は
ありません。

　マネージドディスクについては、この章の「3 仮想ディスクを構成するには」で詳しく説明します。

アンマネージドディスク（非マネージドディスク）

　第1章で説明したとおり、Azureのストレージ基盤となっているのが「ストレージアカウント」です。ストレージ
アカウントは、HTTPSベースのプログラムインターフェイスを利用することで、独立した「記憶領域（ストレージ）」
として利用できます。そのため、ストレージアカウント1つに対して1組のURLが割り当てられます。

　ストレージアカウントが提供する機能はいくつかありますが、そのうちのBLOB（Binary Large Object）にVHD
形式のファイルを保存してディスク装置として利用したものを「アンマネージドディスク」または「非マネージドディ
スク」と呼びます。アンマネージドディスクは、キャパシティの上限を意識する必要があるため、現在ではマネージ
ドディスクの方が広く使われています。

　アンマネージドディスクについては、この章の「3 仮想ディスクを構成するには」で詳しく説明します。

ヒント

ストレージアカウントのキャパシティ

1つのストレージアカウントには複数のアンマネージドディスクを構成できます。しかし、ストレージアカウントごとに上限が設定されているものがあります。たとえば、ストレージアカウントごとの総IOPSや総容量には制限があります。こうした制限を常に意識するのは案外面倒なものです。

マネージドディスクは、それ自体が独立したリソースであり、他のリソースに影響されません。また、耐障害性が向上しているうえ、仮想マシンイメージを簡単に作れるなどの機能差も存在します。多くのメリットがあるため、現在ではマネージドディスクを使うのが一般的です。

ただし、HDDタイプのアンマネージドディスクには、「使った分だけ課金する」という特徴があります。ストレージのコストを極限まで減らしたい場合は、HDDタイプのアンマネージドディスクを使うことがあります。なお、SSDの場合はアンマネージドディスクでも割り当て量で課金されます。

「virtual」の意味

「virtual」は「仮想」と訳されますが、そのニュアンスは日本語と英語で少し違ってしまっているようです。英語の「virtual」の第一義は「事実上の」で、例文として「virtual promise」が出ていました。これは「法的な形式は満たしていないけれども実際に効力のある契約」の意味だそうです。つまり「virtual」は「あたかもそこに○○があるとみなして構わない」ことを意味します。「virtual server」は「あたかもそこにサーバーがあるとみなして構わない」となります。

「virtual boss」だと「事実上の上司」つまり「正式な役職者ではないけれども、影響力の強い人」という意味になります。面白いのは「virtual marriage」で、これは「二次元のヨメ」という意味では決してなく「事実婚」の意味になるそうです（一般的な使われ方ではないそうですが「事実婚」の意味として通じると聞きました）。

ただし、最近の若い米国人は日本語の「バーチャル」の意味で「virtual」を使う人も出てきているそうです。あと数年もすれば日本語と英語のニュアンスが同じようになるかもしれません。

2 リソースグループを作るには

　Azureのリソースは必ず1つのリソースグループに所属する必要があります。リソースグループは事前に作成しておくのが基本ですが、Azureポータルで作業する場合、リソース作成と同時にリソースグループを新規作成することもできます。

　このように、Azureポータルは、あるリソースを作成中に、別の関連リソースを作成できる場合があります。しかし、2つの作業を同時に行うことになるため、最初のうちは混乱しがちです。必要なリソースは事前に作っておいたほうが安全でしょう。

　ここではAzureポータルを使って、事前にリソースグループを作成しておくときの手順を説明します。

リソースグループを作成する

　リソースグループを事前に作成しておく手順は以下の通りです。設定項目は事前に作成する場合でも、リソース作成時に新規作成する場合でも変わりません。

❶ Azureポータルで［＋リソースの作成］をクリックする。
　●ポータルメニューから選択することもできる。

❷ 検索ボックスに**resource group**（または**リソースグループ**）と入力する（途中まででよい）。
　●途中までキー入力すると候補が表示される。

❸ 検索結果に「リソースグループ」または「Resource group」と表示されたら、クリックして選択する。
　●新規作成リストにリソースが表示されない場合は、このように検索機能を使う。

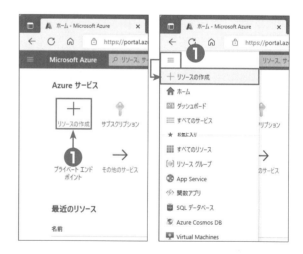

❹
［リソースグループ］画面の［作成］をクリックする。

❺
［基本］タブで、使用するサブスクリプションを選択する。

❻
リソースグループの名前を指定する（英数字、ピリオド、アンダースコア、ハイフン、かっこが使用可能だが、ピリオドで終わることはできない）。

❼
リソースグループの場所（リージョン）を指定する。必ずしもリソースと同じ場所である必要はないが、同じほうがわかりやすい。

❽
［次へ：タグ］をクリックする。
- タグを指定しない場合は［確認および作成］をクリックすると、手順❿に進む。

❾
［タグ］タブで、タグの名前と値を指定して［次：確認および作成］をクリックする。
- タグは、リソースに付けられるラベルだが、本書では使用しない。タグの詳細については、後述のコラム「タグ」を参照。

⑩ [確認および作成] タブで、検証に成功したことを確認して [作成] をクリックする。

⑪ リソースが作成されると通知が表示される。[リソースグループに移動] をクリックすると、作成したリソースグループの管理画面へ移動できる。

● リソース作成の通知はしばらくすると消える。もちろん、各リソースの管理画面に切り換えれば、作成したリソースを表示できる。

リソースグループを作成する（ポータルメニュー経由）

リソースグループは、以下の方法でも作成できます。

❶ Azureポータルのポータルメニューで [リソースグループ] を選択する。

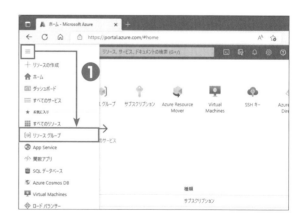

②
リソースグループの管理画面になるので、上部にある［＋作成］ボタンをクリックする。

③
以降の操作は前項と同じ。

ヒント

ポータルメニューに見つからないときは

ポータルメニューに［リソースグループ］が表示されていない場合は、「お気に入り」に設定することで表示できます。詳しくは第1章の「4 管理ツールとデプロイモデル」の「Azureポータルの基本的な使い方：リソース作成」を参照してください。

リソースグループを削除する

　リソースグループを削除すると、リソースグループに含まれるすべてのリソースが削除されます。ミスを防ぐため、リソースグループを削除する場合は、リソースグループ名を入力する必要があります。

①
Azureポータルで［リソースグループ］の管理画面を開く。

②
削除したいリソースグループを選択する。

③
［リソースグループの削除］をクリックする。

④

確認のためリソースグループ名を入力する。

● 迅速に削除したい場合は、強制削除のチェック
ボックスをオンにする（ヒント参照）。

⑤

［削除］をクリックする。

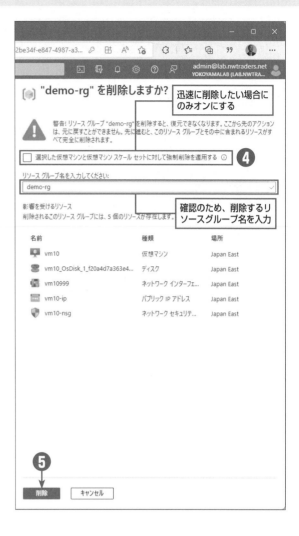

ヒント

仮想マシンの強制削除

手順❹で［選択した仮想マシンと仮想マシンスケール
セットに対して強制削除を適用する］をオンにした場合、
仮想マシンのシャットダウンなど、通常の削除手順を省
略するため、迅速に削除できます。

リソース名の変更

Azure では、一度作成したリソースの名前を変更する機
能はありません。スペルミスをした場合でも、いったん
削除して作り直す必要があります。

コラム C　タグ

　「タグ」は、任意のキーと値のペアです。キーとしてはそのリソースの管理者や用途を示す文字列を指定し、値には具体的な内容を指定します。たとえば、以下のような使い方をします（表2-1）。

表2-1：タグの指定例

名前	値	説明
Dept	IT	IT部門の所有
	Dev	開発部門の所有
	PR	PR部門の所有
Environment	Test	テスト環境
	Production	本番環境

　Azureポータルや Azure PowerShell などを使うと、タグと値を指定して課金情報などを集計できます。これにより、同一組織の部署やプロジェクト単位で利用状況を詳細に監視できます。

　AWSでも同様の概念がありますが、Azureよりも広く使われているようです。たとえば、AWSの仮想マシン（EC2）は、管理ツールに表示されるリソース名として「Name」タグが使われます。Nameタグを指定しない場合、管理ツールからは名なしの仮想マシンとして表示されます。しかも、EC2では実際のホスト名はランダムな文字列が割り当てられるため、Nameタグなしに管理することは困難です（図2-4）。

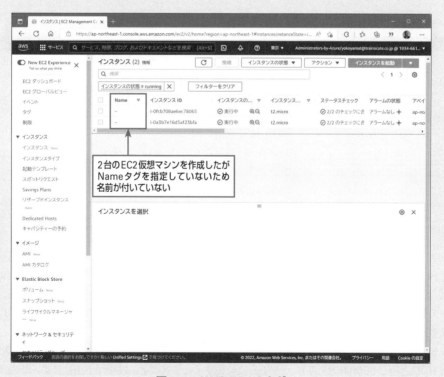

図2-4：AWS EC2のタグ

3 仮想ディスクを構成するには

　第1章の5で説明したように、Azureのストレージは「ストレージアカウント」を基礎としています。しかし、仮想マシンが利用する仮想ディスクとしては、必ずしも使いやすいとは言えませんでした。そこで、ストレージアカウントの存在を意識させない「マネージドディスク」が登場しました。

　現在の仮想マシンはマネージドディスクが主流なので、本書でもマネージドディスクを使った構成を中心に説明します。

マネージドディスク

　Azureの仮想マシンは「マネージドディスク」を使うのが一般的です。「Disk Storage」と表記されることもありますが同じものです。マネージドディスクには以下の4種類があり、要件に応じて使い分けます（表2-2）。

- ・Standard HDD
- ・Standard SSD
- ・Premium SSD
- ・Ultra Disk（一部地域でのみ利用可）

表2-2：マネージドディスクの種類（代表的なものを抜粋）

種類	最大IOPS	最大スループット	レイテンシー*	月額（128GB）
Standard HDD	500 (32GB 〜 4TB)	60MB/秒 (32GB 〜 4TB)	書き込み待機時間：10ミリ秒未満 読み取り待機時間：20ミリ秒未満	802.33円
Standard SSD	500 (4GB 〜 4TB)	60MB/秒 (4GB 〜 4TB)	1桁ミリ秒	1,308.15円
Premium SSD	240 (64GB) 500 (128GB) 1,100 (256GB)	50MB/秒 (64GB) 100MB/秒 (128GB) 125MB/秒 (256GB)	1桁ミリ秒	3,089.13円
Ultra Disk	38,400 (128GB)	4,000MB/秒 (128GB)	1ミリ秒未満	サイズと速度に依存（時間単価）

＊レイテンシー（遅延）は価格表には明記されていない。ここに挙げた数字は、公式ドキュメントやマイクロソフト主催の技術イベントで断片的に発表された情報をまとめたものである。
https://learn.microsoft.com/ja-jp/azure/virtual-machines/disks-types

　Standard HDDは、ハードディスクを使用しており、比較的低速ですが安価に利用できます。Standard SSDはSSDを使用していますが、転送速度はStandard HDDと変わりません。ただし、レイテンシー（遅延）が小さいため、ランダムアクセス性能は向上します。なお、Standard HDDとStandard SSDは、いずれも8TBを超えると性能が上がります。

　Premium SSDは、契約容量ごとに性能が変わるので注意してください。たとえば128GBで契約した場合のIOPSはStandard HDDと同じ500IOPSですが、256GBで契約すると2倍以上に性能が上がります。その代わり、64GBで契約するとStandard HDDよりも遅い240IOPSまで落ちてしまいます。しかし、レイテンシーはStandard HDDよりも小さいうえ「バースト」機能があり、短時間なら高速にアクセスができます（512GB以下の場合で、IOPSが

3,500、スループットが170MB/秒）。そのため、一概に遅くなるとは言い切れません。

　Ultra Diskは、本書の執筆時点では、東日本を含む一部リージョンのみで利用できます。他のディスクが月額単価なのに対し、時間単価が設定されているうえ、性能も自由に設定できますが、データディスクとしてのみ利用可能で、システムディスクとして構成することはできません。

　マネージドディスクは単独で作成・管理が可能ですが、常に仮想マシンから利用するため、仮想マシンの管理画面から割り当てを行うのが一般的です。ここではマネージドディスクの説明を一通り行いますが、実際には仮想マシン作成と同時にマネージドディスクを作成することにします。

ヒント

IOPSの一般的な値

IOPS（I/O per Second）は1秒間に実行可能なI/Oの回数を意味し、1万RPM（毎分1万回転）のハードディスクの場合で150程度になります。しかし、SSD製品では一般消費者向けのものでも数万以上になります。
ただし、システム全体の性能はアプリケーションの作りにも大きく依存します。そのため、IOPSが大きくなればそのまま性能が向上するとは限りません。

仮想ディスク性能を向上させる

Azureの仮想ディスク性能を向上させるには、以下の3つの方法があります。
- ・Azureキャッシュ…Azure側でキャッシュを構成します。
- ・Premium SSD…Premium SSDは容量を増やすと速度が向上します。たとえば512GBのPremium SSDでは2300 IOPSを実現できます。あとから容量を増やすことで速度も自動的に向上します。容量を減らすことはできません。なお、Standard HDD/Standard SSD/Premium SSDは、仮想マシンを停止する（割り当て解除する）ことでいつでも相互に変換できます。
- ・ソフトウェアRAID…Windowsの記憶域プールやLinuxのmdなど、OSが持つRAID機能を使ってストライピング（RAID-0）を行います。ストレージは既に冗長化されているため、ミラー（RAID-1）などは必要ありません。

マネージドディスクの課金

マネージドディスクは決められた容量ごとに型番（Stock

Keeping Unit：SKU）が割り当てられ、SKUごとに月額料金が設定されています。マネージドディスクの作成自体は1GB単位で行うことが可能ですが、課金は実際の容量ではなくSKUに合うように切り上げられます。
たとえば、Premium SSDは128GBにP10、256GBにP15というSKUが割り当てられます。このとき129GBのPremium SSDを作成すると256GBの料金が適用されます。1GB超えただけで倍近い金額がかかるので注意してください。1ヶ月未満の使用については1ヶ月の価格を基準に時間割計算されます。たとえば5月の場合だと月額料金を31日×24時間=744で割った値が時間単価となります。

マネージドディスクの冗長性

マネージドディスクの内部はローカル冗長ストレージを利用しています。可用性ゾーンが利用できる場合は、ゾーン番号（通常は1から3）を指定できますが、複数のゾーンにまたがった複製はサポートしません。
ただし、Standard SSDとPremium SSDではゾーン冗長ストレージがサポートされる予定です。本書の執筆時点では一部リージョンでのみ利用可能で、東日本と西日本はどちらも利用できませんでした。
マネージドディスクを地理的に冗長化するには、仮想マシンとセットで「Azure Site Recovery（ASR）サービス」を構成する必要があります。本書ではASRについては扱いません。なお、AWSの仮想ディスクであるEBS（Elastic Block Store）もローカル冗長に相当する冗長性のみをサポートします。

アンマネージドディスク（非マネージドディスク）

　Azureの仮想マシンは、ストレージアカウントの機能のうち「ページBLOB（Binary Large Object）」を利用して、「仮想ディスク」を構成できます。これを「アンマネージドディスク」または「非マネージドディスク」と呼びます。

　仮想ディスクの形式はHyper-Vで使われているのと同じVHD形式です。Windows Server 2012から追加されたVHDX形式は使えません。

　VHD形式の最大容量は2TBですが、Azureのアンマネージドディスクは4,095GBまで割り当てることができます（マネージドディスクの場合は32TBまで利用可能で、さらに拡張される予定です）。それ以上のディスクを扱う場合は、記憶域プール（Windowsの場合）などを使って、複数の物理ディスク（実体はVHDファイル）をまとめる必要があります。詳細は次のドキュメントを参照してください。

「VMディスクのスケーラビリティおよびパフォーマンスの目標」
https://learn.microsoft.com/ja-jp/azure/virtual-machines/disks-scalability-targets

　1つのストレージアカウントに複数のVHDファイルを作成し、複数の仮想マシンから利用することは可能ですが（図2-5）、最大IOPS（1秒間のI/O操作の回数）がストレージアカウントあたり20,000など、いくつかのパフォーマンス要素に制限があります。HDDタイプのアンマネージドディスクは1基あたり500 IOPSが最大速度なので、「20,000÷500=40基」が、すべてのディスクが最大性能を発揮できる限界となります。一見多いように思えますが、「システムディスク1基＋データディスク4基」の構成であれば8セットしか組めません。また、管理者が台数を常に意識しなければならないのも問題です。

　マネージドディスクであれば、内部で使っているストレージアカウントを意識せずに利用できるので、管理者の負担が減ります。また、アンマネージドディスクは2025年9月30日で廃止される予定が決まっています。今後はマネージドディスクを使ってください。

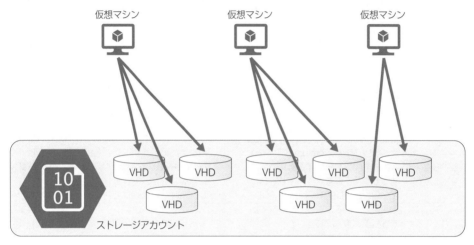

図2-5：仮想マシンとストレージアカウント

ヒント

2TBを超えるVHD形式の仮想ディスクが作れる理由

Hyper-V管理ツールで利用可能な仮想ディスクは、VHD形式の場合2TBに制限されます（VHDX形式は64TB）。これは、1セクター512バイトを32ビット長のテーブルで管理しているためです。

しかし、この管理テーブルが必要なのは容量可変ディスクだけで、容量固定ディスクには必要ありません。容量固定ディスクの場合、ファイルサイズがそのまま仮想ディスクの容量になるためです。

Azure仮想マシンが利用可能なアンマネージドディスクはVHD形式の容量固定ディスクに限られます。そのため、2TBの制約は存在しません。

原理的にはHyper-Vの容量固定ディスクも2TB制限はない

はずですが、実際にやってみると管理ツールに2TBの制約があるようで、2TBを超える仮想ディスクは容量固定ディスクであっても作成できませんでした。

マネージドディスクとアンマネージドディスクの選択

1台の仮想マシンでは、マネージドディスクとアンマネージドディスクを混在させることはできません。アンマネージドディスクは2025年9月30日で廃止が決まっていることもあり、通常は管理の楽なマネージドディスクを使ってください。ITシステムで最も高価なのはシステム管理者の人件費です。システム管理者の負担を減らすことを優先して考えてください。

4 ネットワークセキュリティグループを作るには

ネットワークセキュリティグループ（NSG）は、仮想マシンのネットワークインターフェイスまたは仮想ネットワークのサブネットに割り当てます。

ネットワークインターフェイスに割り当てる場合は、仮想マシンの作成と同時に行えるので便利ですが、仮想マシンの台数が増えると間違えやすくなります。

サブネットに割り当てる場合は、事前にNSGを作成する必要があるものの、サブネット全体で一貫したセキュリティを維持するのが楽です。

NSGについてはこの章の「1 仮想マシンとは」でも簡単に触れているので、併せて参照してください。

ネットワークセキュリティグループを新規作成する

ネットワークセキュリティグループ（NSG）は以下の手順で作成します。

❶
Azureポータルの検索ボックスで「NSG」や「ネットワークセキュリティグループ」などのキーワードを入力し、検索結果から［ネットワークセキュリティグループ］を選択する。

❷
NSGの管理画面が表示される。
●画面の例ではNSGがまだ作成されていない。

❸
［＋作成］または［ネットワークセキュリティグループの作成］をクリックする。

検索ボックスで「NSG」や「ネットワークセキュリティグループ」などのキーワードで検索（先頭から数文字入力すればよい）

検索結果から選択

ネットワークセキュリティグループの管理画面

④
[基本] タブで、以下の項目を設定して [次：タグ] をクリックする。

[サブスクリプション]…使用するサブスクリプションを選択

[リソースグループ]…新規作成または既存のものを使用

[名前]…NSGに付ける名前

[地域]…NSGを割り当てる仮想マシンと同じ場所（リージョン）を指定

● タグを使わない場合は [確認および作成] をクリックしてもよい。その場合はタグ指定の画面をスキップできる。

⑤
[タグ] タブで、タグを指定して [確認および作成] をクリックする。

⑥
[確認および作成] タブで、検証に成功したことを確認して [作成] をクリックする。

⑦
[リソースに移動] をクリックすると、作成したNSGの管理画面に切り換えることができる。

検証の成功

作成したNSGの管理画面へ移動
（この画面はしばらくすると消える）

作成したNSGの管理画面へ移動

送受信規則を構成する

　作成したNSGは、中身が空なので以下の手順で送受信規則を構成します。なお、仮想マシン作成時に自動作成したNSGは必要最小限の設定が行われます。

　ここでは、リモートデスクトップ（RDP）の着信を許可しています。

①
Azureポータルの検索ボックスで「NSG」や「ネットワークセキュリティグループ」などのキーワードを入力し、検索結果から［ネットワークセキュリティグループ］を選択する。

②
NSGの管理画面で、作成済みのNSGの名前をクリックする。

③
指定したNSGの［概要］画面が開く。ここでは、現在の受信規則と送信規則が確認できる。

④
受信（着信）の設定を行うには［設定］グループの［受信セキュリティ規則］をクリックする。
● ［送信セキュリティ規則］も同様の手順で構成できる。

⑤
［＋追加］をクリックする。

検索ボックスで「NSG」や「ネットワークセキュリティグループ」などのキーワードで検索（先頭から数文字入力すればよい）

検索結果から選択

ネットワークセキュリティグループの管理画面

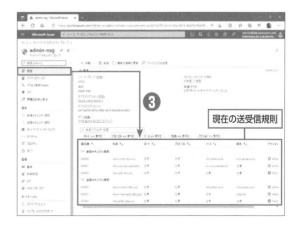

現在の送受信規則

❻

以下の項目を指定して、受信セキュリティ規則を追加する。

［ソース］…以下のいずれかから選択する。

・［Any］…すべての着信を含む。

・［IP Address］…CIDR形式でIPアドレス範囲を指定する。

・［Service Tag］…選択肢の中から選択する。本書では詳細は扱わない。

・［Application Security Group］…事前に作成済みのアプリケーションセキュリティグループから選択する。本書では扱わない。

［ソースポート範囲］…発信元のポート番号を指定する。複数ポートの指定はコンマで区切るか、連続ポートの場合はハイフンでつなぐ。任意ポートの場合はアスタリスク（＊）を指定する。

［宛先］…ソースと同様の手順で宛先を指定する。

［サービス］…主要なプロトコルは登録されているので、ドロップダウンリストから選択する。リストにない場合は［Custom］を選択する。

❼

ここではRDPを選択したため、RDPが利用するプロトコル（TCP）とポート番号（3389）が自動的に選択されている。

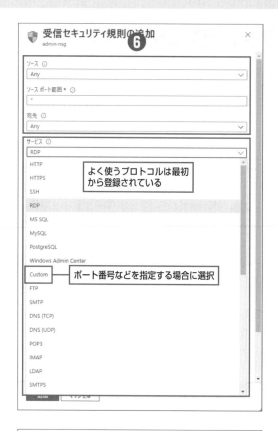

⑧
サービスとして［Custom］を指定した場合は、宛先ポート範囲とプロトコルを指定できる。プロトコルとしてICMPを指定した場合は、ポート範囲はタイプ番号として解釈される。
［宛先ポート範囲］…ソースポート範囲と同様の手順で発信元のポート番号を指定する。
［プロトコル］…［TCP］［UDP］［ICMP］［Any］（任意のプロトコル）のいずれかを選択する。

⑨
サービスの指定に続いて、以下の情報を指定し、［追加］をクリックする。
［アクション］…［許可］または［拒否］を指定する。
［優先度］…NSGの規則の優先順位を100～4096の範囲で指定する（小さい方が優先的に適用される）。
［名前］…NSGの規則の名前を指定する。
［説明］…補足説明を入力する（オプション）。

⑩
NSGの規則が追加されたことを確認する。

既定の規則

受信規則および送信規則には、既定の規則（暗黙の規則）が含まれます。この設定は変更できません。セキュリティ規則の一覧画面で［既定の規則を表示する］または［既定の規則を表示しない］を選択すると、既定の規則を表示したり非表示にしたりできます（図2-6）。

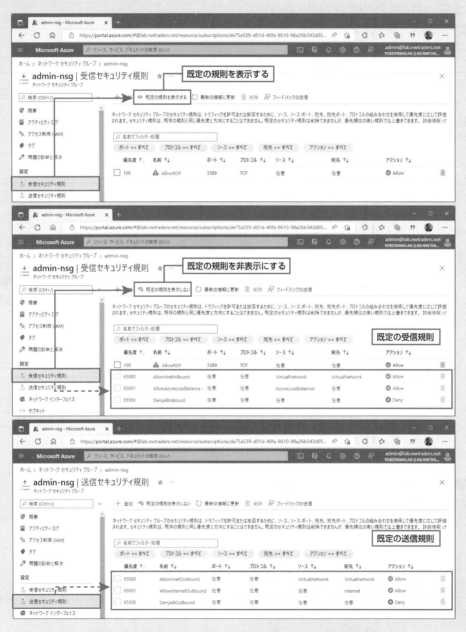

図2-6：ネットワークセキュリティグループの既定の規則

既定の規則は以下の通りです。

●**受信セキュリティ規則の場合**

AllowVnetInBound…仮想ネットワークからの着信を許可

AllowAzureLoadBalancerInBound…ロードバランサーによる監視信号の着信を許可

DenyAllInBound…その他すべての着信を拒否

●**送信セキュリティ規則の場合**

AllowVnetOutBound…仮想ネットワークへの発信を許可

AllowInternetOutBound…インターネットへの発信を許可

DenyAllOutBound…その他すべての発信を拒否（仮想ネットワークとインターネットのどちらにも発信が
　許可されているため、このルールは実質的に意味を持たない）

ヒント

サービスタグ

Azureが提供するPaaS機能はすべてパブリックIPアドレスを持ちます。本書で扱うのはIaaSですが、実際のシステムではIaaSからPaaS機能を呼び出すことがよくあります。たとえば、仮想マシン（IaaS）から、SQL Database（PaaS）を利用するような場合です。

一般にPaaSベースのサービスはパブリックIPを持ちます。しかし、Azureが持つパブリックIPアドレスの範囲はときどき変わるので、IPアドレスだけで正しい接続先かどうかを判定するのは困難です。

そこで、AzureではPaaSに対してサービスタグを設定しています。IaaS側で適切なサービスタグだけに接続を制限することで、偽のサービスと接続してしまうことを防ぎます。

本書では、PaaSの詳細は扱わないため、サービスタグの詳細は説明しませんが、実際にPaaSを使う場合には重要な機能です。

5 仮想ネットワークを作るには

　仮想ネットワークの詳細は第5章で扱うので、ここでは最小限の設定だけを紹介します。仮想マシンを作成するとき、同時に仮想ネットワークを新規作成することもできますが、先に仮想ネットワークを作っておいた方がわかりやすいでしょう。

仮想ネットワークを作成する

仮想ネットワークは以下の手順で作成します。

❶
Azureポータルで［＋リソースの作成］をクリックする。

❷
［ネットワーキング］−［Virtual network］を選択する。
- ●［仮想ネットワーク］と日本語で表示されることもある。

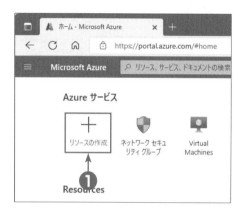

❸
[基本] タブで、以下の項目を指定して [次：IPアドレス] をクリックする。

[サブスクリプション]…使用するサブスクリプションを選択する。

[リソースグループ]…新規作成または既存のものを使用する。

[名前]…仮想ネットワーク名として、自分が区別しやすい名前を指定する。

[地域]…リージョン（データセンターの場所）を選択する。

❹
[IPアドレス] タブで、以下のTCP/IPアドレス情報を指定する。

[IPv4アドレス空間]…既定のネットワーク番号（既定値は、先頭オクテットが10で、まだ使われていない16ビット長のネットワーク）がCIDR形式で表示されるので、必要に応じて書き換える。必ずサブネットに分割して使うため、大きめの範囲を指定する方がよい。後述の手順で作成後の変更も可能。

[IPv6アドレス空間の追加]…IPv6を使う場合にオンにする。

❺
サブネットを追加する場合は、[＋サブネットの追加] をクリックする。

● 既定では、指定したIPv4アドレス空間から、最も若い番号の24ビット長ネットワークがdefaultという名前で作成される。IPv4アドレス空間を変更すると、既定のサブネットが削除されるので、必ず自分で追加する。

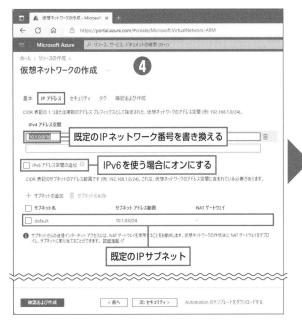

6 表示された画面で以下のパラメーターを指定して、[追加] をクリックする。
[サブネット名]…サブネットに付ける名前。
[サブネットアドレス範囲]…CIDR形式のサブネットアドレス範囲。
[NATゲートウェイ]…インターネット接続のためのサービスを選択する。NATゲートウェイがなくてもインターネット接続は可能だが、パブリックIPアドレスの管理ができない。本書では扱わない。
[サービスエンドポイント]…仮想ネットワークのアクセスを特定サービスに制限したい場合に有効にする。本書では扱わない。

7 [次：セキュリティ] をクリックする。

8

[セキュリティ] タブで、以下のセキュリティオプ
ションを指定して [次：タグ] をクリックする。

[BastionHost]…仮想マシンに接続するための有
償サービス。あとから追加することもできるので、
ここでは [無効化] を選択する。詳しくは後述する
（この章の11）。

[DDoS Protection Standard]…Azureで分散型
拒否攻撃（DDoS）保護機能（有償）を使う場合は
[有効化] を選択する。[無効化] を選択した場合は
「DDoS Protection Basic」のみが利用される（無
償）。DDoS Protection Basicは無効にできない。
本書では、DDoS Protection Standardについては
扱わない。

[ファイアウォール]…Azure Firewall（有償）を利
用する場合は有効にする。あとから構成することも
できる。Azure Firewallを構成しなくても、NSGに
よる基本的なフィルター機能や、DDoS Protection
BasicによるDDoS保護機能は無償で提供される。

9

[タグ] タブで、タグを指定して [次：確認および作
成] をクリックする。

10

[確認および作成] タブで、内容を確認して [作成]
をクリックする。

仮想ネットワークの課金

仮想ネットワーク自体には課金されませんが、通信トラフィックに対して課金が発生します。課金対象の通信トラフィックを「帯域幅 (bandwidth)」と呼びます。インターネット帯域幅の料金はリージョンよりも広い範囲を単位として設定されます。以前はこの範囲を「ゾーン」と呼び、日本は「ゾーン2」に所属していました。現在は「大陸」と呼び、日本は「アジア」大陸に所属します。すべての大陸には100GBの無料枠があり、それを超えると、大陸ごとに決められた金額が課金されます。たとえば、アジア大陸は月間10TBまで利用の場合で1GBあたり約16円が課金されます。それ以上の利用は使用量に応じて若干の割引があります。

帯域幅は、インターネットや他のリージョンに出ていくトラフィックに対して課金されます。同じリージョン内の通信とAzureへ向かうトラフィックは課金対象ではありません。

なお、同一リージョンの可用性ゾーン間の通信は入出力ともに課金対象となり、日本では1GBあたり1.363円です。

アドレス範囲の変更

以下の手順で、仮想ネットワークのアドレス範囲を変更できます。

1. 仮想ネットワークのサブネットを削除する
2. 仮想ネットワークのアドレス範囲を変更する
3. 仮想ネットワークにサブネットを追加する

なお、仮想ネットワークのアドレス範囲を追加することもできます。追加の場合、事前準備は必要ありません。

Azureで使えるIP アドレス

　仮想マシンは、Azure内部で使う独自のIPアドレスを落ちます。これを「動的IPアドレス (DIP)」と呼びます。本来はクラシックモデルの用語ですが、リソースマネージャーでも使われています。

　DIPは、DHCPサーバーから仮想ネットワークの設定に合わせて割り当てられますが、ネットワークインターフェイスを削除するまで同じ値であることが保証されます。静的IPアドレスを割り当てて、IPアドレスを任意の値に固定することもできますが、その場合でもサーバー構成としてはDHCPクライアントとなる必要があるので注意してください。「静的アドレス」というより「DHCP予約アドレス」の方が意味としては近いでしょう。

　Azureでは「仮想ネットワーク」を使うことで、利用者ごとにプライベートアドレスを利用できます（表2-3）。プライベートアドレスはRFCで定義されたIPアドレス範囲で、インターネット上で使われていないことが保証されます。当然、インターネット上で直接使ってはいけません。

表2-3：プライベートアドレスの範囲

IPアドレスクラス	開始アドレス	～	終了アドレス	CIDR表記
クラスA	10.0.0.0	～	10.255.255.255	10.0.0.0/8
クラスB	172.16.0.0	～	172.31.0.0	172.16.0.0/12
クラスC	192.168.0.0	～	192.168.255.255	192.168.0.0/16

　実際には、プライベートアドレスの範囲以外のIPアドレスも設定できます。一部の企業は社内利用に十分なパブリックIPアドレスを所有しており、そのIPアドレスをAzureでも使いたいという要望があるためです。

6 仮想ネットワークにネットワークセキュリティグループを割り当てるには

作成したネットワークセキュリティグループ（NSG）は、仮想マシンのネットワークインタフェイスまたはサブネットに割り当てて使用します。ここではNSGを割り当てる方法について説明します。

割り当て先による違い

ネットワークセキュリティグループ（NSG）は、仮想ネットワークのサブネットまたは仮想マシンのネットワークインターフェイスに指定できます。どちらに割り当てても効果は同じですが、以下のような使い勝手の違いがあります。

■サブネットに割り当てる場合

・サブネットに配置した仮想マシンに共通のNSGが設定されるためわかりやすい
・個々の仮想マシンに対して個別の設定ができない

■仮想マシンのネットワークインターフェイスに割り当てる場合

・個々の仮想マシンに対して個別の設定ができる
・仮想マシンの台数が増えると設定ミスが起きやすい

設定漏れを防ぐため、一般にはサブネットに割り当てる方がよいでしょう。また、仮想マシンごとに設定するより、似たような役割の仮想マシンをまとめて同じサブネットに配置することをお勧めします。

たとえば、Webサーバーが2台と、SQL Serverデータベースサーバーが1台あるとします。この場合、図2-7のように仮想マシン単位でNSGを構成することも可能ですが、サーバーを追加するたびに割り当てるNSGを選択する必要があります。しかし、図2-8のようにサブネットの役割をもとにNSGを割り当てると、ネットワーク配置を考えるだけで適切なNSGが自動的に適用されます。

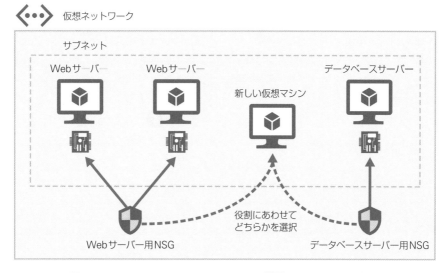

図2-7：ネットワークインターフェイス単位でNSGを割り当て

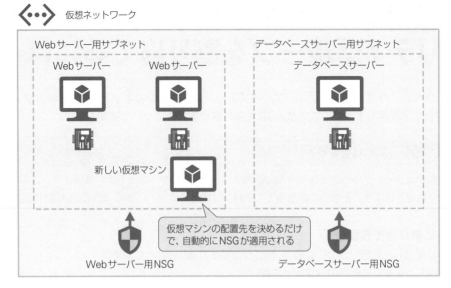

図2-8：サブネット単位でNSGを割り当て

混乱しやすいので、サブネットとネットワークインターフェイスの両方にNSGを割り当てるのはお勧めしません。

NSGを割り当てる

NSGはサブネットまたは仮想マシンのネットワークインターフェイスに割り当てて使います。サブネットにNSGを割り当てる手順は以下のとおりです。

❶ Azureポータルの NSGの管理画面で［サブネット］を選択する。

❷ ［＋関連付け］をクリックする。

③

仮想ネットワークを選択する。

④

サブネットを選択する。

⑤

[OK] をクリックする。

⑥

サブネットが関連付けられたことを確認する

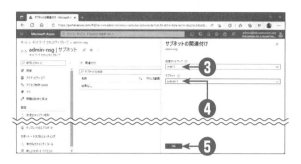

　同様に、AzureポータルのNSGの管理画面で［ネットワークインターフェイス］を選択して、仮想マシンのネットワークインターフェイスカードにNSGを割り当てることもできます。

7 仮想マシンを作るには（Windows編）

仮想マシンの作成手順は、WindowsとLinuxで若干の違いがあるため、本書では節を分けて説明します。なお、クラシックモデルの仮想マシンは2023年3月にサポートが終了します。そのため、本書ではリソースマネージャーのみを扱います。

Windows仮想マシンを作成する

ここではOSにWindows Server 2022を選択する場合を例に説明します。その他のバージョンでも作業手順は変わりません。

❶ Azureポータルで［＋リソースの作成］をクリックする。

❷ ［Compute］をクリックし、一覧から［仮想マシン］または［Virtual Machines］を選択する。

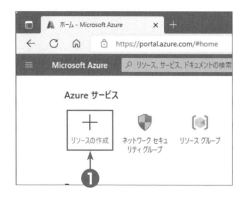

❸

[基本] タブで、以下の項目を設定して [次：ディスク] をクリックする。

[サブスクリプション]…使用するサブスクリプションを選択する。

[リソースグループ]…新規作成または既存のものを使用する。

[仮想マシン名]…仮想マシンの名前を指定する。この名前が内部ホスト名となる。

[地域]…リージョン（データセンターの場所）を選択する。

[可用性オプション]…仮想マシンの冗長化機能を指定する。それぞれの意味は第4章で説明するので、ここでは [インフラストラクチャ冗長は必要ありません] を選択する。

[セキュリティの種類]… [Standard] を選択する。その他の選択肢は以下の通りだが、本書では扱わない。

・[トラステッド起動の仮想マシン]…セキュアブート（信頼できないOSからの起動を拒否）や仮想TPM（暗号化用セキュリティモジュール）を利用した高度な保護が可能。

・[機密の仮想マシン]…トラステッド起動の機能に加え、ハードウェアベースの保護機能が追加される。本書の執筆時点で日本では利用できない。

[イメージ]…仮想マシンのOSを指定する。主なOSはドロップダウンリストに含まれる。ここでは [Windows Server 2022 Datacenter - Gen2] を選択している。OS名の後に続く「Gen2」は仮想マシンの世代（generation）を表す（後述のコラム参照）。[すべてのイメージを表示] を選択すると、さらに多くのリストが表示される。

[Azure Spot割引で実行する]…Azureのデータセンターに余裕がある場合、仮想マシンを安価で利用することができる。ただし、データセンターに余裕がない場合は起動できない。安価な反面、確実に起動できる保証がないため、本書では扱わない。

[サイズ]…仮想マシンのサイズを指定する。OSイメージごとに決められた既定値が表示されるが、[すべてのサイズを表示] をクリックして変更することも可能。

[ユーザー名]…管理者のユーザー名を入力する。特定のユーザー名（たとえばadmin）は禁止されている。

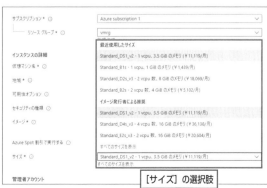

[サイズ] の選択肢

[パスワード]…パスワードを入力する。12文字以上72文字以内（コマンドから仮想マシンを作成する場合は123文字以内）で、大文字、小文字、数字、記号のうち3種類以上を含み、ありふれたパスワードでないこと。

[パスワードの確認]…確認のため同じパスワードを再入力する。

[パブリック受信ポート]…管理用に公開する着信ポートを指定する。[選択したポートを許可する]を選ぶと、HTTP/HTTPS/SSH/RDPの4つの中から複数個を指定できる。通常、WindowsはRDPを選択し、LinuxはSSHを選択する。[なし]を含め、どれを選んだ場合でも手順❺の[ネットワーク]タブで再設定できる。

[既存のWindows Serverライセンスを使用しますか]…移動可能なWindows Serverのライセンスを持っている場合は、これをオンにすることで仮想マシンの料金が安くなる。

❹

[ディスク]タブで、以下の項目を設定して[次：ネットワーク]をクリックする。

[OSディスクの種類]…システムディスクとして[Premium SSD][Standard SSD][Standard HDD]のいずれかを選択する。

[VMと共に削除]…これをオンにすると、仮想マシンを削除するときにディスクも自動的に削除される。オフにすると仮想マシンを削除してもディスクは削除されない。オンにすると削除漏れを防げる。

[暗号化の種類]…ディスクは常に暗号化される。通常はAzureが暗号化キーを管理する[プラットフォームマネージドキー]でよい。独自の暗号化キーを使うこともできるが本書では扱わない。

● アンマネージドディスクを指定したい場合は[詳細]をクリックし、[マネージドディスクを使用]で[いいえ]を選択する。現在はマネージドディスクが一般的であり、アンマネージドディスクについての詳細は省略する。

● ここでデータディスクを追加することもできるが、仮想マシン作成後に追加することもできる。

[OSディスクの種類]の選択肢

❺ [ネットワーク] タブで、以下の項目を設定して [次:
管理] をクリックする。

[仮想ネットワーク]…新規に仮想ネットワークを作
成するか、既存の仮想ネットワークを指定する。

[サブネット]…新規にサブネットを作成するか、既
存のサブネットを指定する。

[パブリックIP]…インターネットから着信するパブ
リックIPアドレスリソースを指定する。新規に作成
する場合が多いが、既存の（未使用の）パブリック
IPアドレスリソースを指定することもできる。パブ
リックIPアドレスの値を事前に指定することはで
きない。Azureが持っているパブリックIPアドレス
から空いているものが適当に割り当てられる。

[NICネットワークセキュリティグループ]…仮想マ
シンのネットワークインターフェイスに割り当てる
ネットワークセキュリティグループ（NSG）を指定
する。

・[なし]…仮想マシンの展開先サブネットにNSG
が指定されている場合は、ネットワークインター
フェイスには既定でNSGが割り当てられない。

・[Basic]…[基本] タブでパブリック受信ポート
の規則を指定した場合は、そこで指定した受信
ポートを許可するNSGが自動作成される。受信
ポートをここで変更することもできる。

・[詳細]…新規にNSGを作成するか、作成済みの
NSGを指定できる。

[VMが削除されたときにパブリックIPとNICを削
除する]…これをオフにすると、仮想マシンを削除し
てもパブリックIPとNICは削除されない。オンにす
ると削除漏れを防げる。

[高速ネットワークを有効にする]…オンにすると
ネットワークインターフェイスの高速化機能である
SR-IOVが有効になる。これはAzure内部の仮想化
プラットフォームであるHyper-Vの機能で、本書で
は扱わない。仮想マシンのサイズに応じて既定値が
自動設定されるので、通常はそのまま受け入れる。

[この仮想マシンを既存の負荷分散ソリューション
の後ろに配置しますか?]…これをオンにすると、作
成済みの負荷分散ソリューション（ロードバラン
サーまたはアプリケーションゲートウェイ）のバッ
クエンドプールに仮想マシンを配置できる。

サブネットにNSGが割り当てられて
いるので[なし]が既定値になる。サブ
ネットにNSGが割り当てられてい
ない場合は[Basic]が既定値となり、
[基本]タブで設定したパブリック受
信ポートへのアクセスが許可される

ネットワークセキュリティグループ（NSG）

ネットワークセキュリティグループを指定するとき、
[Basic] を選んで [パブリック受信ポート] を選択した
場合、指定したポートを受信可能なネットワークセキュ
リティグループが自動的に新規作成されます。

[詳細] を選んだ場合、既存のネットワークセキュリ
ティグループを指定できるほか、ネットワークセキュリティ
グループを新規作成することもできます。この場合、
Windowsを作成している場合はRDP（TCPポー
ト3389）が、Linuxを作成している場合はSSH（TCPポー
ト22）が自動的に許可されます。

[なし] を選んだ場合、Basic SKUのパブリックIPアド
レスはすべての通信が許可されるため、セキュリティ上
のリスクがあります（パブリックIPアドレスのSKUにつ
いては、後述のコラム「パブリックIPアドレスのSKU」
を参照してください）。

NSGをサブネットに割り当てている場合は、[なし] が
既定値になります。サブネットにNSGが割り当てられて
いる場合、そのサブネットに接続されたすべての仮想マ
シンにNSGが適用されるため、個別のNSGを指定する
のは二度手間になります。

❻ [管理] タブで、以下の値を設定して [次：詳細] を
クリックする（次ページのヒントも参照）。

[無料のBasicプランを有効にする]…これをオンに
するとMicrosoft Defender Cloudの無料Basic
プランが有効になり、基本的なセキュリティ機能が
追加される。この設定はサブスクリプション内の全
仮想マシンに適用される。

[ブート診断]…有効にすると、起動時の画面ショッ
トの画像を保存する。起動にかかわるトラブル
シューティングに利用する。[カスタムストレージア
カウントで有効にする] を選択した場合は、任意の
ストレージアカウントを割り当てるので、保存デー
タを自由に参照できる。[マネージドストレージアカ
ウントで有効にする] を指定した場合は、Azure内
部でストレージアカウントが管理され、利用者から
直接アクセスすることはできない。

[OSのゲスト診断を有効にする]…これをオンにす
ると、仮想マシンの診断ログを有効にする。本書で
は扱わない。

[システム割り当てマネージドIDの有効化]…仮想
マシンにAzure Active Directoryの役割を割り当
てる場合に有効にする。本書では扱わない。

[自動シャットダウンを有効にする]…指定した時刻
に仮想マシンを自動的にシャットダウンする場合に
有効にする。テストマシンの停止忘れを防止できる。

[ホットパッチを有効にする]…更新プログラム適用
後、再起動を必要としない更新プログラム管理機能
を有効にする。Windows Server 2022 Datacenter
Azure Edition（Azure上での動作を前提とした特
別なWindows Server）のServer Core（GUIを持
たないWindows Server）でのみサポートされる。

[パッチオーケストレーションオプション]…更新プ
ログラムのインストールオプションを選択する。

- ・[OSによる自動処理]…Windows標準の更新
  （Windowsのみサポート）
- ・[Azure調整済み]…Azureによる自動調整
- ・[手動で更新]…自動更新の無効化（Windowsの
  みサポート）
- ・[イメージの既定値]…OSイメージに組み込まれ
  た更新機能を利用（Linuxのみサポート）

ヒント

パッチオーケストレーションのオプション

OSの更新プログラム（パッチ）はOSによって方法が違
います。Windowsの場合は標準の自動更新機能が使え
ますが、Linuxには自動更新機能がありません。そのた
め、OSに更新機能を組み込む必要があります。これが
[イメージの既定値] です。実際には更新機能が組み込
まれていないため、自動更新は機能しません。
[Azure調整済み] はWindowsでもLinuxでも使えるこ
とになっていますが、本書の執筆時点で実際に選択可能
なOSは、Windows Server 2022 Datacenter: Azure
EditionのServer Coreだけでした。
パッチオーケストレーションの詳細は以下のドキュメン
トを参照してください。

「Azure VMでのVMゲストの自動パッチ適用」
**https://learn.microsoft.com/ja-jp/azure/virtual-
machines/automatic-vm-guest-patching**

❼

[詳細] タブで、インストールする拡張機能を選択して [次：タグ] をクリックする。

● ここで何も指定しなくても、Azure が最小限の拡張機能をインストールする。拡張機能にはサードパーティ製品も含まれるが、ライセンスは別売りの場合もある。その他の設定は本書では扱わない。

❽

[タグ] タブで、必要なタグを指定して [次：確認および作成] をクリックする。

ヒント

仮想マシンの作成画面の一部変更

本書の執筆中に一部のサブスクリプションで仮想マシンの作成画面が一部変更され、[管理] タブと [詳細] タブの間に [Monitoring] タブが追加されています。[管理] タブの [ブート診断] と [OSのゲスト診断を有効にする] が [Monitoring] タブに移動されて [Boot diagnostics] と [Enable OS guest diagnostics] になっています。英語表記ですがオプションは本文で説明した内容と同じです。適宜読み替えてください。

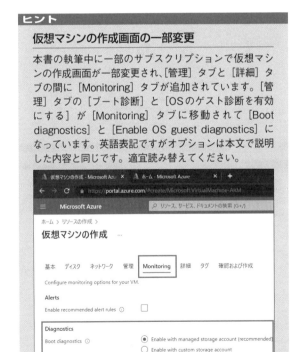

⑨ [確認および作成] タブで、エラーのないことを確認して [作成] をクリックする。

⑩ [デプロイが進行中です] 画面で途中経過が表示される。画面を閉じて別の作業を行ってよい。

⑪ そのまま待っていると、数分で仮想マシンが作成される。[リソースに移動] をクリックすると仮想マシンの管理画面に切り替わる。

作成したリソースの管理画面に移動

ヒント

拡張機能

仮想マシンの拡張機能を何も指定しなくても「Azure仮想マシンエージェント」と呼ばれるソフトウェアだけは自動的にインストールされます。Azure仮想マシンエージェントは、管理者パスワードの強制リセットや、Azure VMバックアップのエージェントなどが含まれます。Azure仮想マシンエージェントは以下のURLからダウンロードすることもできます。オンプレミス仮想マシンをAzureに移行する場合は、移行前にインストールしておくと便利です（移行後にインストールすることも可能です）。

Windows版
https://go.microsoft.com/fwlink/?LinkID=394789
Linux版
https://github.com/Azure/azure-linux-extensions

そのほかにも、マイクロソフトが提供している拡張機能があります。たとえば、任意のPowerShellコマンドを実行する機能を利用して、仮想マシンの初期化をカスタマイズできます。これらの拡張機能は基本的に無償で提供されます。
オープンソースソフトウェアをベースにした拡張機能も無償提供されますが、利用要件は個別に確認してください。なお、サードパーティが提供する拡張機能の多くは有償で、ライセンスが別途必要な場合があるので注意してください。

コラム C パブリックIPアドレスのSKU

パブリックIPアドレスの値を直接指定することはできません。また事前に予測することもできません。しかし、仮想マシンに割り当てたIPアドレスをロードバランサーに割り当て直したい場合など、パブリックIPアドレスを独立した「リソース」として扱いたい場合があります。

そこで、Azureでは「Azureが割り当てるパブリックIPアドレス」に名前を付けて「パブリックIPアドレスリソース」として管理します。パブリックIPアドレスリソースは、仮想マシンやロードバランサーの作成と同時に作成できるほか、事前に作成しておくこともできます。

パブリックIPアドレスにはBasicとStandardの2つのSKU（種別）があります。主な違いは以下のとおりです（表2-4）。また、金額も若干の差があります。

● Basic
- SLAが設定されていない
- ローカル冗長相当の可用性
- 動的または静的を選択可能
- 既定で着信可（ネットワークセキュリティグループでの制限を推奨）
- 動的の場合は使用時間あたり約0.55円（1ヶ月約400円）、静的の場合は約0.49円（1ヶ月約360円）

● Standard
- SLAが設定されている
- ゾーン冗長相当の可用性（ゾーンが利用可能な場合）
- 静的のみ（動的割り当て不可）
- 既定で着信不可（ネットワークセキュリティグループでの許可が必須）
- 使用時間あたり約0.69円（1ヶ月約500円）

表2-4: パブリックIPアドレスのBasicとStandardの違い

	Basic	Standard
SLA	×	○
冗長化	ローカル冗長相当	ゾーン冗長相当
動的割り当て	○	×
静的割り当て	○	○
既定のセキュリティ（NSGがない場合）	着信禁止	着信許可
ロードバランサー	Basic	Standard

動的割り当ては、使用中のみIPアドレスが割り当てられ、使用を停止する（たとえば仮想マシンの割り当てが解除される）とIPアドレスが解放され、課金が停止する。
静的割り当ては、最初に割り当てられたIPアドレスが、使用の有無にかかわらず変化しない。課金も継続する。

BasicとStandardはそれぞれ組み合わせ可能なリソースが異なります。たとえば第4章で取り上げる「Standardロードバランサー」はStandardパブリックIPアドレスのみをサポートし、「Basicロードバランサー」はBasicパブリックIPアドレスのみをサポートします。

なお、BasicからStandardへのアップグレードは可能ですが、逆はできません。以前は、仮想マシン作成時の既定値はBasicでしたが、現在はStandardに変わっています。Basicで構成したい場合は仮想マシン作成時

に［新規作成］をクリックしてSKUを変更する必要があります（図2-9）。

　Basic SKUのパブリックIPアドレスは2025年9月30日で廃止される予定です。既存のBasicパブリックIPアドレスはそれまでにStandardにアップグレードしてください。また、そもそもBasicにはSLAが設定されていないため、本番環境で使うことは望ましくありません。

図2-9：パブリックIPアドレスのSKU変更

ヒント

動的パブリックIPアドレスと静的パブリックIPアドレス

パブリックIPアドレスには、使うたびに値が変化する「動的アドレス」と、最初に指定された値が固定される「静的アドレス」があります。仮想マシンに動的アドレスを割り当てた場合、起動で適当なIPアドレスが割り当てられ、割り当て解除でIPアドレスが解放されます。IPアドレスが解放されると課金も停止します。動的でも静的でも、IPアドレスの値は割り当て時にAzureが自動的に選択し、管理者が指定することはできません。

コラム　smalldiskの指定

　仮想マシンを作成するとき、ドロップダウンリストからOSを選択するのではなく［すべてのイメージを表示］をクリックしてOSを選択すると、多くの選択肢が表示されます（図2-10）。

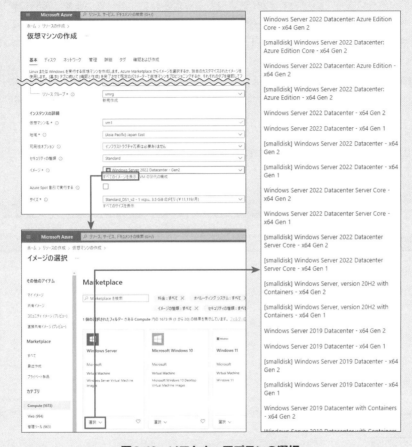

図2-10：ソフトウェアプランの選択

　OSの一覧で［smalldisk］と記載されているものは、システムディスクが30GBで作成されます（通常は127GB）。この場合、マネージドディスクの価格を抑えることができますが、Premium SSDやStandard SSDの場合は速度が低下する可能性があることに注意してください。どちらのSSDも128GBの速度は500 IOPSですが、32GBだと120 IOPSになります。Standard HDDの場合は128GBでも32GBでも500 IOPSの速度が得られます。ただしPremium SSDとStandard SSDはバースト機能があり、短時間なら高速で動作するため、単純な比較はできません。

　また、［Windows Server, version 1803］のようなバージョン表記はすべてServer Coreであり、一般的なGUIを持ちません。メジャーバージョンアップ以外はServer Coreで提供する方針のようです。

　標準イメージに日本語版はないため、必要に応じて後述する手順で日本語化を行ってください。数年前に中国語簡体字（zn-cn）が追加されたので、将来的には日本語版も追加されるかもしれません。

BGinfo拡張機能

標準の拡張機能である「Azure仮想マシンエージェント」には「BGinfo」が含まれています。BGinfoは、仮想マシンの名前やIPアドレスを取得して壁紙に設定する機能です。

以前は自動的に有効になっていたのですが、数年前から設定されなくなっています。実際に試してみたところ、パブリックIPアドレスの表示がなくなっていました。おそらくAzureの内部構成が変わり、BGinfoが正しい情報を取得できなくなったのでしょう。しかし、ホスト名などは正しく表示されるため、あれば便利な機能です（図2-11）。

BGinfoを強制的にインストールするには、Azure PowerShellで次のコマンドを実行します（改行せず1行で入力します）。"拡張機能名"はAzureポータル上に表示される名前なので、任意の文字列で構いません（例：BGinfo）。

```
Set-AzVMBginfoExtension -VMName "仮想マシン名" -ResourceGroupName "リソースグ
ループ名" -Name "拡張機能名"
```

図2-11：BGinfo拡張機能の利用

仮想マシンの世代（generation）

Azureの仮想マシンは、Windows ServerのHyper-Vと同等のシステムで動作しています。Hyper-V仮想マシンには以前からの第1世代（generation 1）と、Windows Server 2012 R2から追加された第2世代（generation 2）があります。第1世代はBIOSベースですが、第2世代はUEFIベースの仮想ハードウェアとなりました。

Azure上の仮想マシンはすべて第1世代でしたが、2019年から第2世代もサポートされています。

第2世代で最も重要な拡張は、フロッピーディスクやCOMポートなどのレガシーハードウェアの排除と、不正なOSからの起動を防ぐ「セキュアブート」の採用です。しかし、物理的に安全な場所に設置されているAzure仮想マシンではそれほど大きなメリットではありません。

Azureの第2世代仮想マシンは、2TBを超えるディスクを扱えるほか、最大メモリ容量が増加しています。ただし、第2世代ではサポートされない機能も残っているほか、すべてのリージョンですべての仮想マシンサイズが指定できるわけでもありません。特別なメリットを見出さない限り、第2世代に早急に移行する必要はないでしょう。

仮想マシンの世代は、OSの選択時に表示されます。一度指定した世代は変更できないので注意してください。

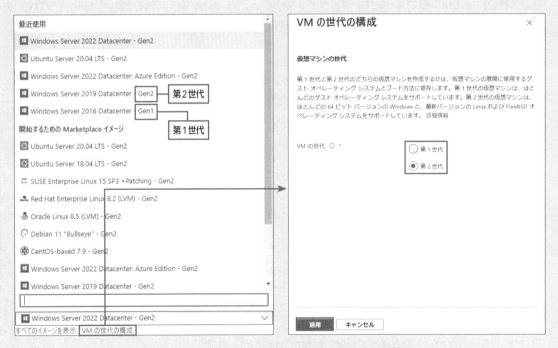

図2-12：仮想マシンの世代（generation）の選択

8 仮想マシンを作るには（Linux編）

Linux仮想マシンを作成する場合も基本的な流れはまったく同じです。ここではOSにUbuntu Serverを選択する場合を例に、Windows Serverと異なる部分を中心に説明します。共通設定の詳細は、前節の「Windows仮想マシンを作成する」を参照してください。

Linux仮想マシンを作成する

❶
Azureポータルで［＋リソースの作成］をクリックする。

❷
［Compute］をクリックし、一覧から［仮想マシン］または［Virtual Machines］を選択する。

❸
［基本］タブで、必要な項目を設定して［次：ディスク］をクリックする。Windowsと違う点は以下の通り。

［イメージ］…仮想マシンのOSを指定する。ここでは［Ubuntu Server 20.04 LTS - Gen2］を選択する。

［認証の種類］…Windowsではパスワードログイン（サインイン）のみが利用可能であるが、Linuxではパスワードを使ったログインか、SSH公開キーを使ったログインのどちらかを選択する。

［ユーザー名］…管理者のユーザー名を入力する。特定のユーザー名（たとえばadmin）は禁止されている。Windowsでは組み込みの管理者「Administrator」の名前をここで指定したものに変更するが、Linuxでは組み込みの管理者「root」は変更されず、新規ユーザーとして管理者が登録される。

［SSH公開キー］…認証SSH公開キーを指定した場合は、以下のいずれかの方法で公開キーを指定する（詳細は後述）。

・［新しいキーの組の生成］…新しいキーペアを生成し、その公開キーが使用される。公開キーはAzureに保存され、再利用できる。秘密キーは仮想マシン作成直前にダウンロードするように指示され、Azureには保存されない。

・［Azureに格納されている既存のキーを使用する］…あらかじめAzure上にキーを保存しておく。

・［既存の公開キーを使用］…あらかじめ作成しておいたキーを使用する。

［パスワード］…パスワードログインを指定した場合は、パスワードとパスワードの確認入力ボックスが表示される。パスワードの基本的な制限と共通で、文字数は12〜72（コマンドから作成する場合は123文字）、大文字・小文字・数字・記号の4種類を含む必要がある。

［パブリック受信ポート］と［受信ポートを選択］…管理用に公開する着信ポートを指定する。通常、LinuxはSSHを選択する。

④

[ディスク] タブで、適切な値を設定して [次：ネットワーク] をクリックする。

● [VMと共に削除] をオンにすると、仮想マシンを削除するときにディスクも自動的に削除される。

⑤

[ネットワーク] タブで、適切な値を設定して [次：管理] をクリックする。

● [VMが削除されたときにパブリックIPとNICを削除する] をオフにすると、仮想マシンを削除してもパブリックIPとNICは削除されない。オンにすると削除漏れを防げる。

ヒント

パブリック受信ポートの設定が2箇所にある理由

仮想マシンを作成するとき、パブリック受信ポートの設定は [基本] タブと [ネットワーク] タブの2箇所にあります。どちらで設定しても、最終的にはネットワークセキュリティグループの設定になるため結果は変わりません。

同じ設定が2箇所にあるのは、利便性を考えてのことと思われます。仮想マシンの作成中、[確認および作成] ボタンを押すと、残りの設定項目をスキップして一気に最終画面まで進めることができます。スキップした画面には既定値が設定されますが、ネットワークセキュリティグループの既定値は [なし] です。そのため、仮想マシンの [基本] 画面のみを設定して、残りをスキップするとネットワークセキュリティグループが設定されません。そこで [基本] 画面で最小限の設定ができるように考慮されています。

ヒント

仮想マシンのCPUアーキテクチャ

ほとんどの場合、仮想マシンのCPUはインテル /AMDのx64アーキテクチャが使用されます。Ubuntu Linuxなど一部のOSは、2022年9月からARM64も選択できるようになりました。

⑥ [管理] タブで、適切な値を設定して [次：詳細] を
クリックする。

⑦ [詳細] タブで、適切な値を設定して [次：タグ] を
クリックする。

⑧ [タグ] タブで、必要なタグを指定して [次：確認お
よび作成] をクリックする。

⑨ [確認および作成] タブで、エラーのないことを確認して [作成] をクリックする。

⑩ [SSH公開キーのソース] で [新しいキーの組の生成] を選択した場合は、秘密キーのダウンロード画面が表示されるので、ダウンロードする。
- このファイルは二度と生成されないので、ダウンロードせずに先に進まないように注意する。

⑪ [デプロイが進行中です] 画面に切り替わったら、画面を閉じて別の作業を行ってよい。

⑫ そのまま待っていると、数分で仮想マシンが作成される。[リソースに移動] をクリックすると仮想マシンの管理画面に切り替わる。

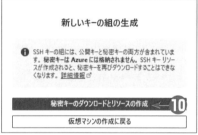

リソース管理画面に
移動する

ヒント

管理者アカウント

仮想マシン作成時に指定する管理者は、WindowsとLinuxで扱いに差があります。

Windowsの場合は、組み込みのAdministratorの名前が指定した管理者アカウント名に変更されます。そのため、Azureの仮想マシンにはAdministratorというユーザーは存在しません。

一方、Linuxの場合は、指定した管理者アカウントが組み込みの管理者であるrootとは別に存在します。

Windows/Linuxともに管理者アカウントとして指定できないユーザー名があります。たとえば、以下の名前は使用できません。

- ・Administrator
- ・Admin
- ・root

いずれのOSでも、管理者パスワードの最小文字数は12文字で、最大文字数は72文字です（コマンドで仮想マシンを作成する場合は123文字）。また、大文字、小文字、数字、記号のうち3種類以上を含む必要があります。また、ありふれたパスワードは受け付けてくれません。ただし、具体的にどのようなパスワードが拒否されるかは、筆者は確認できていません。公式ドキュメントには禁止パスワードの例が掲載されていますが、最大でも11文字で、パスワードが8文字以上だった時代に作成されたもののようです。現在のAzureは、パスワードの最低長が12文字なのでどれもあてはまりません。

管理者アカウントとパスワードの詳細については、以下のWebサイトを参照してください。

「Windows Virtual Machinesについてのよく寄せられる質問」
https://learn.microsoft.com/ja-jp/azure/virtual-machines/windows/faq

「Linux 仮想マシンについてのよく寄せられる質問」
https://learn.microsoft.com/ja-jp/azure/virtual-machines/linux/faq

仮想マシンのサイズ

Azureでは、仮想マシンのサイズにはいくつかのパターンが決まっており、自由に選択することはできません。これを「カタログ方式」と呼ぶそうです。カタログに載っていないもの

は注文できないという意味です。

Azure開始当初はS/M/Lという呼び名だったのですが、どんどんと種類が増えてしまい、記号だけではわかりにくくなったため数字を組み合わせるようになりました。

同一シリーズでは数字の大きい方が高性能になりますが、提供時期が違う場合は数字が大きくても性能が低くなることもあります。また、CPUの世代が変わった場合はA1_V2のようにサフィックスが追加されます。通常、新しい世代は性能が向上し、価格も安くなります。

現在提供されている主なシリーズは以下の通りです。ただし、リージョンによっては提供されていないものもあります。

- ・Aシリーズ…エントリサーバー（A_v1シリーズは2023年8月31日廃止予定）
- ・Bシリーズ…非常に低速だがバーストモードに対応したサーバー（バーストモードは、負荷増大時に一時的な能力強化を行う機能）
- ・Dシリーズ…汎用サーバー
- ・Eシリーズ…メモリ強化版サーバー
- ・Fシリーズ…演算性能重視サーバー（ただしメモリは少なめに設定）
- ・Hシリーズ…科学技術計算などのハイパフォーマンスコンピューティング用
- ・Nシリーズ…NVIDIA社のGPU対応サーバー

このように多くのシリーズがあるため、どれを選ぶか迷うかもしれません。マイクロソフトの方を含め、さまざまな意見を求めたところ「迷ったらDシリーズ」ということに落ち着きました。

BasicとStandard

A_v1シリーズにはBasic（基本）とStandard（標準）という分類も存在します。Basicは負荷分散機能など、いくつかの機能が利用できない代わりに料金が低く抑えられています。一方Standardはすべての機能が利用できます。

ただし、A_v1シリーズは2024年8月31日に廃止が決まっているため、今から利用することはないでしょう。後継はA_v2シリーズです。

A_v1シリーズ以外の仮想マシンには（後継のA_v2を含め）Basicはなく、Standardのみ存在するため、特に区別する必要はないのですが、内部的な名称には「Standard」の文字が含まれています。コマンドで仮想マシンを作成するときなどは、この名称が必要なので注意してください。

SSHと公開キー暗号の原理

　初期のUNIXは、シリアルケーブルで接続された端末（ターミナル）から1文字ずつシステムに送り、システムからの表示を表示していました。端末ではデータの加工を行わないため「ダム端末」とも呼びます。

　古いUNIXでは、ダム端末の通信手順をそのままTCP/IPに移植したtelnetを使っていました。しかし、telnetは暗号化せずにパスワードを送るなど、そのままでは現在のセキュリティ基準を満たせません。そこで、考えられたのがSSH（セキュアシェル）です。SSHは、Web暗号化の仕組みとして知られているTLS（SSL）を使った暗号化通信を行います。

　SSHを使ったログインは、公開キーを利用する方法と、パスワードを使う方法があります。複雑で推測困難なパスワードを管理するより、公開キーを使う方が安全とされていますが、公開キーとそれに対応する秘密キーの生成の手間がかかります。本書では、より安全性の高い「公開キー」を使って説明します。

　公開キーは暗号化技術の1つで、その基本動作は以下の通りです（図2-13）。

1. 利用者（ここではアリスとする）は1組のキーペアを生成し、一方を公開し（公開キー）、他方は公開しない（秘密キー）。
2. 公開キーは、あらかじめ通信相手（ここではボブとする）に送っておく。
3. ボブは、送られてきたアリスの公開キーを使ってデータを暗号化し、アリスに送る。
4. アリスは、受け取ったデータを自分の秘密キーで復号する。ボブがアリスに送ったデータを第三者が盗聴しても、アリスの秘密キーがわからないため復号できない。

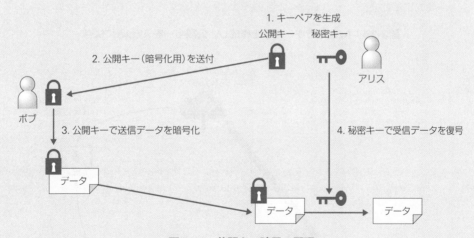

図2-13：公開キー暗号の原理

　公開キー暗号は低速なため、データの暗号化には「共通鍵暗号」を使います。共通鍵暗号は非常に高速ですが、暗号化と復号に同じキーを使うため、キーの漏えいを防ぐ必要があります。そこで、共通鍵暗号のキーを公開鍵暗号で交換します。

　Linux仮想マシン作成時にSSH公開キーを登録することで、サーバーが生成した暗号化キーを安全に入手できます。

SSH用キーペアの生成と利用

　AzureでSSH用のキーペアを利用するには、以下の3つの方法があります。いずれの場合でも秘密キーは自分で管理します。

　・Azureでキーペアを作成し、公開キーをAzureに保存（図2-14）
　・OpenSSHなどを使って自分でキーペアを作成し、公開キーをAzureに保存（図2-15）
　・OpenSSHなどを使って自分でキーペアを作成し、公開キーも秘密キーも自分で管理（図2-16）

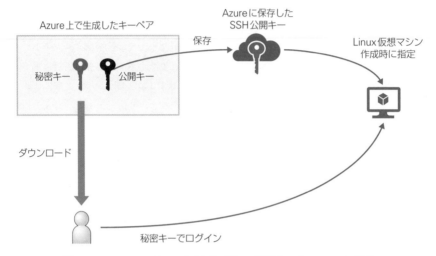

図2-14：Azureでキーペアを作成し、公開キーをAzureに保存

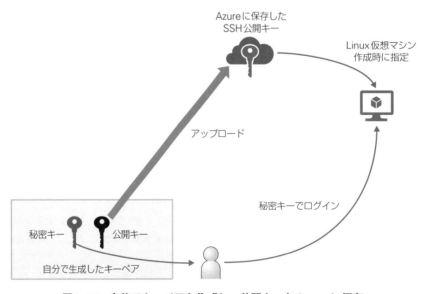

図2-15：自分でキーペアを作成し、公開キーをAzureに保存

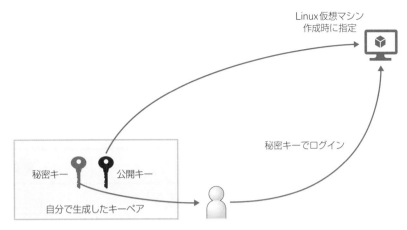

図2-16：自分でキーペアを作成し、公開キーも秘密キーも自分で管理

Azureに公開キーを保存する

Azureに公開キーを保存する手順は以下のとおりです。キーペアの作成は、仮想マシン作成時に行うことも、事前にキーのみを作成しておくこともできます。

❶
Azureポータルの検索ボックスで**ssh**と入力し、検索結果から［SSHキー］を選択する。

❷
SSHキーの管理画面で［＋作成］または［SSHキーの作成］をクリックする。
● 画面の例ではSSHキーがまだ作成されていない。

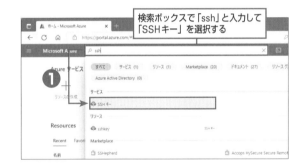

3
サブスクリプションとリソースグループを指定する。

4
SSHキーペアをAzureに作成させる場合は、キーペアの名前を入力し、[新しいキーの組の生成]を選択して[確認および作成]をクリックする。
● ここではタグの指定を省略している。

5
手持ちのSSHキーペアを使う場合は、キーペアの名前を入力し、[既存の公開キーをアップロード]を選択して公開キーの内容を貼り付け、[確認および作成]をクリックする。

6

内容を確認して［作成］をクリックする。

7

Azureにキーペアを作成させた場合は、秘密キーの
ダウンロードダイアログボックスが表示されるので
［秘密キーのダウンロードとリソースの作成］をク
リックする。

●このあと、秘密キーはAzureから削除されるた
め、再ダウンロードはできない。何らかの事情で
今すぐダウンロードできない場合は［SSHキーリ
ソースの作成に戻る］をクリックして、SSHキー
ペアを作成せずにAzureポータルへ戻る。

8

SSHキーの管理画面で、作成されたキーを確認す
る。キー名をクリックすると詳細情報が表示される。

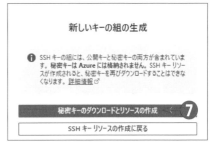

⑨
この画面で公開キーの内容が確認できる。必要なら
クリップボードボタンをクリックして、公開キーを
入手できる。

仮想マシン作成時にSSHキーを指定する

仮想マシン作成時にSSHキーを指定する場合は、以下の3つの選択肢があります。

- [新しいキーの組の生成]…Azureが新しいキーペアを生成し、AzureのリソースとしてSSH公開キーが作成される。秘密キーのダウンロードは仮想マシン作成直前に行う。
- [Azureに格納されている既存のキーを使用する]…あらかじめAzure上に作成したSSHキーリソースを指定する。[新しいキーの組の生成]で作成したキーを指定することもできる。
- [既存の公開キーを使用]…Azureに既存のキーペアの公開キーをアップロードする。AzureのSSH公開キーリソースは作成されない。

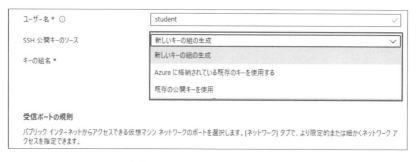

図2-17：仮想マシン作成時にSSHキーを指定する

Windows上でのSSHキーペアの生成と利用

　Linuxで広く使われているSSHシステムが「OpenSSH」です。Windows 10でもバージョン1803以降は標準で利用できます。現在は、Azure上でSSHキーペアが作成できるため、あまり使う必要はありませんが、何かの事情で自分でキーを生成したい場合に利用してください。

　SSHキーペアの作成は以下の手順で行います。ファイルパスなどは異なりますが、Linux版でもコマンドは変わりません。

❶
　ssh-keygenコマンドを実行する。

❷
　キーペアの保存先を指定する（既定の場所はホームディレクトリの.sshフォルダー）。

❸
　秘密キーを読み出すためのパスワードを指定する。秘密キーを保存するPCが安全に管理されている場合は省略できる。

❹
　秘密キーの確認入力を行う。

❺
　秘密キーがid_rsaとして保存される（テキストファイル）。

❻
　公開キーがrd_rsa.pubとして保存される（テキストファイル）。

❼
　キーペアが正しく生成されたら、キーを図形化したrandomartと呼ばれる文字絵が表示される。

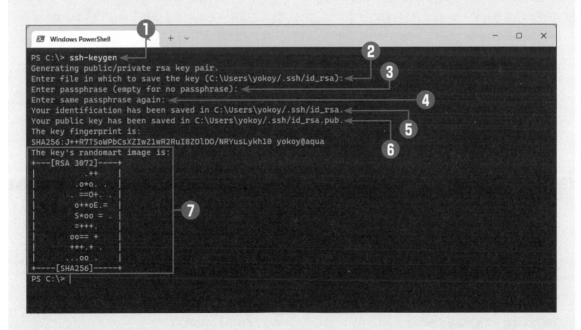

　既定の場所に生成されたSSH公開キーは、以下のコマンドで表示できます。Windowsの場合は、コマンドの最後に **| clip** コマンドを追加すると、クリップボードに保存できます。

Windows の場合（コマンドプロンプト）

```
type  %userprofile%¥.ssh¥id_rsa.pub
```

Windows の場合（PowerShell）

```
type ~/.ssh/id_rsa.pub
```

Linux の場合（bash）

```
cat ~/.ssh/id_rsa.pub
```

　SSHを使ってリモート管理を行うには **ssh** コマンドを使います。秘密キーが既定の場所にある場合は、以下のコマンドでリモートログインが可能です。

```
ssh ホスト名　または　ssh IPアドレス
```

　実行すると、ユーザー名と秘密キーを読み出すパスワードを指定してログインします。秘密キーを読み出すパスワードを設定しない場合は、ユーザー名を指定するだけでログインできます。

　以下のようにユーザー名を指定することもできます。この場合、秘密キーを読み出すパスワードを指定してログインします。秘密キーを読み出すパスワードを設定しない場合は、何も入力せずにログインできます。

```
ssh ユーザー名@ホスト名　または　ssh ユーザー名@IPアドレス
```

　Windows 7など、古いWindowsにはSSHのサポートがありません。Tera TermなどSSH対応のサードパーティ製品を使ってください。SSH対応ソフトウェアは、SSH公開キーを生成する機能も持っているはずです。

ヒント

マーケットプレイス（Marketplace）

Azureで仮想マシンを作成する場合、[すべて表示]を指定することで、マイクロソフト製の標準イメージのほか、サードパーティ製の仮想マシンイメージが表示されます。この仕組みを「マーケットプレイス（Marketplace）」と呼びます。マーケットプレイスを利用することで、利用者は自分の目的に合ったソフトウェアが構成済みの仮想マシンを簡単に入手できます。ただし、マーケットプレイスのイメージは、追加費用が設定される場合があります。

少し前、米マイクロソフトの開発チームの人とミーティングをする機会がありました。「あるソフトウェアの設定が難しすぎるので、もう少し何とかならないか」と要望を出したところ「なるほどわかった。この問題は、Azureのマーケットプレイスに構成済みの仮想マシンを置いたら解決するか？」と言われました。このときは、ソフトウェアの展開手順ではなく、構成の問題だったので解決しなかったのですが、うまく利用できるケースも多いでしょう。

9　仮想マシンを管理するには（Windows編）

　仮想マシンが起動したら、ログイン（サインイン）して必要な構成を行います。Windowsの場合は「リモートデスクトップサービス」を利用して接続します。リモートデスクトップサービスはWindows Server 2003からの標準機能です。リモートデスクトップサービスを使った着信は、通常は管理者が明示的に有効にしなければなりませんが、Azureに登録されたWindows Serverでは最初から有効になっています。

Windows仮想マシンにリモートデスクトップサービスで接続する

　Windows仮想マシンに接続するには、Azureポータルで仮想マシンを選択後［接続］ボタンをクリックしてください。ここで［RDP］を選択し、適切なIPアドレスとポート番号を指定して、リモートデスクトップの構成ファイル（RDPファイル）をダウンロードします。このファイルを実行することで、Windows仮想マシンに接続できます。事前にIPアドレスを調べる必要がないので便利です。

　詳細な手順は以下の通りです。

❶ Azureポータルのポータルメニューで［Virtual Machines］を選択し、仮想マシンの管理画面に切り換える。

❷ 接続したい仮想マシンをクリックする。

③ [概要] 画面で [接続] をクリックし、[RDP] を選択する。

④ 接続可能な状態になっていることを確認し、IPアドレスとポート番号を確認して [RDPファイルのダウンロード] をクリックする。

⑤ リモートデスクトップの構成ファイル（RDPファイル）が自動生成されるのでダウンロードして実行する。

⑥ 実行したRDPファイルには電子署名がないため、警告が表示される。[接続] をクリックする。

接続可能かどうかの確認

接続先IPアドレスとポート番号

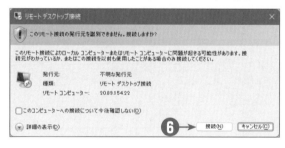

❼
資格情報の入力画面が表示されたら、仮想マシン作成時に指定した管理者アカウント情報を指定して［OK］をクリックする。

●既定のユーザー名が指定されている場合は、［その他］をクリックし、［別のアカウントを使用する］をクリックすると、ユーザー名とパスワードを変更できる。

●Windowsはユーザー名の大文字と小文字を区別しない。

8

仮想マシンには証明書がインストールされている
が、信頼できる証明機関からの証明書ではないため
警告が表示される。[はい]をクリックする。

➡仮想マシンへのサインインが完了する。

●Azure が提供するWindowsはすべて英語版。日
本語化については後述のコラムを参照。

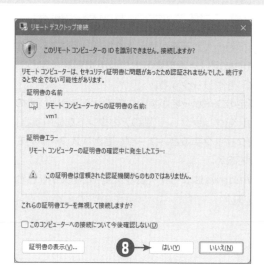

Windowsを日本語化する

Azureが提供するWindowsは原則として英語版です。数年前から中国語版も選べるようですが、日本語はありません。Windowsの日本語化は以下の手順で行います。

Windows Server 2019/2022の日本語化

Windows Server 2019の日本語化は［設定］ツールで行います。以下は英語Windowsを日本語化する手順ですが、わかりやすくするため日本語に相当するメニュー項目も併記します。画面ショットはWindows Server 2019のものですが、Windows Server 2022でもほぼ同じ手順で構成できます。

① ［Start（スタート）］メニューから［Settings（設定）］を起動する。

② ［Time and Language（時刻と言語）］をクリックする。

③ ［Language（言語）］をクリックする。

④ ［Add a language（言語を追加する）］の隣にある［+］をクリックする。

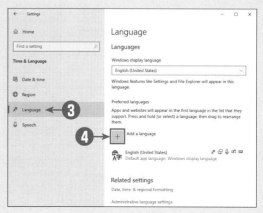

❺ 検索ボックスに **japan** と入力し、表示された [日本語] をクリックして、[Next (次へ)] をクリックする。

❻ [Install language pack and set as my Windows display language(言語パックをインストールし、Windowsの表示言語として設定する)] が選択されていることを確認して [Install (インストール)] をクリックする。

● Windows Server 2022の場合は、下のヒントを参照。

❼ インストールが完了すると、[Windows display language (Windowsの表示言語)] に [日本語] が表示される。

● Windows Server 2022で、既定の言語を日本語に指定した場合はサインアウトを求められるが、そのまま続行する。

ヒント

Windows Server 2022の場合

手順❻の画面は、Windows Server 2022では、[Install Language Pack (言語パックのインストール)] と [Set as my Windows display Language (自分のWindowsの表示言語として設定する)]に分かれているので、両方を選択します。

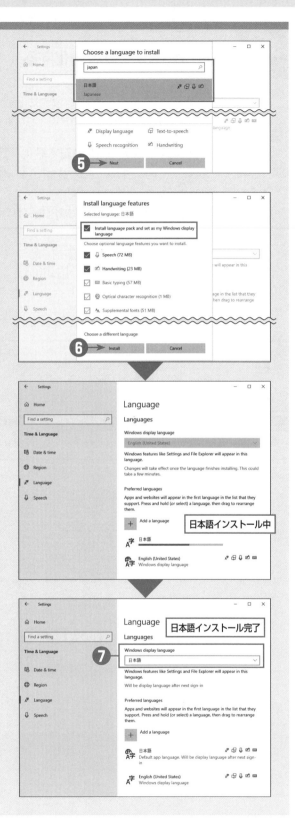

8 [Region（地域）] をクリックする。

9 [Country or region（国または地域）] を [Japan（日本）] に変更する。この設定はサーバーの場所を示すもので、日本語化とは直接関係しないが、アプリケーションによっては影響する可能性もある。

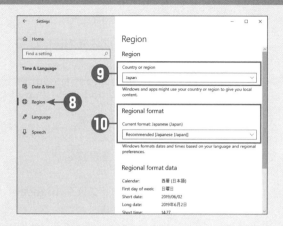

10 [Regional Format（地域設定）] が [Japanese（Japan）（日本語（日本））] になっていることを確認する。他の言語になっている場合はどこかで設定を飛ばしたか間違えている。

11 [Language（言語）] をクリックして言語追加の画面に戻る。

12 画面下方または右側にある [Administrative language settings（管理用の言語の設定）] をクリックする（画面サイズによって場所が変化する）。

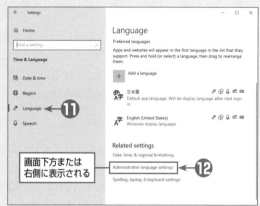

画面下方または右側に表示される

13 [Region（地域）] ダイアログボックスの [Administrative（管理）] タブで [Welcome screen and new user settings（ようこそ画面と新しいユーザーアカウント）] の [Copy settings（設定のコピー）] をクリックする。

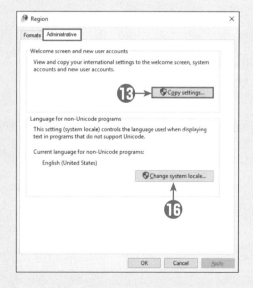

⑭ 以下の2つのチェックボックスをオンにして[OK]をクリックする。

[Welcome Screen and system accounts（ようこそ画面とシステムアカウント）]…起動画面とシステムアカウントの言語設定

[New user accounts（新しいユーザーアカウント）]…新規登録ユーザーの言語設定

⑮ 再起動を求めるダイアログボックスで[Cancel（キャンセル）]をクリックする。

● Windows Server 2022では[Later（あとで）]をクリックする。

⑯ [Region（地域）]ダイアログボックスの[Administrative（管理）]タブに戻るので、今度は[Change system locale（システムロケールの変更）]をクリックする。

⑰ [Region Settings（地域の設定）]ダイアログボックスの[Current system locale（現在のシステムロケール）]で[Japanese（Japan）（日本語（日本））]を選択して[OK]をクリックする。

⑱ 再起動を求めるダイアログボックスで、今度は[Restart now（今すぐ再起動）]をクリックする。再起動すると日本語化が完了する。

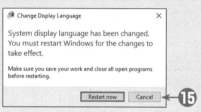

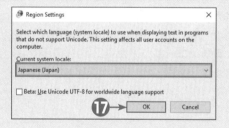

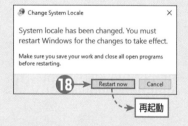

再起動

Windows Server 2016以前の日本語化

　Windows Server 2008からWindows Server 2016の日本語化は［コントロールパネル］で行います。以下は英語版Windows Server 2016を日本語化する手順ですが、わかりやすくするため日本語に相当するメニュー項目も併記します。なお、Windows Server 2016はWindows Server 2019と同様の手順でも構成できますが、操作手順に若干の違いがあります。結果は同じなので以下で紹介する手順を知っていれば問題ないでしょう。

❶
［スタート］ボタンをクリックし、［Control Panel（コントロールパネル）］をクリックする。

❷
［Clock, Language and Region（時計、言語、および地域）］の下の［Add a language（言語の追加）］をクリックする。

❸
言語設定の画面で［Add a language（言語の追加）］をクリックする。

❹
［日本語（Japanese）］をクリックして選択し、［Add（追加）］をクリックする。

➡一覧に日本語が追加される。

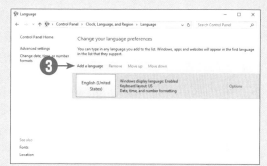

⑤ 一覧で［English］が選択された状態のまま、［Move down（下へ）］をクリックして日本語を先頭（最優先言語）に設定する。

⑥ ［日本語］の［Options（オプション）］をクリックする。

⑦ ［Download and install language pack（言語パックをダウンロードしてインストールします）］のリンクをクリックし、日本語言語パックをインストールする（この作業は10分～15分程度かかる）。

⑧ インストールが完了したら［Close（閉じる）］をクリックする。

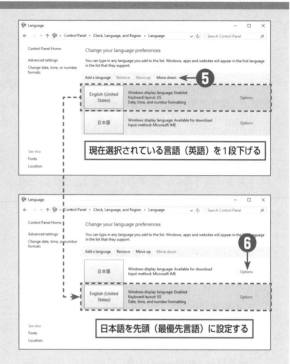

現在選択されている言語（英語）を1段下げる

日本語を先頭（最優先言語）に設定する

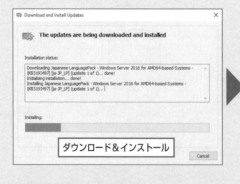

ダウンロード＆インストール

9

言語設定の画面に戻り、[Change date, time, or number format（日付、時刻、または数値の形式の変更）] をクリックする。

10

[Location（場所）] タブをクリックし、[Japan（日本）] を選択して [Apply（適用）] をクリックする。この設定はサーバーの場所を示すもので、日本語化とは直接関係しないが、アプリケーションによっては影響する可能性もある。

11

[Administrative（管理）] タブをクリックし、[Welcome screen and new user accounts（ようこそ画面と新しいユーザーアカウント)] の [Copy settings（設定のコピー）] をクリックする。

⑫
以下の2つのチェックボックスをオンにして
[OK] をクリックする。
[Welcome Screen and system accounts
(ようこそ画面とシステムアカウント)]…起動画
面とシステムアカウントの言語設定
[New user accounts（新しいユーザーアカウ
ント)]…新規登録ユーザーの言語設定

⑬
再起動を促すダイアログボックスで [Cancel
(キャンセル)] をクリックする。

⑭
[Administrative (管 理)] タ ブ に 戻 り、
[Language for non-Unicode programs
(Unicode対応でないプログラムの現在の言
語)] の [Change system locale (システムロ
ケールの変更)] をクリックする。

⑮
[Region Settings（地域の設定)] ダイアログ
ボックスの [Current system locale（現在の
システムロケール)] で [Japanese（Japan）
（日本語（日本))] を選択して [OK] をクリッ
クする。

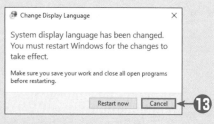

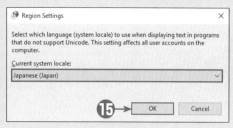

⑯ 再起動を促すダイアログボックスで［Restart now（今すぐ再起動)］をクリックし、再起動する。

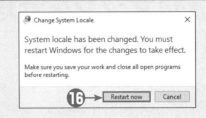

タイムゾーンの変更（**Windows Server 2008以降すべて**）

Azureの仮想マシンは、タイムゾーンとして協定世界時（UTC）を使います。必要に応じて日本標準時（JST）に変更してください。以下の手順はWindows Server 2008以降で共通です。

❶ タスクバーの通知領域の時刻表示を右クリックし、［日付と時刻の調整］を選択する。

❷ ［タイムゾーン］から［(UTC＋09:00) 大阪、札幌、東京］を選択する（日本の場合）。

タイムゾーンは、以下のPowerShellコマンドレットでも変更できます。

```
Set-TimeZone -Id "タイムゾーンのID（日本はTokyo Standard Time)"
```

タイムゾーンのIDは、通常は正式名（たとえば、米国西部は「Pacific Standard Time」）が使われますが、日本は「Japan Standard Time」ではなく「Tokyo Standard Time」が使われます。

利用可能なタイムゾーンの一覧は以下のコマンドレットで表示できます。タイムゾーンIDのほか、一般的な表示名や時差が表示されるので参考にしてください。

```
Get-TimeZone -ListAvailable
```

10 仮想マシンを管理するには （Linux編）

Linux仮想マシンの管理にはSSH（セキュアシェル）を使います。SSHについてはこの章の8の「SSH用キーペアの生成と利用」や、コラム「SSHと公開キー暗号の原理」も参考にしてください。

SSHの利用

WindowsにSSHクライアントが標準装備されたのはWindows 10バージョン1803からです。このSSHは、Linuxでも広く使われているOpenSSHを移植したものなので、コマンドパラメーターなどはLinuxと共通です。

古いWindowsにはSSHは含まれていないため、Tera TermやPuTTYなど、SSHをサポートするサードパーティ製ソフトウェアを使ってください。本書ではWindowsに標準搭載されている**ssh**コマンドを使っています。

ヒント

SSH接続可能なサードパーティ製ソフトウェアの入手方法

既に説明したように、Windows 10バージョン1803以降または Windows Server 2019以降であればSSHは標準で利用でき、特別な準備作業は必要ありません。ただし、標準のSSHは OpenSSH を移植したものなので、端末ソフトウェアとしての機能は最小限しかなく、GUIも使えません。

より高機能な端末ソフトウェアにTera TermやPuTTYがあります。Tera Termは、寺西高（てらにしたかし）氏によるフリーソフトウェアで、現在はTera Term Projectという有志のコミュニティによりオープンソースソフトウェアとして保守されています。最新版のダウンロード先を含め、詳細は以下のWebサイトを参照してください。

http://ttssh2.sourceforge.jp/

PuTTYは、Simon Tatham氏によるオープンソースソフトウェアです。日本語化を含め、さまざまな拡張を施したバージョンが「PuTTY＋ごった煮版」として以下のサイトで公開されています。

http://ice.hotmint.com/putty/

いずれも設定画面はGUIが利用できるほか、SSHに必要な公開キー生成機能も備えています。機能的にはどちらもほぼ同じですが、日本人が開発しているTera Termの方が利用者は多いようです。

Linux仮想マシンにSSHで接続する

Linux仮想マシンに接続するには、Azureポータルで仮想マシンを右クリックして［接続］メニューを選択するか、仮想マシンを選択後に［接続］ボタンをクリックしてください。適切なIPアドレスとポート番号、およびユーザー名を含む**ssh**コマンドが生成されるので、クリップボードにコピーするなどして実行します。詳細な手順は次の通りです。

❶

Azureポータルのポータルメニューで［Virtual Machines］を選択し、仮想マシンの管理画面に切り換える。

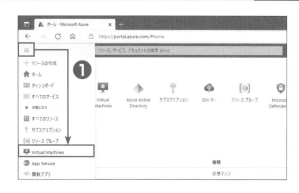

❷

接続したい仮想マシンをクリックする。

❸

［概要］タブの［接続］をクリックし、［SSH］を選択する。

❹

接続可能な状態になっていることが検査され、SSH秘密キーを使う上での注意とともに、接続コマンドのサンプルが表示される。

❺

生成された**ssh**コマンドを、コピーボタンでクリップボードにコピーする。

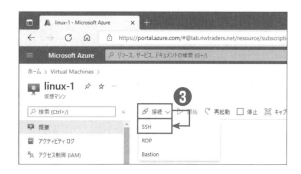

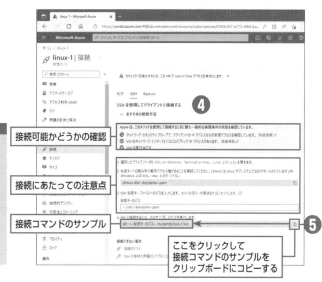

接続可能かどうかの確認

接続にあたっての注意点

接続コマンドのサンプル

ここをクリックして
接続コマンドのサンプルを
クリップボードにコピーする

ヒント

クラウドシェルの利用

社内のネットワークセキュリティの制約などでSSH接続ができない場合、クラウドシェルから**ssh**コマンドを利用することを検討してください。クラウドシェルは完全なLinux環境なので**ssh**コマンドが利用できるほか、SSHのためのキーペアの生成も可能です。また、Bastionを使って接続することもできます。この場合、Bastionの指示に従って秘密キーを指定する必要があります。

⑥ コピーした **ssh** コマンドを、SSH公開キーの指定部分を書き換えて実行する。初回接続時は確認を要求されるので **yes** と入力して Enter キーを押す。「yes」と3文字を入力する必要がある。一度接続したホストの情報は、公開キーと同じ場所（既定では C:¥Users¥ユーザー名¥.ssh フォルダー）のファイル known_hosts に追加される。

⑦ パスワード認証の場合は、次にパスワードを入力する。公開キー認証の場合は、秘密キーを読み出すパスワードを指定する。パスワードを指定していない場合は、そのまま接続が完了する。

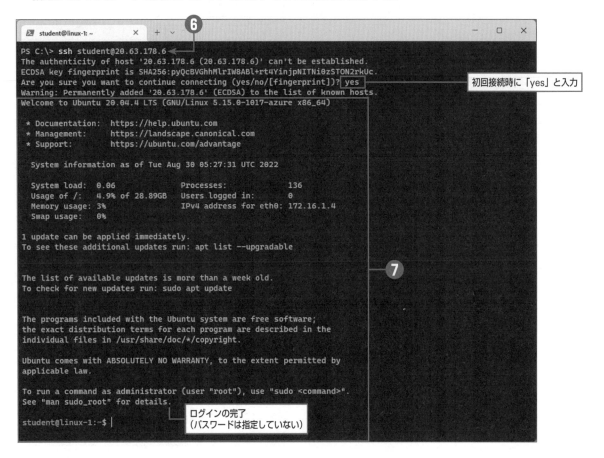

Linux で GUI を使うには

最近は、Linux でも GUI を使うのが当たり前になりました。Linux で使っている GUI は X Window System をベースにしたもので、グラフィックを担当する「X サーバー（ディスプレイサーバー）」と、アプリケーションが起動する「X クライアント」に分かれます。そのため、原理的には Linux 仮想マシンで X クライアントの初期化を行い、クライアント側（手元にあるマシン）で X サーバーを動かせば GUI が利用できるはずです。

クラウドではありませんが、筆者は実際にシリアル回線経由で X Window System を利用したことがあります。しかし、PC 版の X サーバーはあまり一般的ではなく、ほとんど使われていないようです。それに代わってよく使われるのが VNC というリモート接続ソフトウェアです。

VNC は Olivetti & Oracle Research Lab（のちに AT&T が買収）によって開発されたオープンソースソフトウェアです。現在はオリジナル版の後継として RealVNC が広く使われているほか、データ圧縮率の高い TightVNC など、いくつかの派生品があります。

VNC は Windows 上でも動作するため、Azure 上の Linux で VNC サーバーを起動しておけば、Windows 上の VNC クライアントから接続できます。

11 制限されたネットワークから 仮想マシンを管理するには

仮想マシンに接続する場合、Windowsではリモートデスクトッププロトコル（RDP）を、LinuxではSSHを使います。しかし、組織によってはRDPやSSHの利用を禁止している場合があります。このような環境のため、Azureでは「Bastion（要塞）」という「踏み台」機能が利用できます。

Bastionとは

BastionはAzureポータルから利用し、HTTPSを使って任意の仮想マシンに接続する機能です（図2-18）。

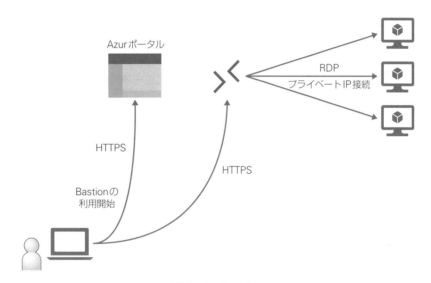

図2-18：Bastion

Bastionを使うことで、以下の利点があります。

・利用者はRDPやSSHは不要（HTTPSのみを使用）
・仮想マシンのパブリックアドレスが不要
・Azureポータルから簡単に利用可能

Bastionを利用すると、HTTPSで仮想マシンに接続できるため、組織のネットワークセキュリティ制限に抵触しない可能性が高まります。Bastionから仮想マシンへは標準のRDPやSSHを使うため、仮想マシンの設定を変更する必要はありません。

Bastionから仮想マシンへの接続はプライベートIPアドレスを使用します。仮想マシンはインターネットからの着信接続を必要としないため、パブリックIPアドレスを割り当てる必要はありません。これによりインターネットからの攻撃面を減らし、セキュリティが向上します。

また、BastionはAzureポータルから操作するため、簡単に利用できます。Azure ADによる認証が行われるため、認証セキュリティの強化も期待できます。

BastionにはBasicとStandardの2つのSKUがあります。Basicは同時接続25〜50の小規模な環境を想定しています。Standardは、より大規模な環境をサポートするとともに、接続ポート番号の変更やファイル転送などの機能を持ちます。本書では、Basicのみについて説明します。

Bastionは単独で作成できる他、仮想ネットワーク作成時や、仮想マシン接続時に作成することもできます。一度作ったBastionは削除するまで利用できますが、時間単位の課金が行われます。金額は構成によって変わりますが、1ヶ月連続で使うとBasicでもざっと2万円程度になります。また、接続中のネットワーク帯域にも課金されます。

Bastionを単独で作成する

Bastionを単独で作成する手順は以下の通りです。

❶ Azureポータルの検索ボックスで**bastion**と入力し、検索結果から［Bastion］を選択する。

❷ Bastionの管理画面で［作成］または［Bastionの作成］をクリックする。
- この画面ではBastionをまだ1つも作成していない。

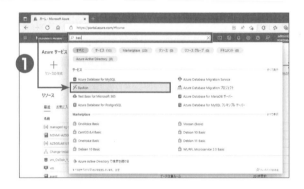

❸ [基本] タブで、以下の項目を設定して
[次:タグ] をクリックする。
[サブスクリプション]…Bastionを作
成するサブスクリプション
[リソースグループ]…Bastionを作成
するリソースグループ
[名前]…Bastionに付けるリソース名
[地域]…Bastionを配置するリージョ
ン（仮想ネットワークと同じリージョ
ン）
[レベル]…BasicまたはStandardを
指定する。ここではBasicを指定して
いる。
[インスタンス数]…同時接続数が多い
場合に備えてBastionを提供するサー
バー数を指定する。Standardのみの
機能で、Basicでは指定できない。
[仮想ネットワーク]…Bastionを配置
する仮想ネットワーク。この仮想ネッ
トワークからプライベート接続可能な
仮想マシンを管理できる。
[サブネット]…AzureBastionSubnetという名前
のサブネットが必要（26ビット以上必須、ここでは
24ビットを割り当てた）。[サブネット構成の管理]
をクリックして仮想ネットワークの管理画面に切り
替え、その場でサブネットを作成することも可能。
[パブリックIPアドレス]…StandardパブリックIP
アドレスが必要（既定ではこの場で新規作成する）。
●実際には、このあと指定が必要なパラメーターは
ないので、設定を終えたら [確認および作成] を
クリックして、手順❻までスキップしてもよい。

❹ [タグ] タブで、必要ならタグを指定して [次:詳細
設定] をクリックする。

❺ [詳細設定] タブで、オプションを指定して [次:確
認および作成] をクリックする。Basicで変更でき
るオプションは [Kerberos認証] だけである。本
書ではKerberos認証は扱わない。

❻ [確認および作成] タブで、設定内容を確認して [作成] をクリックする。

ヒント

Bastionを配置するサブネット

Bastionを配置するサブネットは、2021年11月1日以前は27ビットが最小値でした。本書の執筆時点では26ビットが最小値になっています。これはBastionホストを増やすことで性能を向上させるスケールアウトに対応するためです。

必要なBastionの数

Bastionを使用すると、Bastionを配置した仮想ネットワーク内のすべての仮想マシンを管理できます。また、ピアリングした仮想ネットワーク上の仮想マシンも管理できます。ピアリングについては第5章で説明します。

仮想ネットワーク作成時にBastionを作成する

仮想ネットワークと同時にBastionを作成する場合は、以下の手順を行います。この手順で作成したBastionのSKUはBasicになります。

❶ この章の5の「仮想ネットワークを作成する」の手順❼まで行い、[セキュリティ] タブを表示するところまで進める。

❷ [セキュリティ] タブで [BastionHost] の [有効化] を選択し、以下のパラメーターを指定する。
[Bastion名]…任意の名前を指定する。
[AzureBastionSubnetのアドレス空間]…ネットワーク範囲を指定する（サブネット自体は自動作成される）。
[パブリックIPアドレス]…既定値は空欄なので [新規作成] をクリックして作成する。

❸ [DDoS Protection Standard] 以降の設定は、この章の5の「仮想ネットワークを作成する」の手順❽以降を参照して進める。

仮想マシン接続時にBastionを作成する

仮想マシン接続時にBastionを作成することもできます。作成したBastionは他の仮想マシンに接続するためにも利用できます。

❶ 仮想マシンの接続方法として［Bastion］を選択する。

❷ ［Bastionのデプロイ］をクリックすると、すべてのパラメーターを自動設定してBasic SKUのBastionが作成される。

❸ ［手動で構成］をクリックすると、Bastion単独での作成と同じ画面で構成パラメーターを指定できる。

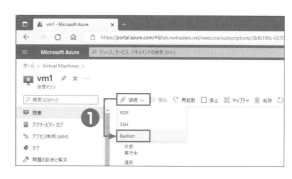

> **ヒント**
>
> ### Bastionの意味
>
> Bastionは英語で「要塞」の意味です。外部からの攻撃を防ぐことから名付けられました。Bastionは、フランス語の「Bastille（バスチーユ）」と同じ語源を持ちます。フランス革命の舞台となったバスチーユ牢獄は、もともと要塞として設置された建物を牢獄に転用したものです。

構成が完了したら、Bastionを使用したサインイン画面に切り替わります。サインイン画面については次節で説明します。

Bastionを利用して仮想マシンに接続する

仮想マシンの接続メニューからBastionを指定できます。

❶ 仮想マシンの［接続］メニューで［Bastion］を選択する。

❷ 接続先がWindowsの場合は、以下を指定して［接続］をクリックすることでRDP接続を行う。
［ユーザー名］…任意の名前を指定する。
［認証の種類］…次のいずれかを選択する。
・［パスワード］…パスワードをキー入力する。

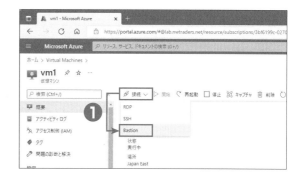

・[Azure Key Vaultからのパスワード] … Key Vault（キーコンテナー）に保存されたシークレットをパスワードとして使用する。本書ではKey Vaultは扱わない。

❸

接続先がLinuxの場合は、以下を指定して［接続］をクリックすることでSSH接続を行う。Linuxの場合、認証の種類は以下の4つから選択できる。最初の2つはパスワード認証を行い、最後の2つはSSHキー認証を行う。なお、本書ではKey Vaultは扱わない。

[ユーザー名] …任意の名前を指定する。

[認証の種類] …次のいずれかを選択する。

・[パスワード] …パスワードをキー入力する

・[Azure Key Vaultからのパスワード] …Key Vault（キーコンテナー）に保存されたシークレットをパスワードとして使用する。本書ではKey Vaultは扱わない。

・[ローカルファイルからのSSH秘密キー] …ローカルコンピューターに保存したSSH秘密キーファイルをアップロードする。

・[Azure Key VaultからのSSH秘密キー] …Key Vault（キーコンテナー）に保存されたSSH秘密キーを使用する。

●秘密キーにパスワードが付いている場合は［詳細設定］をクリックすると指定できる。

❹

Webブラウザーで新しいタブが開き、仮想マシンの画面が表示される。クリップボードの利用を許可することで、クリップボードのテキストを仮想マシンと共有できる。

ヒント

ポップアップブロック

Bastionの接続画面は、Webブラウザーのポップアップブロックで画面表示が拒否される場合があります。ブロックを解除して使ってください。

SSH秘密キー

仮想マシン作成に使うSSHキーは公開キーで、「SSHキー」としてAzure上に保存できます。サインインに使うSSHキーは秘密キーで、Azureに保存するにはKey Vaultを使う必要があります。公開キーが流出しても大きな問題にはなりませんが、秘密キーの流出は不正利用などのリスクにつながります。そのため、より安全に情報を管理できるKey Vaultを使う必要があります。

RDPの場合、パスワードまたはKey Vaultを選択可能

秘密キーにパスワードがついている場合にクリック

12 仮想マシンに接続できなくなったら

仮想マシンに接続できなくなった場合、以下の操作をすることで復旧する場合があります。

管理者のパスワードを忘れてしまった場合

　決してほめられた話ではありませんが、パスワードを忘れるというのはよくあることです。Azureの仮想マシンは、以下の方法で管理者パスワードを強制リセットできます。

❶
Azureポータルのポータルメニューで［Virtual Machines］を選択し、仮想マシンの管理画面に切り換える。

❷
接続したい仮想マシンをクリックする。

❸
［パスワードのリセット］をクリックする。

❹
［モード］で［パスワードのリセット］を選択し、ユーザー名とパスワードを指定する。展開時に指定したユーザー名と異なる名前を指定した場合、既存の管理者とは別に新しいユーザーアカウントが作成される。

- ●［パスワードのリセット］ではなく、［SSH公開キーのリセット］を選択すると、SSH公開キーを更新できる（Linuxのみ）。この場合も、新しいユーザーアカウントを指定できる。

- ●［構成のみのリセット］を実行すると、リモートデスクトップの接続情報をリセットする。この場合、管理者アカウントのパスワードは変更されない。

❺
［更新］をクリックする。

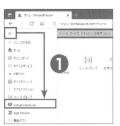

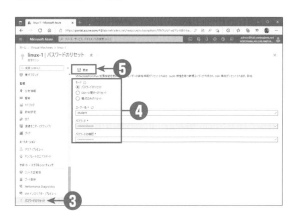

仮想マシンを再デプロイする場合

TCP/IPの構成を手動で設定してしまった場合など、一切の通信ができなくなってしまった場合は、再デプロイを行うことで復旧できる場合があります。再デプロイは、仮想マシンをシャットダウンして別の物理マシンで再展開します。再デプロイでユーザープロファイルやシステムディスクの内容が変化することはありません。

また、Azureの一時的な問題などの結果、展開中の仮想マシンがエラー状態（「失敗」または「Failed」）になった場合は、再適用することで復旧できる可能性があります。正常に動作している場合は再適用を行ってもシステムが停止したり構成が変更したりすることはありません。

❶ Azureポータルの仮想マシン管理画面で目的の仮想マシンをクリックする。

❷ ［再デプロイと再適用］をクリックする。

❸ ［再デプロイ］または［再適用］をクリックする。

13 仮想マシンを任意のホスト名で公開するには

Azure上の仮想マシンは、単なるテストマシンではなく、実際の商用運用に耐えるものです。商用サービスでは、独自のDNSドメインを割り当てるのが一般的です。ここでは、Azure上の仮想マシンに独自のDNSドメインを割り当てる方法について説明します。

パブリックIPアドレスの構成を変更する

Azureの仮想マシンに割り当てられたパブリックIPアドレスが「動的」として構成されている場合、仮想マシンを「割り当て解除」状態にすることで解放されます。そのあとで、仮想マシンを起動すると、ほとんどの場合、以前と異なるパブリックIPアドレスが割り当てられます。割り当て解除のたびにIPアドレスが変化するようでは、安定したサービスが提供できません。

パブリックIPアドレスの構成を変更し、Azureの仮想マシンにいつでもアクセスできるようにするには、以下のいずれかの方法を使います。

1. パブリックIPアドレスを固定する

パブリックIPアドレスのリソースを構成し、IPアドレスの割り当てを「静的」に構成できます。この場合、最初に割り当てられたIPアドレスが恒久的に使われます。ただし、パブリックIPアドレスが有効な間は、IPアドレスに対して時間課金が発生します（この章の7のコラム「パブリックIPアドレスのSKU」を参照）。

2. パブリックIPアドレスにDNS名を登録する

AzureのパブリックIPアドレスは、DNSに自動登録できます。IPアドレスを静的に設定しなくてもよいため、若干のコスト節約になります。

具体的な手順は以下の通りです。

❶
Azureポータルのポータルメニューで［Virtual Machines］を選択し、仮想マシンの管理画面に切り換える。

❷
接続したい仮想マシンをクリックする。

③

[概要] 画面で [基本] グループの [DNS名] にある
[未構成]、または [プロパティ] タブの [ネットワー
ク] にある [DNS名] の [構成] をクリックする。

➡パブリックIPアドレスの管理画面に切り替わる。

④

IPアドレスの割り当て方法を指定する。

●IPアドレスを静的に割り当てる場合は、[割り当て]
を [静的] に変更する (ただし、IPアドレスのSKU
がStandardの場合は [静的] のみ利用可能)。

⑤

DNS名を登録する場合は、[DNS名ラベル] を指定
する。DNSサフィックスはリージョンごとに固定さ
れているので、ホスト名だけを記述する。同じ名前
が登録されていなければ緑のチェックマークが表示
される。既に同じ名前がある場合はエラーメッセー
ジが表示される。

⑥

設定を変更したら [保存] をクリックする。

⑦

仮想マシンの管理画面に戻って正しく登録されたこ
とを確認する。ここではDNS名を登録している。

●この画面で構成済みのDNS名をクリックして、別
の値に変更することもできる。

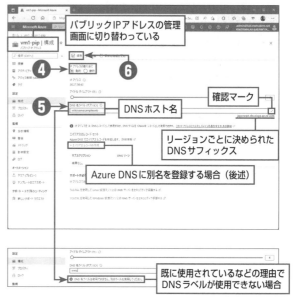

パブリックIPアドレスの管理
画面に切り替わっている

確認マーク

DNSホスト名

リージョンごとに決められた
DNSサフィックス

Azure DNSに別名を登録する場合 (後述)

既に使用されているなどの理由で
DNSラベルが使用できない場合

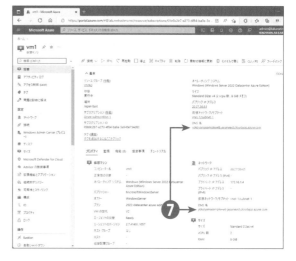

DNSサーバーへ登録する

　パブリックIPアドレスを静的に構成した場合、IPアドレスをDNSのAレコードとして登録してください。DNSサーバーは任意のものを使えます。AzureにもDNSゾーンのサービスが提供されているので、それを使うこともできます。

　DNS名を登録した場合は、cloudapp.azure.comドメインが使われるので、独自のDNS名を使う場合は、以下のいずれかの方法で別名を作成してください。

1. AzureのDNSゾーンサービスを利用
2. CNAMEレコードを登録

　次項からは、それぞれの方法について見ていきます。

AzureのDNSゾーンサービスで別名を登録する

　AzureのDNSゾーンサービスには、パブリックIPアドレスのIPアドレスを動的に登録する機能があります（図2-19）。この機能を使うには、事前にDNSゾーンのサーバーをAzureに変更しておく必要があります。「別名」という表記になっていますが、実際はAレコード（ホスト名）として登録されます。

　このように、AzureのDNSゾーンサービスには便利な機能も含まれますが、仮想マシンの構成とは直接関係ないこと、DNSゾーンの知識があれば構成できることから、本書では詳細を省略します。

図2-19：AzureのDNSゾーンサービスで別名を登録する

CNAMEレコードを登録する

　CNAMEはCanonical Name（正規名）の略で、レコード名に対する別名を意味し、一般にはAレコード（ホスト名からIPアドレスを照会）の別名として使用します。CNAMEはDNSの標準機能なので、Azure固有の設定は必要ありません。

　実際の手順は以下の通りです。ここではsampleweb.nwtraders.netというホスト名を登録しています。

1. レジストラ（公開DNSドメインの管理業者）と契約し、DNSドメインnwtraders.netを取得する。
2. レジストラのDNS管理ツールを使って、以下のCNAMEレコードを登録する。
    ・オリジナル名：yokoyamasampleweb.japaneast.cloudapp.azure.com（Azure仮想マシンのパブリック
    IPアドレスに与えたホスト名）
    ・別名：sampleweb.nwtraders.net（利用したい名前）

　一部のレジストラは、CNAMEレコードの登録に制約があるようなので、実際に設定できるかどうかは契約している
るレジストラに問い合わせてください。
　CNAMEを使う場合でも、Azure内部のDNSサーバーは引き続きホスト名とIPアドレスを管理します。そのため
クラウドサービスのIPアドレスが変化しても、特に何か設定を行う必要はありません（図2-20）。

1. クライアントがホスト名を照会（sampleweb.nwtraders.net）
2. レジストラのDNSがCNAMEに変換（sampleweb.nwtraders.netからyokoyamasampleweb.
    japaneast.cloudapp.azure.com）
3. レジストラのDNSがホスト名を照会（yokoyamasampleweb.japaneast.cloudapp.azure.com）
4. AzureのDNSがホスト名を解決（yokoyamasampleweb.japaneast.cloudapp.azure.comからIPアドレ
    スを取得）

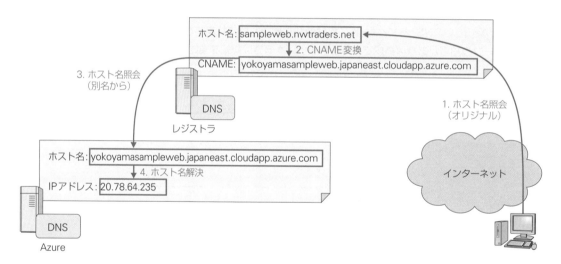

図2-20：CNAMEを使う場合の名前解決の流れ

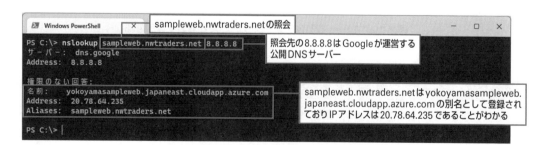

図2-21：CNAMEを使う場合の名前解決例

Azure以外のIaaSは

Azure以外にもIaaSを提供する企業があります。Azureを含め、代表的なベンダーとその特徴は以下の通りです。

●Amazon Web Services（AWS）

米Amazon.comの子会社で、最古参のIaaSベンダーです。仮想マシンを提供するEC2（Elastic Compute Cloud）と、ストレージを提供するS3（Simple Storage Services）が有名ですが、ほかにも多くのIaaSおよびPaaS機能を提供します。特に近年はPaaS機能に対して大きな投資が行われています。

仮想マシン基盤として使用しているのはオープンソースソフトウェアのXen（ゼン）ですが、近年は同じくオープンソースソフトウェアのKVM（Kernel-based Virtual Machine）をベースとした新しい環境（Nitro Hypervisor）への移行が始まっています。また、PaaS機能を中心にAWS独自のサービスも数多く提供しています。

AWSはパブリッククラウド市場シェア1位のマーケットリーダーで、顧客の要望に応えて多くの機能を安価に提供していますが、料金体系が複雑で最適な構成を提示しにくいという欠点があります。

●Microsoft Azure

マイクロソフトが提供するクラウドサービスで、パブリッククラウド市場シェア2位につけています。当初はMicrosoft .NETを提供するPaaSでしたが、その後IaaSを追加しています。また、Azureとは別のブランドでMicrosoft 365に代表されるSaaSも提供しています。

Azureの仮想マシンはWindows Server標準のHyper-V相当の環境で動作するため、オンプレミスHyper-V仮想マシンを、ほぼそのまま移行できます。Visual Studioブランドで提供される開発環境にも定評があります。

さらに、プライベートクラウド構築製品「System Center」や、ハイブリッドクラウド製品「Azure Stack」を持つなど、あらゆる面からクラウドをサポートします。

●Google Cloud Platform（GCP）

Googleは、SaaSであるGoogle Appsと、その制御を行うPaaSとしてGoogle App Engineを提供してきました。2014年からはIaaSとしてGoogle Compute Engineを提供しています（仮想化基盤はLinuxベースのKVM）。また、これらの総称をGoogle Cloud Platform（GCP）としています。

GCPは、ビッグデータの解析や機械学習に関する技術に定評があります。また、Google Workspaceなど Googleが提供する他のサービスとの連携が容易であることも利点のひとつです。

東京（首都圏）と大阪にデータセンターを持つなど、日本市場のサポートも積極的です。

14 仮想マシンの起動・停止・削除を行うには

Azureポータルからは、仮想マシンの起動や停止、削除を行うことができます。タイマーによる自動停止も簡単に設定できます。

仮想マシンを起動する

作成した仮想マシンは自動的に起動します。何らかの事情で停止した仮想マシンを起動するには、以下の操作を行います。

❶ Azureポータルのポータルメニューで [Virtual Machines] を選択し、仮想マシンの管理画面に切り換える。

❷ 開始したい仮想マシンをクリックする。

❸ [概要] 画面で [開始] をクリックする。

　➡仮想マシンが起動する。

ヒント

仮想マシンを起動する他の方法

仮想マシンを右クリックして [開始] を選択しても仮想マシンを起動できます。確認のダイアログボックスが表示されたら [はい] をクリックします。

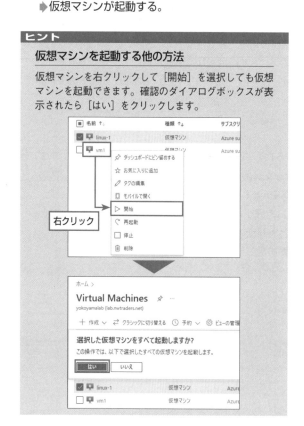

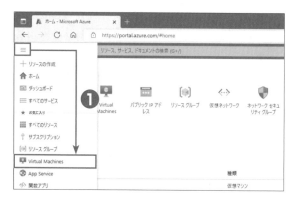

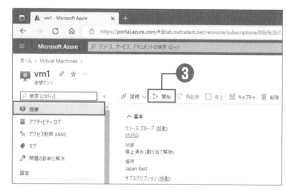

仮想マシンを停止（割り当て解除）する

　仮想マシンにログイン（サインイン）してシャットダウンした場合、仮想マシンの状態は「停止済み」になりますが、課金は停止しません。しかし、Azureポータルから停止すれば、仮想マシンに対する課金が完全に停止します。

　課金が停止している仮想マシンは、Azureポータルでは「停止済み（割り当て解除）」と表示されます。仮想マシンの課金は比較的高価なため、使わない仮想マシンは積極的に停止してください（この章の最後のヒント「仮想マシンの課金」も参照）。割り当て解除された仮想マシンであっても、仮想ディスクに対する課金や、静的に割り当てたパブリックIPアドレスに対する課金は発生しますが、仮想マシンの使用料はかなり高いので相当な費用削減効果があるはずです。

　Azureポータルからは、仮想マシン内でシャットダウン済みの仮想マシンに対しても停止できます。Azureポータルから停止して、割り当て解除することで課金対象から外せます。

　仮想マシンを停止するには、以下の操作を行います。

❶
Azureポータルのポータルメニューで［Virtual Machines］を選択し、仮想マシンの管理画面に切り換える。

❷
停止したい仮想マシンをクリックする。

❸
［概要］画面で［停止］をクリックする。

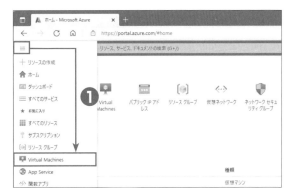

ヒント

仮想マシンを停止する他の方法

　仮想マシンを右クリックして［停止］を選択しても仮想マシンを停止できます。確認のダイアログボックスが表示されたら［はい］をクリックします。ただし、この方法ではパブリックIPアドレスの予約は選択できません。

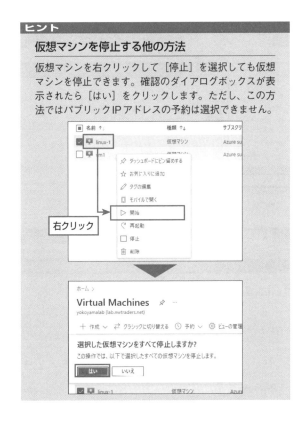

❹

確認のダイアログボックスで［OK］をクリックする。

- ●このとき、パブリックIPアドレスがBasic SKU で、動的に割り当てられている場合は、IPアドレスを予約して静的に変更できる（別途料金が発生する）。

- ➡ 仮想マシンが停止し、割り当てが解除される。仮想マシンが稼働中の場合は、最初に正常なシャットダウンが行われる。

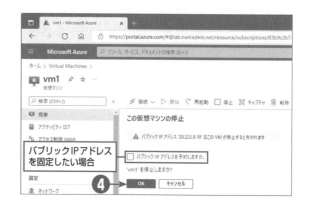

パブリックIPアドレスを固定したい場合

ヒント

仮想マシンを再起動する

仮想マシンを再起動する場合は、［停止］の代わりに［再起動］を選びます。再起動は割り当てが解除されないので、動的にIPアドレスを割り当てている場合でもパブリックIPアドレスが変わることはありません。

ヒント

トラブルシューティングとしての割り当て解除

仮想マシンに何らかのトラブルがあった場合、いったん停止して割り当てを解除してから起動すると復旧する場合があります。しかし、再起動で復旧することはあまりありません。

仮想マシンを削除する

仮想マシンの削除はAzureポータルから行います。また、動作中の仮想マシンを削除することもできます。仮想マシンを削除するには、以下の操作を行います。

❶

Azureポータルのポータルメニューで［Virtual Machines］を選択し、仮想マシンの管理画面に切り換える。

❷

削除したい仮想マシンをクリックする。

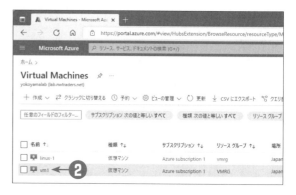

❸

[概要] 画面の [削除] をクリックする。

● 仮想マシンをあらかじめ停止しておく必要はない。

❹

削除に同意するチェックボックスをオンにして、[削除] をクリックする。

● このとき、同時に削除したいリソースを選択できる。また、[強制削除の適用] をオンにすると、正常な停止手順の一部を省略するため、高速な削除ができる。

➡ 仮想マシンが削除される。

ヒント

仮想マシンを削除する他の方法

仮想マシンを右クリックして [削除] を選択しても、仮想マシンを削除できます。確認のダイアログボックスが表示されたら [はい] をクリックします。ただし、この方法では仮想ディスクなどの関連リソースの削除を指定できません。削除されるかどうかは仮想マシン作成時の指定に従います（次ページを参照）。

ヒント

強制削除の適用

[強制削除の適用] は、高速な削除ができます。しかし、正常な停止手順の一部を省略するため、仮想ディスクの整合性が崩れる可能性があります。仮想マシンが使用していた仮想ディスクを再利用する予定がない場合にのみ使用してください。

仮想マシンに関連する以下の3つのリソースは、仮想マシンと同時に削除できます。

・仮想ディスク
・パブリックIPアドレス
・ネットワークインターフェイスカード

Azureポータルで、仮想マシンの詳細画面から削除する場合は、同時に削除するかどうかを指定できます。
　仮想マシンの一覧から削除する場合や、コマンドで削除する場合は、仮想マシン作成時の指定に依存します。以下の説明を参照してください。

・Windowsの場合…この章の7の「Windows仮想マシンを作成する」の手順❹と❺
・Linuxの場合…この章の8の「Linux仮想マシンを作成する」の手順❹と❺

仮想マシンを削除から保護する

　仮想マシンを削除しても、ディスクが残っていれば再構成できます。しかし、既存のディスクから仮想マシンを作成するのはかなり面倒です。Azureには操作ミスによる作成や変更を防止するため「ロック」機能が備わっています。
　ロックはAzureの管理者権限があればいつでも解除可能なので、セキュリティ機能ではありません。うっかりミスを防ぐための機能です。
　ロックには以下のスコープと種類があります。

■スコープ
・**リソース**…そのリソースだけを保護します。
・**リソースグループ**…そのリソースが含まれるリソースグループ全体を保護します。
・**サブスクリプション**…そのリソースが含まれるサブスクリプション全体を保護します。

■種類
・**読み取り専用**…変更禁止
・**削除**…削除禁止（変更可能）

ロックは以下の手順で利用します。

❶
ロックしたいリソースの管理画面で［ロック］をクリックする。

❷
リソースをロックする場合は［追加］をクリックする。リソースグループをロックしたい場合は［リソースグループ］をクリックしてから［追加］をクリックする。サブスクリプション全体をロックしたい場合は［サブスクリプション］をクリックしてから［追加］をクリックする。

❸

以下を指定して［OK］をクリックする。

［ロック名］…ロックの目的などを示す名前を記入する。

［ロックの種類］…［削除］または［読み取り専用］を選択する。

［メモ］…ロックの期限や担当者などをメモとして記録する。

❹

ロックされた操作を行うと、画面のようなエラーが表示される。

● ここでは読み取り専用ロックをかけた仮想マシンを停止しようとしてエラーが表示されている。

❺

ロックを解除するには、ロックの名前の右端にある［削除］を選択する。

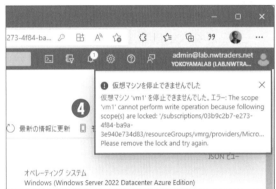

複数のリソースをまとめて操作する

Azureポータルでは、複数のリソースをまとめて操作できます。たとえば、リソースグループに含まれる複数のリソースをまとめて削除するには、以下のように操作します。

1 Azureポータルで削除したいリソースのチェックボックスをオンにする。

2 [削除] をクリックする。

3 削除されるリソースの一覧を確認し、「はい」とひらがな2文字を入力して [削除] をクリックする。

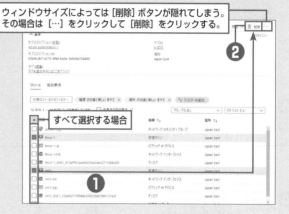

ウィンドウサイズによっては [削除] ボタンが隠れてしまう。その場合は […] をクリックして [削除] をクリックする。

すべて選択する場合

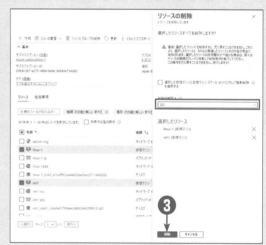

削除以外にも、Azureポータルの上部にある操作（仮想マシンの場合は [開始] や [停止] など）は、すべて複数のリソースを指定できます。

ヒント

仮想マシンの課金

仮想マシンはサイズごとに単価が設定され、1分単位で課金されます（正確には「秒単位で計測し、1分未満を切り捨てて課金」）。仮想マシンの課金が停止するのは以下の場合です。

・仮想マシンの削除
・仮想マシンの割り当て解除

仮想マシンを単にシャットダウンしただけでは、物理ハードウェアの割り当てが解除されず、課金も停止しません。以前のAzureポータルでは「課金が継続している」という警告が表示されましたが、現在は表示されません。管理ポータルから仮想マシンを停止することで、ハードウェアの割り当てが

解除され、課金が停止します。
ただし、ストレージアカウントの課金は別に行われるため、月額費用は完全にゼロにはなりません。また、パブリック IP アドレスを静的に割り当てている場合も課金が発生します。

Azureポータルの「〜中」

Azure ポータルで「〜中」という表現は、英語の「〜 ing」の翻訳で「〜している最中（完了していない）」ことを意味します。たとえば「開始中」というのは「開始している途中」という意味で、開始が完了したわけではありません。同様に「割り当て解除中」は「割り当て解除状態になった」という意味ではなく「割り当てを解除している途中」という意味です。こうした表現はほかにも多いので注意してください。

仮想マシンイメージを作ってみよう

第 **3** 章

この章では、仮想マシンイメージの作成と展開について説明します。クラウドが提供する仮想マシンは、OSの基本設定しかされていないため、設定の変更やアプリケーションのインストールが必要です。これでは迅速なサービス展開ができません。

仮想マシンイメージは、OSやアプリケーションの構成を済ませた仮想マシンで、新たに作成する仮想マシンのひな形として機能します。仮想マシンイメージを使うことで、必要な構成を済ませた状態で仮想マシンを展開できます。

1 仮想マシンイメージとは

仮想マシンイメージを使うことで、同じ構成の仮想マシンを必要なだけ即座に調達できます。第2章で仮想マシンを作成するときに使用したOSも、すべて仮想マシンイメージとしてマイクロソフトが登録したものです。

仮想マシンイメージの目的

クラウドの大きな特徴は、「必要なリソースを、必要なときに、必要なだけ確保し、使った分だけ支払う」という考え方です。たとえばAzureでは、仮想マシンを用意するのに数分しかかかりません。言い換えれば、わずか数分でサーバー調達が実現できるのです。

しかし、必要に応じて設定を変更し、最新の修正プログラムを適用し、アプリケーションをインストールするには相当な時間がかかってしまいます。Azureが提供するWindows Serverは英語版ですし、最新の修正プログラムがすべて適用されているわけでもありません。日本語の言語パックを追加するだけで10分くらいはかかってしまいますし、修正プログラムの適用は1時間以上かかるかもしれません。アプリケーションのインストールや、アプリケーションの修正プログラムの適用を考えると、すぐに数時間はかかってしまいます。これでは「必要なときに確保」とは言えないでしょう。

そこで、必要な構成をすべて済ませたディスクイメージを保存することが考えられました。これを「仮想マシンイメージ」と呼びます。仮想マシンイメージは、仮想マシンのひな形（一種のテンプレート）として機能します。

仮想マシンイメージを使うことで、必要な構成を済ませた状態で仮想マシンを展開できます。仮想マシンイメージから仮想マシンを展開するために必要な時間は通常5分以内ですから、OSの構成に必要な時間が大幅に削減できます。

仮想マシンと仮想マシンイメージ

一般にサーバーは、サーバーハードウェアとシステムディスク内の情報から構成されます。サーバーは、ハードウェアが同じでも、システムディスクの内容次第でWindows ServerになったりLinuxサーバーになったりします。仮想マシンの構成も同じで、サーバーハードウェアとシステムディスクの内容を分けて考えます。

仮想マシン作成時に指定する構成、たとえばCPUコアの数やメモリ容量は、サーバーハードウェアの指定です。これに対して、システムディスクの内容に相当するのが仮想マシンイメージです（図3-1）。

図3-1：仮想マシンと仮想マシンイメージ

　サーバーの仮想ディスクにOSを組み込む作業がインストールです。Azureの仮想マシンの場合は、通常のOSインストール手順ではなく、OSインストール済みの仮想ディスクを展開することで素早い展開を可能にしています。

仮想マシンの作成方法

　Azureでは、OSなしに仮想マシンを展開することはできません。必ず何らかの方法でOSを指定する必要があります。OSの指定は、以下の3通りの方法があります（図3-2）。

- **マーケットプレイスから**…Azureに最初から用意されているイメージ（第2章）
- **カスタムイメージから**…カスタマイズした仮想マシンを保存したイメージ（第3章）
- **VHDから**…Hyper-Vで作成した仮想マシンのVHDファイルをアップロード（本書では概要のみを紹介）

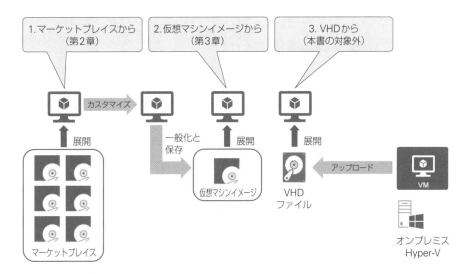

図3-2：仮想マシンの作成方法

　マーケットプレイスから展開する方法は第2章で説明した通りです。第3章ではカスタムイメージの作成方法と、カスタムイメージからの展開について説明します。VHDからの展開はあまり一般的ではないので、本書では詳細な説明は省略します。全体の手順は、この後のコラム「Hyper-V仮想マシンをAzureで使う」を参照してください。

Hyper-V 仮想マシンを Azure で使う

Hyper-V 上に作成した仮想マシンを Azure で使うには以下の方法があります。

- **Azure Site Recovery (ASR)** …災害対策 (DR) として、オンプレミスサーバーを Azure に複製するサービス。複製後にオンプレミスとの関係を削除することで移行が可能。
- **Azure Migrate** …オンプレミスサーバーの現状を分析し、可能なら移行を行うサービス。実際の移行には ASR の機能をそのまま使うが、現状分析機能が追加されている。
- **VHD 移行** …Hyper-V 仮想マシンの仮想ハードディスクを Azure にコピーして、仮想マシンを作成する。

ASR と Azure Migrate は移行元として以下のサーバーをサポートします。

- Hyper-V 仮想マシン (Windows Server 版 Hyper-V のみ)
- VMware 仮想マシン
- 物理マシン
- AWS など他社クラウドの仮想マシン

ASR も Azure Migrate もオンプレミスサーバーをクラウドに移行するための強力なツールですが、構成が複雑で、本書が想定する範囲を超えるため解説は省略します。

VHD 移行は以下の 4 つのステップで行います。

1. 仮想マシンのディスクを容量固定 VHD 形式に変換
2. VHD ファイルをページ BLOB としてアップロード
3. ページ BLOB からマネージドディスクを作成
4. マネージドディスクから仮想マシンを作成

ステップ1：仮想マシンのディスクを容量固定 VHD 形式に変換

Azure の仮想マシンは容量固定 VHD 形式のみをサポートします。容量可変ディスクはサポートしません。また、新形式である VHDX 形式もサポートしません。VMware の場合も、仮想ディスクを容量固定 VHD 形式に変換すれば移行できます。

たとえば、VHD 形式の容量可変ディスク (osdisk.vhdx) を、VHD 形式の容量固定ディスク (osdisk.vhd) に変換するには、Hyper-V 管理ツールがインストールされた PC で、以下の PowerShell コマンドレットを管理者権限で実行します。

```
Convert-VHD osdisk.vhdx osdisk.vhd -VHDType Fixed
```

ステップ2：VHD ファイルをページ BLOB としてアップロード

変換した VHD ファイルをページ BLOB としてストレージアカウントにアップロードします。ここでは Azure ポータルからのアップロード手順を説明しますが、Web ブラウザーからのアップロードは低速なので、

azcopyなどのツールを使うことをお勧めします。第4章の「5 共有データを構成するには」で説明する Storage Explorerアプリケーションを使ってもよいでしょう。

❶ Azure上にストレージアカウントを作成する（第1章の5を参照）。可用性や性能は必要ないので、ローカル冗長Standardを指定する。

❷ 作成したストレージアカウントの管理画面で［データストレージ］グループの［コンテナー］を選択し、［＋コンテナー］をクリックして、コンテナーを作成する。ここでは「vhds」という名前を指定している。

❸ 作成したコンテナーをクリックする。

❹ ［アップロード］をクリックし、VHDファイルを選択してアップロードする。拡張子が.vhdの場合、既定ではページBLOBとしてアップロードされる。

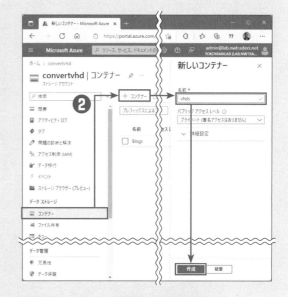

ステップ**3**：ページ**BLOB**からマネージドディスクを作成

　アップロードしたページBLOBから、マネージドディスクを単体で作成します。詳細は第4章の「6 データディスクを追加するには」を参照してください。

❶
マネージドディスクの管理画面で［＋作成］をクリックする。

❷
［ソースの種類］として［ストレージBLOB］を指定し、［ソースサブスクリプション］と［ソースBLOB］で、先の手順でアップロードしたVHDファイル（ページBLOB）のサブスクリプションとリソースURLを指定する。［参照］をクリックすると、一覧から選択できる。システムディスクとして作成するため、OSの種類も指定する。

❸
これ以降のパラメーターはすべて既定値なので［確認および作成］をクリックする。

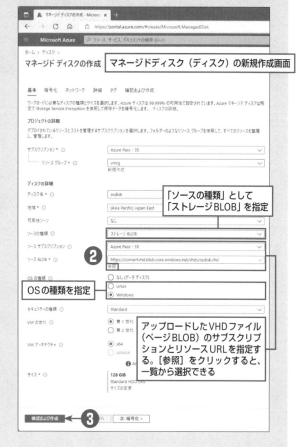

マネージドディスク（ディスク）の新規作成画面

「ソースの種類」として「ストレージBLOB」を指定

OSの種類を指定

アップロードしたVHDファイル（ページBLOB）のサブスクリプションとリソースURLを指定する。［参照］をクリックすると、一覧から選択できる

④ 検証に成功したことを確認し、[作成] をクリックする。

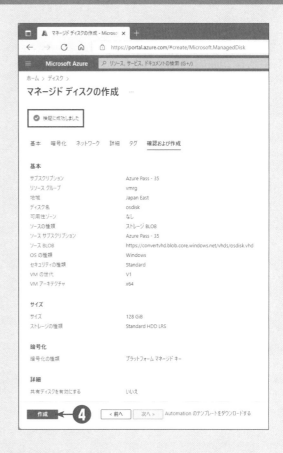

ステップ4：マネージドディスクから仮想マシンを作成

作成したマネージドディスクの管理画面で仮想マシンを作成します。実際の手順は、この章の「5 仮想マシンイメージから仮想マシンを作るには」とほぼ同じです。これは、OSを組み込んだマネージドディスクが仮想マシンイメージの機能を持つためです。

① 作成したマネージドディスクの管理画面から[＋VMの作成]をクリックする。

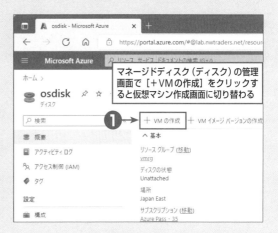

❷
仮想マシンの作成画面で、仮想マシン名やライセンスなどの情報を指定する。

仮想マシンイメージの作成手順

仮想マシンイメージの作成は以下の手順で行います（図3-3）。

1. **仮想マシンの初期展開**
   マーケットプレイスまたは構成済みの仮想マシンイメージから仮想マシンを展開
2. **仮想マシンのカスタマイズ**
   仮想マシンを構成し、アプリケーションのインストールを行う
3. **仮想マシンの一般化と保存**
   仮想マシンを一般化（固有情報を削除）して再利用ができるように構成し、イメージを保存

1と2の手順は第2章で説明したので、この章では3の手順を説明します。

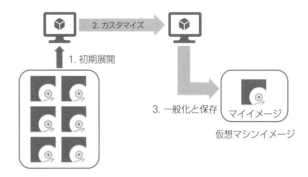

図3-3：仮想マシンイメージの作成手順

イメージ

本書では「仮想マシンイメージ」という言葉を使っていますが、Azure 内では単に「イメージ（image）」と呼んでいます。「イメージ」という言葉は、画像ファイル（画像イメージ）や実行ファイル（実行イメージ）など、多くの意味で使うため、本書では「仮想マシンイメージ」と記述します。

一般化（generalize）と特殊化（Specialized）

Windows は、インストール時にコンピューター固有の情報をいくつか作成します。この情報には、コンピューター名のようなわかりやすいもののほか、内部でセキュリティ管理に使われる「セキュリティ ID（SID）」や管理者パスワードなどがあります。複数のコンピューターが同じ値を持つとシステム内で不整合が起こるため、再展開用のイメージを作成する時に固有情報を抜きます。これを「一般化(generalize)」と呼びます（「汎用化」と表記される場合もあります）。

一般化した OS は、次回起動時に固有情報を再生成して与える必要があります。この作業を「out-of-box experience（箱から出してすぐにする作業）」と呼び、OOBEと略します。OOBE後、つまり「普通に使える状態の仮想マシン」として保存したものを「特殊化（Specialized）イメージ」と呼びます。特殊化イメージは一種のバックアップとして利用することができます。

インストールDVDと仮想マシンイメージ

DVD などで配布されている OS と、Azure が提供する OS では若干の違いがあります。DVD の内容は定期的に更新されますが、毎月のように公開される修正プログラムの内容を含んだDVDは公開されません。

一方、Azure が提供する OS は、最近の修正プログラムの多くが適用されています。そのため、展開後に必要な修正プログラムは最小限であり、素早く利用できます。

なお、利用者が作った仮想マシンイメージとマイクロソフトが提供する仮想マシンイメージは本質的に同じものなので、同じように利用できます。Azure マーケットプレイスに、マイクロソフトが作成した Azure 標準の仮想マシンイメージと、サードパーティが作成した仮想マシンイメージが混在しているのはそのためです。

RTMとGA

「RTM」は「Release To Manufacture」の意味で、「完成品」のことです。製造業では、新製品の完成日を「FCS」と呼びます。これは「First Customer Shipment」、つまり「最初の顧客へ発送した日」のことです。マイクロソフトは自社のパッケージ製品を代理店経由で販売しているため「Customer Shipment」はありません。そのため「製品パッケージの生産工程に入った」という意味で「Release To Manufacture」と呼びます。

RTM は「サービスパックの含まれない最初のバージョン」という意味で使うこともあります。たとえば「Windows Server 2008 R2 RTM」は「Windows Server 2008 R2 SP1」と区別する意味で使います。実際には「Windows Server 2008 R2 SP1」というパッケージ製品も存在したので、この使い方はちょっとおかしな感じです。

Azure ではネットワークを使って利用するため製品パッケージがなく、必然的に「RTM」という言葉も意味を持ちません。そこで「GA」という言葉を使います。GA は「General Availability」または「Generally Available」の略で「一般利用可能」と訳されます。つまり、ベータ版やプレビュー版のような特殊なバージョンではなく、誰でも契約して入手可能という意味です。

2 仮想マシンイメージを作る前に することは（Windows編）

1つの仮想マシンイメージを繰り返し利用して、複数の仮想マシンを作成することができます。そのため、仮想マシンイメージには、ホスト名やIPアドレスなどサーバー固有の情報を抜いておき、仮想マシン展開時に改めて構成する必要があります。ここでは、Windows仮想マシンイメージを作成するための準備について説明します。

SysPrepの重要性

Windowsには、サーバー固有の情報を抜き取って保存し、展開時に再構成するツール「SysPrep（シスプレップ）」が標準で含まれています。管理者アカウントのパスワードもSysPrepでリセットされます。

ただし、アプリケーションの中にはSysPrepに対応していないものも多いため、個別に確認が必要です。たとえばSQL Serverを一般的な方法でインストールした場合は、インストール時にホスト名がシステムテーブルに登録されます。SysPrepはSQL Serverのデータベースの修正を行わないため、SysPrep展開時にホスト名を変更すると、システムテーブルとの間に不整合が発生します。こうした問題を解決するため、SQL Serverには「SQL Server SysPrep」が提供されており、SysPrepと組み合わせて使います。

一般に、サーバーアプリケーションはSysPrepに対応していないものが多いようです。少し古いバージョンですが、Windows Server標準の役割については、マイクロソフトが「サーバー役割のSysPrepサポート」として一覧を公開しているので参考にしてください（表3-1）。

表3-1：サーバー役割のSysPrepサポート（抜粋）*

サーバーの役割	Windows Server 2008	Windows Server 2008 R2	Windows Server 2012
Active Directory 証明書サービス（AD CS）	×	×	×
Active Directory ドメインサービス（AD DS）	×	×	×
Active Directory フェデレーション サービス（AD FS）	×	×	×
Active Directory ライトウェイト ディレクトリサービス（AD LDS）	×	×	×
Active Directory Rights Managementサービス （AD RMS）	×	×	×
アプリケーションサーバー	○	○	○
DHCPサーバー	○	×	×
ファイルサービス	×	○	○
印刷とドキュメントサービス	×	○	○
Webサーバー（IIS）	○**	○**	○**

* https://learn.microsoft.com/ja-jp/windows-hardware/manufacture/desktop/sysprep-support-for-server-roles
　から主な機能を抜粋

** Applicationhost.config内で資格情報が暗号化されていない場合

SysPrepの動作

SysPrepは以下の機能を持ちます（図3-4）。

1. サーバー固有の情報を抜き取って一般化
2. サーバー展開時に、応答ファイルからサーバー固有の情報を追加

応答ファイルが存在しない場合は、展開中に構成情報をユーザーに問い合わせます。

Azureでは展開途中のサーバー画面を表示できないため、Azureが完全な応答ファイルを生成し、ユーザーへの問い合わせは発生しません。

一方、オンプレミス環境でSysPrepを使う場合は、SysPrep実行時に応答ファイルを指定するのが普通です。

SysPrep実行時に応答ファイルが指定されていない場合は、既定の場所から応答ファイルを読み取ります。Azureはこの機能を利用して、仮想マシンの展開時に応答ファイルを割り当てます。

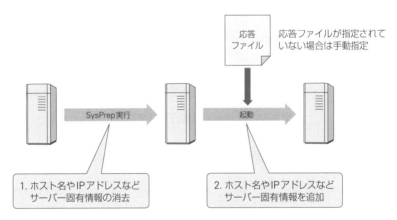

図3-4：SysPrepの動作

SysPrepを実行する

以下の操作は、あらかじめ仮想マシンイメージの元にしたい仮想マシンを作成し、Windows Serverを構成していることを前提にしています（図3-5）。仮想マシンイメージに含めたいアプリケーションがある場合は、仮想マシンにインストールして必要な設定を行っておいてください。

❶
管理ポータルから、仮想マシンイメージの元にしたい仮想マシンに接続する。　　　　第2章の9を参照

❷
管理者として、コマンドプロンプトまたはPowerShellを起動する。

❸
以下のコマンドを実行して、SysPrepツールのあるフォルダーに移動する（以下はSysPrepが標準のフォルダーにある場合）。

```
cd c:\Windows\System32\Sysprep
```

❹

以下のコマンドを1行で入力して実行する（PowerShellから実行する場合は先頭に.¥が必要）。

```
sysprep /generalize /oobe /shutdown
```

●オプションの意味は以下の通り。

・**/generalize** … 一般化（固有情報を削除）

・**/oobe** … 次回起動時に初期設定を実行（out-of-box experience：OOBE）

・**/shutdown** … SysPrep実行後にシャットダウン

❺

SysPrepが実行され、一般化処理が行われる。処理が完了すると、仮想マシンがシャットダウンされる。

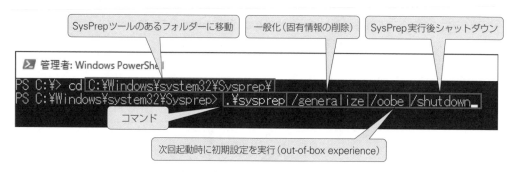

図3-5：SysPrepの実行（コマンド）

　SysPrep実行後はシャットダウンする必要があります。**/shutdown**オプションを指定した場合は自動的にシャットダウンします。

ヒント

SysPrepのその他のオプション

SysPrepコマンドは、**/shutdown**オプションまたは**/reboot**オプションのいずれかが必要です。**/reboot**は、SysPrep実行後、すぐに再起動します。主に動作確認のための機能で、再起動後に動作を確認したら再度SysPrepを実行する必要があります。Azureの仮想マシンで使うことはありません。再起動後のOOBE対応ができないからです。

/oobeオプションは、次回起動時に初期設定を行うことを意味します。このとき、コンピューター名などのサーバー固有情報が追加されます。**/oobe**の代わりに**/audit**オプションを指定すると、初期設定を行わずに起動します。**/audit**オプションを指定したSysPrepイメージは、再起動後に必要に応じてドライバーやアプリケーションを追加したあとで、再展開が可能です。Azure上の仮想マシンは必要なドライバーが

すべて自動的に組み込まれるため、Azureで使うことはあまりないでしょう。**/audit**オプションは、OEM事業者が最終的な一般化イメージを構成する前段階で使用する機能です。SysPrep実行時に、応答ファイルを指定する場合は**/unattend:＜応答ファイル名＞**オプションを指定しますが、Azureで使うことはあまりありません。

ここでは使用していませんが、**/mode:vm**オプションを指定すると、ハードウェア検出過程の一部を省略することで展開時間を短縮します。仮想マシンは仮想ハードウェア構成が変わらないため、ハードウェア検出過程の一部を省略しても問題ありません。ただし、短縮できる時間は数秒から数十秒程度です。

SysPrepのGUI

　SysPrepコマンドを単独で実行するとGUI画面が表示されます（図3-6）。コマンドラインよりも簡単に指定できますが、SysPrepのオプション指定を誤るとOS構成の破壊に直結するため、筆者はコマンドラインを好んで使っています。

　コマンドの入力間違いはエラーとなり再実行が可能ですが、チェックボックスやドロップダウンリストの設定を間違うと取り返しがつきません。GUI版SysPrepは、既定で［再起動］が選択されているため、手が滑って［OK］を押してしまうと最初からやり直しになってしまいます。

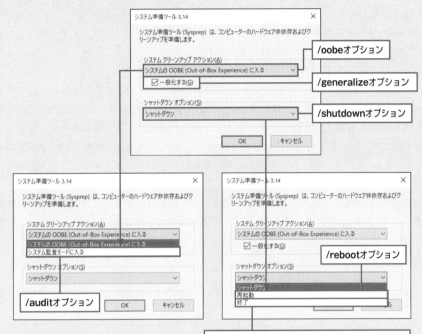

図3-6：SysPrepの実行（GUI）

SysPrepは本当に必要なのか

　SysPrepを行わずに、単純にシステムディスクを複製して複数の仮想マシンを作ることはできるのでしょうか。たとえば、Azureの仮想マシンバックアップから復元すれば、同じ構成の仮想マシンを複数台構成できます。

　単純にサーバーを複数回コピーした構成はマイクロソフトのサポート対象外なので、お勧めはしませんが、ほとんどの場合は問題になりません。これは以下の理由によります。

・ワークグループ環境では、サーバーの内部ID（ローカルセキュリティID）が他のサーバーから参照されることはない
・Active Directoryドメイン環境では、ドメイン参加時に独自のサーバーID（ドメインセキュリティID）が割り当てられ、ローカルセキュリティIDは使用されない。

　つまり、いずれの場合でもローカルセキュリティIDが他のサーバーから参照されることはありません。

　ただし、Active Directoryのドメインコントローラーとして構成する場合は、ローカルセキュリティIDがドメインセキュリティIDに変換されるため、同一ドメイン内または信頼関係のあるドメインの他のコンピューターから参照されます。同一ドメインに同じドメインセキュリティIDを持ったサーバーが複数存在することは許されていないため、同一のSID（セキュリティID）を持ったサーバーをドメインコントローラーに昇格しようとするとエラーが発生します。

　Azureでは、SysPrepの構成パラメーターを自動設定してくれるため、オンプレミス環境よりも簡単に利用できます。そもそもSysPrepを実行しないサーバーの複製はサポートされないのですから、面倒がらずにSysPrepを実行して使ってください。

3 仮想マシンイメージを作る前に することは（Linux編）

Azureは Windowsと同じようにLinuxもサポートします。しかし、LinuxとWindowsでは初期設定の手順が違うため特別な注意が必要です。ここでは、Linux仮想マシンイメージを作成するための準備について説明します。

waagentを使用して初期化する

Windowsは、インストール情報やシステム固有の情報を、レジストリなどのバイナリデータとして保持するため、初期化には特別なツールが必要です。そこで、一連の作業を自動化するためのSysPrepが必要となりました。これに対して、LinuxはUNIXと同様、ほとんどの構成情報をテキストファイルとして保存しています。そのため、構成変更は比較的容易で、特別なツールを必要としません。そのため、LinuxにはSysPrepに相当する機能がありません。しかし「比較的容易」とは言え、一連の手順を手動で行うのは面倒です。そこでAzureで展開したLinux仮想マシンにはwaagent（Microsoft Azure Linuxエージェント）というツールがインストールされており、これを管理者として実行することでSysPrepと同様の作業を実現できます。

なお、以下の操作は、あらかじめ、仮想マシンイメージのベースにしたい仮想マシンを作成し、Linuxを構成していることを前提にしています（図3-7）。

❶
仮想マシンイメージの元にしたい仮想マシンに接続する。　第2章の10を参照

❷
以下のコマンドを実行する。

```
sudo waagent -deprovision+user
```

❸
管理者パスワードを求められた場合は、入力する。

●この画面ではあらかじめ管理者としてログインしている。

❹
確認を求められたら、**y**と入力する。

▶初期化処理が行われる。

❺
SysPrepと異なり、自動的にはシャットダウンしないので、管理ポータルからシャットダウン（仮想マシンを停止）する。　第2章の14を参照

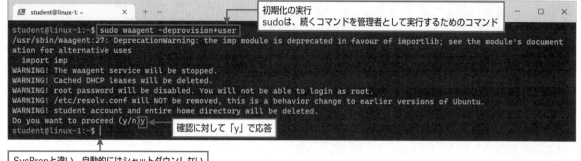

図3-7：waagentによる初期化

waagent が行う初期化

waagent –deprovisionが行う初期化作業は以下の通りです。

- すべての SSHキーの削除
- /etc/resolv.conf 内のネームサーバー構成の消去
- /etc/shadowのrootユーザーのパスワードの削除
- キャッシュされたDHCPクライアントのリースの削除
- ホスト名をlocalhost.localdomainにリセット
- 前回展開時に作成した管理者ユーザーアカウントおよび関連ファイルの削除（**+user**の追加オプションがある場合）

ヒント

waagent とは

waagentは「Microsoft Azure Linux エージェント」と呼ばれますが、その略称は「Windows Azure Agent」に由来すると思われます。

waagentは、仮想マシンのOSを初期化するほか、拡張ソフトウェアをインストールしたり、Azureのファブリックコントローラー（仮想マシンやストレージをAzure内部で管理するモジュール）との通信を行います。オプションの**-deprovision**はrootアカウントのパスワードリセットやホスト名のリセットなど、Windowsの一般化に相当する作業を行います。

-deprovision+userは、前回の展開で使われたユーザーアカウント（通常は管理者）の情報を削除します。展開用のアカウントは、次回展開時に新しい名前を指定します。詳しくは以下を参照してください。

「Azure Linux エージェントの理解と使用」
https://learn.microsoft.com/ja-jp/azure/virtual-machines/extensions/agent-linux

WindowsとLinuxでの管理者アカウントの扱い

AzureでWindows仮想マシンを展開した場合、作成時に指定した管理者はビルトイン管理者Administratorの名前を変更したものになります。SysPrepで一般化すると、Administratorの名前を元に戻し、パスワードをリセットします。

一方、Linuxではビルトイン管理者rootを変更せず、仮想マシン展開時に指定した管理者は新規ユーザーとして追加されます。その後、追加したユーザーを残したままwaagentで一般化して仮想マシンイメージを作成すると、再展開時に同じ名前を使うことができません（図3-8）。

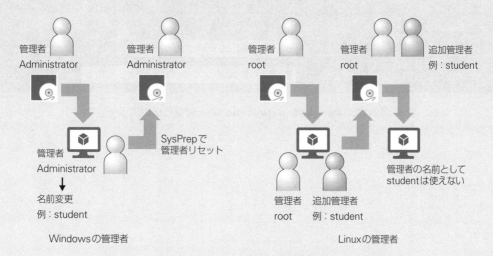

図3-8：WindowsとLinuxでの管理者アカウントの扱い

こうした問題を防ぐため、waagentの **-deprovision** オプションには、追加オプションとして **+user** が用意されています。**+user** オプションを指定すると、前回の展開時に作成したユーザーを削除してくれます（図3-9）。

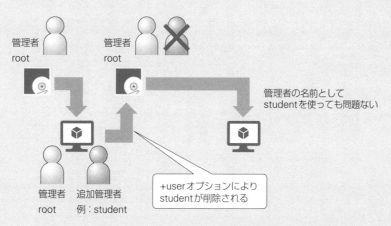

図3-9：waagent -deprovision+user によるユーザー削除

　ただし、通常waagentは仮想マシン展開時の管理者で実行するため、**+user**オプションによって現在ログイン中のユーザー登録（つまり自分自身）が削除されてしまいます。その結果、waagent実行後にシャットダウンを含む管理作業が一切できなくなります（図3-10）。waagent実行後は、Azureポータルからサーバーを停止してください。

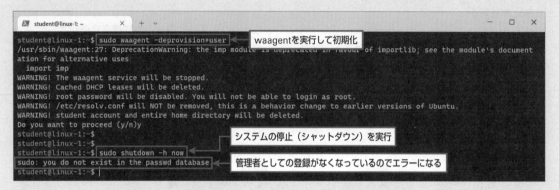

図3-10：waagent -deprovision+user実行後のエラー

4 仮想マシンイメージを作るには

マネージドディスクを使って作成した仮想マシンは「キャプチャ（取り込み）」機能が利用できます。キャプチャ機能を使うことで、「仮想マシンイメージ」を作成し、元の仮想マシンを削除するまでを自動的に行うことができます。

WindowsとLinuxで、一部の説明文が変わりますが操作手順はまったく同じです。

仮想マシンをキャプチャする

❶
仮想マシンを一般化する。

- ●Windowsの場合はSysPrepを完了して停止しておく必要がある。Linuxはwaagentを実行していれば停止する必要はないが、停止しておいた方が安全である。いずれの場合も割り当て解除の必要はない（自動的に行われる）。

❷
Azureポータルで［Virtual Machines］の管理画面を開き、対象の仮想マシンをクリックする。

❸
仮想マシンの［概要］画面で［キャプチャ］をクリックする。

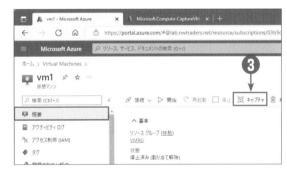

ヒント

仮想マシンイメージの課金

仮想マシンイメージはスナップショットとしてStandard HDDに保存されます。イメージの使用料金は使った分だけ課金され、日本では1GBあたりローカル冗長、ゾーン冗長ともに月額6.8円です。
詳しくは以下を参照してください。

「Managed Disksの価格」
https://azure.microsoft.com/ja-jp/pricing/ details/managed-disks/

④

リソースグループを指定する。サブスクリプションは変更できない。

⑤

イメージは、仮想マシンのあるリージョンに保存されることを確認する。

⑥

複数のユーザーでイメージを共有する場合はギャラリーを選択する。ここではギャラリーを使用しない。ギャラリーについては後述する。

⑦

イメージ作成後、不要になった仮想マシンを削除したい場合は、このチェックボックスをオンにする。

⑧

[ゾーンの回復性] をオンにする。

● 「ゾーンの回復性」を選択することで、ゾーン冗長ストレージに保存される。ただし、イメージを保存するリージョンで「可用性ゾーン」が有効な場合のみ利用可能。

⑨

イメージ名を指定する。

⑩

[確認および作成] をクリックして作成の最終画面に進む（タグを指定したい場合は [次:タグ] をクリックする）。

▶ 仮想マシンの割り当てが解除され、イメージが作成される。

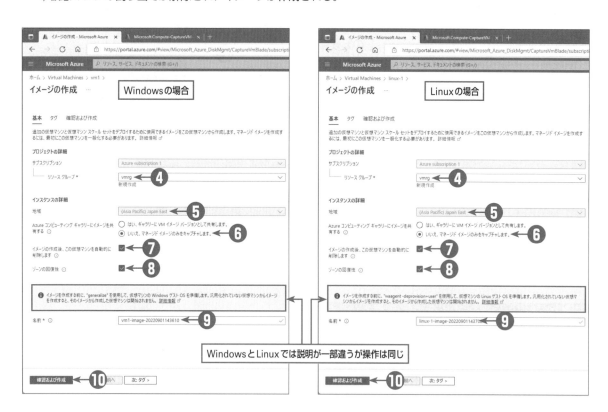

イメージのキャプチャには数分かかります。キャプチャ中に他のページに移動しようとすると警告が表示されます。警告を無視して移動すると、キャプチャがキャンセルされるので注意してください。

Azure コンピュートギャラリーを利用する

　以前のAzureでは、作成した仮想マシンイメージは同じサブスクリプションからのみ利用可能でした。現在は「Azureコンピュートギャラリー（Azureコンピューティングギャラリー）」にイメージを保存することで、（適切なアクセス許可があれば）異なるサブスクリプションからも利用できます。「Azureコンピュートギャラリー」は「共有イメージギャラリー（Shared Image Gallery）」と呼ばれていました。

　ギャラリーでは、仮想マシンイメージを以下の3階層で管理します。

- **ギャラリー**…仮想マシンイメージ全体の管理用グループ。WindowsとLinuxの混在も可能。
- **イメージ定義**…目的別の管理グループ。異なるOSは同じイメージ定義に含めることはできないため、WindowsとLinuxは別々のイメージ定義が必要。
- **イメージバージョン**…イメージ定義のバリエーションで、x.y.zのような3つの数字で管理する。多くの場合、更新があるたびにイメージバージョンを上げていく。ギャラリーから展開する場合、通常は最新バージョンが使用されるが、バージョンを指定して展開することも可能。

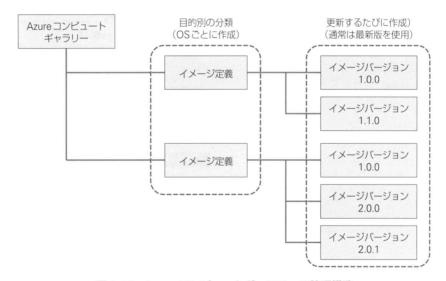

図3-11：Azureコンピュートギャラリーの管理構造

　Azureコンピュートギャラリーは、事前に作成しておくこともできますが、最初にイメージを登録するタイミング（仮想マシンをキャプチャするタイミング）で作成することもできます。イメージ登録と同時にギャラリーを作成する手順は以下の通りです。ギャラリーを使わない場合と同じオプションは説明を省略します。

❶ 仮想マシンイメージの作成画面で［はい、ギャラリーにVMイメージバージョンとして共有します］を選択する。

● ギャラリーを作成するリソースグループは指定できるが、サブスクリプションや地域（リージョン）は指定できない。

❷ ［ターゲットAzureコンピュートギャラリー］の［新規作成］をクリックする。

● 既にギャラリーを作成している場合はそれを選択してもよい。1つのギャラリーに異なるOSを混在させることもできる。

❸ ギャラリーの名前を入力して［OK］をクリックする。

❹ 仮想マシンのOSが汎用化（一般化）されているか、特殊化されているかを選択する。

● SysPrepやwaagentを実行した場合は汎用化されている。

❺

[ターゲットVMイメージ定義]で[新規作成]をクリックする。表示された画面でOSの種類などを指定するが、多くの情報は自動検出される。ほとんどの場合、イメージ定義名だけ指定すればよい。

❻

[公開オプション]では、ライセンス要件や仮想マシンサイズのヒントなど、イメージ利用者に提示する情報を指定する。[OK]をクリックする。

⑦
仮想マシンイメージのバージョンを、「1.0.0」のような3つの数字で指定する。
- バージョンを変えることで、複数のイメージを1つのターゲットVMイメージに登録できる。ただしWindowsとLinuxなど異なるOSは混在できない。

⑧
ギャラリーから仮想マシンを作成する場合、通常は「latest（最新バージョン）」が自動選択される。十分なテストが完了していないなど、最新版として使用されたくない場合は［最新から除外］をオンにする。

⑨
提供終了時期が決まっている場合は、終了日を指定する。

⑩
既定のレプリカ数で、イメージの複製数の既定値を指定する。この値はイメージごとに変更できる。

⑪
イメージは仮想マシンが配置されたリージョンに作成されるが、必要に応じてリージョンを追加できる。ここでは西日本リージョンを追加している。

⑫
［確認および作成］をクリックし、イメージをギャラリーに追加する最終画面に進む（タグを指定したい場合は［次：タグ］をクリックする）。

⑬
［作成］をクリックする。

Azureコンピュートギャラリーを削除する

Azureコンピュートギャラリーを削除する場合、以下の順に行います。

1．イメージバージョンをすべて削除
2．イメージ定義をすべて削除
3．Azureコンピュートギャラリーを削除

実際の手順は以下の通りです。

❶
Azureポータルで［Azureコンピュートギャラ
リー］の管理画面を表示する。
●Azureポータルの検索ボックスで「ギャラリー」
などのキーワードを使うとよい。

❷
削除したいギャラリーを選択する。

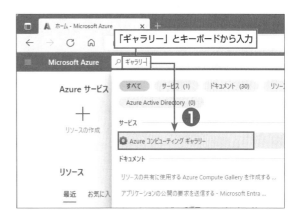

③ ギャラリーの管理画面で、VMイメージ定義の名前
をクリックする。

④ VMイメージ定義の管理画面で、VMイメージバー
ジョンの番号をクリックする。

⑤ VMイメージバージョンの管理画面で、[削除] をク
リックする。

⑥ 確認のため [はい] をクリックする。必要に応じて
これを繰り返し、すべてのVMイメージバージョン
を削除する。

❼ VMイメージ定義の管理画面で、[削除] をクリックする。必要に応じてこれを繰り返し、すべてのVMイメージ定義を削除する。

●VMイメージバージョンが残っていると削除できない。

❽ Azureコンピュートギャラリーの管理画面で、[削除] をクリックする。

●VMイメージ定義が残っていると削除できない。

❾ 確認のため [OK] をクリックする。

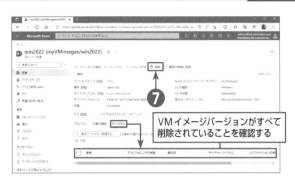

VMイメージバージョンがすべて削除されていることを確認する

VMイメージ定義がすべて削除されていることを確認する

ヒント

イメージ作成後の仮想マシン

SysPrepを実行したWindows仮想マシンを起動すると、Windowsの初期化がスタートし、コンソールから必要事項を入力する必要があります。しかし、Azureではコンソールの利用は原則としてサポートされていないため、初期化を完了させることはできません。
waagent -deprovision+user を実行したLinuxマシンは管理用ユーザーが削除されており、起動してもログインできません。rootの直接ログインもできません。
いずれにしてもイメージ作成後の仮想マシンは使い道がないため削除してください。ただし、仮想マシンイメージを作ったあと、同じ仮想マシンを使ってギャラリーを作ることは可能です。まずイメージを作成してテストを行い、問題なければギャラリーに登録するといった使い方ができます。

ヒント

仮想マシンの削除

イメージキャプチャと同時に削除できるのは仮想マシンだけで、その他のリソースは必要に応じて手動で削除する必要があります。主なリソースは以下の通りです。

・ディスク…接続先を失ったディスクは、他の仮想マシンに接続可能。
・ネットワークインターフェイス（NIC）…接続先を失ったネットワークインターフェイスは、他の仮想マシンに接続可能。
・パブリックIPアドレス…接続先を失ったパブリックIPアドレスは、他の仮想マシンに接続可能。IPアドレスが静的に割り当てられている場合は課金が継続し、IPアドレ

スを保ったまま再利用できる。
・ネットワークセキュリティグループ（NSG）…NSGは仮想マシンの動作中であっても割り当てを変更可能。
・可用性セット（第4章で解説）…可用性セットは仮想マシン作成時にのみ割り当てが可能で変更はできない。可用性セットを削除するには、その可用性セットを使用している全仮想マシンを削除する必要がある。

このうち、ディスクおよびNICとパブリックIPアドレスは、仮想マシン作成時の設定によっては、仮想マシンの削除と同時に削除できます。課金対象となるのはディスクおよびIPアドレスを静的に割り当てたパブリックIPアドレスだけですが、不要なリソースは念のため削除しておきましょう。

5 仮想マシンイメージから 仮想マシンを作るには

キャプチャされた仮想マシンイメージは、［イメージ］というリソースに登録され、簡単に展開できるようになります。画面は仮想マシンの新規作成とほとんど同じなので、第2章の7と8も参照してください。

仮想マシンの作成画面でイメージを指定する

作成した仮想マシンイメージやギャラリーに登録したイメージは、仮想マシン作成時の［基本］タブにあるOS選択画面で指定できます。

❶ 仮想マシン作成画面の［基本］タブで、［イメージ］の［すべてのイメージを表示］をクリックする。

❷ ［イメージの選択］画面で［マイイメージ］を選択すると、仮想マシンイメージを指定できる。

❸ ［イメージの選択］画面で［共有イメージ］を選択すると、Azureコンピュートギャラリーのイメージを指定できる。

❹ イメージを選択した場合、通常の仮想マシン作成と比べて以下の点が違う。

[地域]…イメージを指定した場合は、そのイメージがあるリージョンが選択され、変更できない。ギャラリーを指定した場合は、オリジナルイメージのあるリージョンのほか、イメージの複製をしたリージョンも選択できる。

[セキュリティの種類]…イメージ作成時の設定が使用され、変更できない（本書では扱わない）。

[イメージ]…OSの種類としてイメージが選択される。ギャラリーの場合は最新バージョンのイメージが選択される。

[ライセンスの種類]…適切なライセンスを持っていることを宣言する。Windowsイメージの場合は以下の2種類から選択する。

・Windows Server
・Windowsクライアント

Linuxイメージの場合は以下の3種類から選択する。

・Red Hat Enterprise Linux
・SUSE Enterprise Linux
・その他（Ubuntuなどライセンス料金が発生しない場合）

❺ 以降の操作は仮想マシンの新規作成の場合と同じ手順になる。

イメージの場合、リージョンは選択できない（イメージのあるリージョンに固定される）
ギャラリーの場合は複製先リージョンのみ指定できる

セキュリティの種類は変更できない（本書では扱わない）

OSの種類としてイメージが選択される

適切なライセンスを所有していることを確認

ヒント

ギャラリーのバージョン指定

ギャラリーにある特定のバージョンを指定したい場合は、ギャラリーの管理画面から仮想マシンを作成します（この節の「ギャラリーの管理画面から展開する」を参照）。

仮想マシンイメージの管理画面から展開する

仮想マシンイメージの管理画面から仮想マシンを作成することもできます。

❶
Azureポータルで［イメージ］の管理画面を表示する。

● Azureポータルの検索ボックスで「イメージ」などのキーワードを使うとよい。

❷
登録された仮想マシンイメージを選択する。

❸
［＋VMの作成］をクリックする。

● これ以降の画面は、仮想マシンの作成画面でイメージを選択した場合と同じ。

❹
[基本] タブでは、以下の4点を除いて新規に仮想マシンを作成する場合と変わらない。

[地域]…イメージのあるリージョンが選択され、変更できない。

[セキュリティの種類]…イメージ作成時の設定が使用され、変更できない（本書では扱わない）。

[イメージ]…OSの種類としてイメージが選択される。

[ライセンスの種類]…適切なライセンスを持っていることを宣言する。Windowsイメージの場合は以下の2種類から選択する。
・Windows Server
・Windowsクライアント

Linuxイメージの場合は以下の3種類から選択する。
・Red Hat Enterprise Linux
・SUSE Enterprise Linux
・その他

❺
以降の操作は仮想マシンの新規作成の場合と同じ手順になる。

ギャラリーの管理画面から展開する

Azureコンピュートギャラリーの管理画面から仮想マシンを作成することもできます。

❶
Azureポータルで［ギャラリー］の管理画面を表示する。

● Azureポータルの検索ボックスで「ギャラリー」などのキーワードを使うとよい。

❷
利用したいイメージを含むギャラリーを選択する。

❸
利用したいイメージを選択する。

④

最新バージョンを使用する場合は、イメージの管理
画面で［＋VMの作成］をクリックすればよい。

⑤

特定のバージョンを指定したい場合は、利用したい
バージョンを選択する。

⑥

利用したいバージョンの管理画面で［＋VMの作成］
をクリックする。

⑦

以降の操作は、仮想マシン作成時にイメージを指定
した場合と同じ手順になる。

イミュータブルインフラストラクチャ

　一般的なサーバーは、OSやアプリケーションをインストールしたあと、設定を変更したり、修正プログラムを適用したりして、継続的に構成を変更しながら使用し、最終的に廃棄されます（図3-12）。一度設定したものを、ライフサイクル（システム寿命）がつきるまで大事に運用する考え方を「ペットモデル」と呼びます。ペットの飼い主は、飼っている動物がなるべく長く生きられるように努力し、病気になったら治療を行い、死ぬまで大切に世話をします。

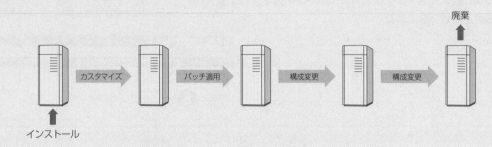

図3-12：一般的なサーバーのライフサイクル：ペットモデル

　クラウドでもこうした運用は可能ですが、それとは別に「キャトル（cattle：家畜）モデル」という新しい考え方が増えてきました。牛や豚などの家畜は大切に育てられますが、経済的に割に合わない場合は処分されてしまいます。大変悲しいことですが、牧畜業というのはそういうものです。

　ペットモデルの問題点は「設定したはずの設定が行われていない」「設定していないはずの構成になっている」という、本来あってはならない状態になりやすいことです。その理由の多くは、緊急の構成変更や、一時的な障害回避を行うための作業です。こうした突発的な作業が報告や記録から漏れてしまうことは、あってはならないこととは言え、現実によくある話です。

　キャトルモデルでは、仮想マシンイメージを使うことで、アプリケーションを構成した仮想マシンを展開するだけですぐに利用できるようになりますし、廃棄も非常に簡単です。

　キャトルモデルのこうした性質を利用したサーバー管理手法が「イミュータブルインフラストラクチャ」です。イミュータブルインフラストラクチャは、サーバーの初期構成のみが存在し、構成変更はサーバーの新規作成と廃棄を組み合わせます（図3-13）。

　一般に、継続的な保守状態にあるサーバーよりも、初期インストールしてから構成した方が安定しています。それは突発的な設定変更が発生していないからです。イミュータブルインフラストラクチャでは、常に初期インストール状態から構成したサーバーの仮想マシンイメージを使うことで、安定した運用が可能になります。

　「イミュータブル（immutable）」は「不変の」という意味で、仮想マシンイメージから展開したあとは何の構成も行いません。不要になったら廃棄するだけなので、「ディスポーザブル（廃棄可能な）インフラストラクチャ」とも呼びます。

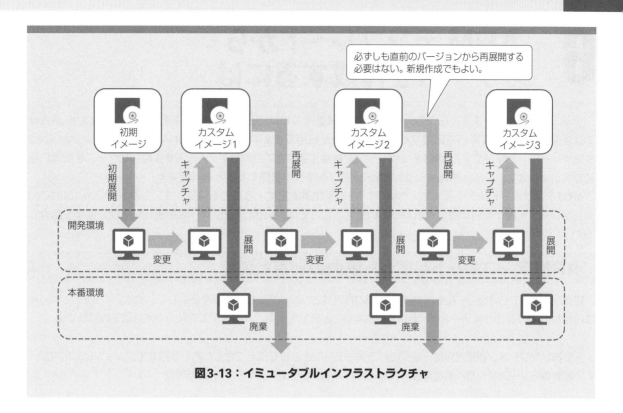

図3-13：イミュータブルインフラストラクチャ

6 ARMテンプレートから
リソースを作成するには

イミュータブルインフラストラクチャを効果的に実装するには、仮想マシン展開の自動化が不可欠です。Azureでは展開情報を JSON 形式で記述した構成ファイルが利用できます。これを「ARM（Azure Resource Manager）テンプレート」と呼びます。ARMテンプレートを構成することで、複数のリソースや複雑なリソースを簡単に構成できます。また、Azure PowerShell や Azure CLI を使って展開することも可能です。

ARMテンプレートはテキストファイルですから、手作業で記述することも可能です。しかし、Azure には ARMテンプレートを扱う便利な機能が備わっています。ここでは、ARMテンプレートを使った構成の基礎を紹介します。

ARMテンプレートを使った展開の利点と欠点

何度か説明している通り、Azure 内部では JSON 形式でリソースの定義内容を記述しています。もちろん、Azure 管理者が JSON 形式でリソースを定義して作成することもできます。JSON 形式を使う利点は以下の通りです。

- **多様なオプションが指定可能**…多くのパラメーターをまとめて指定できるため、多様なオプションに対応可能。
- **複数のリソースを一度に展開可能**…異なる種類の複数のリソースを一度に作成可能。

しかし、以下のような欠点があるため、少々使いにくいことも確かです。

- **形式が複雑**…単純な仮想マシンを作成するだけでも多くのパラメーターが必要となる。
- **自動生成機能がない**…Azure ポータルでリソースマネージャーのリソースを選択すると［テンプレートのエクスポート］という項目があり、展開に使える ARMテンプレートを取得できる（図3-14）。これは現在の設定内容を示したもので、リソース固有の情報が含まれている。汎用的なものではないため、そのまま再利用するのは難しい。展開条件に合わせて個別に修正する必要がある。

図3-14：ARMテンプレートで記述した仮想マシン

　利用者の便宜を考えて、展開用のARMテンプレートがGitHubで公開されており「クイックスタートテンプレート」として簡単に参照できます。目的の機能がすべて実装されているとは限りませんが、最初から自分で作るよりは楽でしょう。具体的な利用手順は後述します。

リソースマネージャーとARMテンプレート

　リソースマネージャーでは、仮想マシンや仮想ネットワークなどのリソース展開をJSON形式で記述します。Azure ポータルから作成したリソースも、内部ではJSON形式のデータを生成しています。

　JSONは「JavaScript Object Notation」の略で「ジェイソン」と読みます。XMLなどと同様のテキストベースのデータフォーマットですが、XMLよりもずっとシンプルで記述しやすくなっています。もともとはその名の通りJavaScriptのオブジェクト表記構文ですが、現在ではJavaScript に限らず広く使用されています。

　リスト3-1およびリスト3-2は、仮想マシン作成時に構成する情報の一部をJSONとXMLのそれぞれで表記したものです。XML構文はAzureのクラシックモデルで使われていました（現在はクラシックモデルは使用しません）。

リスト3-1：JSON形式の例

```
{
    "$schema": "https://schema.management.azure.com/schemas/2015-01-01/
deploymentTemplate.json#",
    "contentVersion": "1.0.0.0",
    "osType": {
        "allowedValues": ["Windows",    "Linux"],
        "defaultValue": "Windows",
        "metadata": {
            "description": "OS のタイプ "
        },
        "type": "string"
    },
    "vmName": {
        "metadata": {
            "description": " 仮想マシンの名前 "
        },
        "type": "string"
    }
}
```

リスト3-2：XML形式の例（以前使われていた「クラシックモデル」の場合）

```xml
<?xml version="1.0" encoding="UTF-8" ?>
<$schema>
  https://schema.management.azure.com/schemas/2015-01-01/
deploymentTemplate.json#
</$schema>
<contentVersion>1.0.0.0</contentVersion>
<osType>
  <allowedValues>Windows</allowedValues>
  <allowedValues>Linux</allowedValues>
  <defaultValue>Windows</defaultValue>
  <metadata>
    <description>OS のタイプ </description>
  </metadata>
  <type>string</type>
</osType>
<vmName>
  <metadata>
    <description> 仮想マシンの名前 </description>
  </metadata>
  <type>string</type>
</vmName>
```

ARMテンプレートを指定して展開する

　ARMテンプレートが準備できたら、Azureポータルの「テンプレートのデプロイ」機能を使って仮想マシンを展開します。

　なお、、ARMテンプレートを使って仮想マシンを展開する場合、パラメーター入力時に既存のリソース一覧が表示できないため、Azureポータルのウィンドウをもう1つ開いておくと便利です。

❶
Azureポータルの検索ボックスで**template**と入力し、表示された選択肢から[Template deployment（deploy using custom templates）]を選択する。

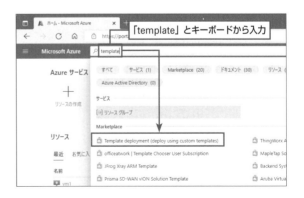

❷
[カスタムデプロイ]画面に切り替わるので、[エディターで独自のテンプレートを作成する]をクリックする。

❸
ARMテンプレートの編集画面に切り替わるので、手作業で入力するか、[ファイルの読み込み]をクリックして、あらかじめ用意しておいたARMテンプレートを指定する。

❹
テンプレートの入力が完了したら[保存]をクリックする。

❺ パラメーターとして指定された項目を指定する。[パラメーターの編集]をクリックして、JSON形式で指定することもできる。

❻ [パラメーターの編集]画面では、現在指定されているパラメーターがJSON形式で表示される。ここで[ファイルの読み込み]をクリックして、JSON形式のファイル（ARMテンプレート）を指定することもできる。

❼ パラメーターを指定したら[保存]をクリックする。

パラメーターをJSON形式で指定する場合（手順❻へ）

パラメーターを指定する。テンプレートによって既定値が設定されている場合もある。

パラメーターのみを記述したARMテンプレートを指定

ARMテンプレートを読み込んだ場合

❽ 以下の項目を指定して［次：確認と作成］をクリックする。

［サブスクリプション］…サブスクリプションを選択する。

［リソースグループ］…リソースグループを指定する。

● その他のパラメーターも確認する。一部のパラメーターは、他のリソースの情報を参照して既定値を決めるものもある。たとえば、ここではリソースグループのリージョンから［場所］の既定値を決めている。

● ここで［可視化］をクリックすると、ARMテンプレートを解析し、リソース同士の関係をわかりやすく表示できる（ヒント参照）。

ヒント

テンプレートの可視化

手順❽の画面で［可視化］をクリックすると、［リソースビジュアライザー］画面に切り替わり、ARMテンプレートを解析してリソース同士の関係をわかりやすく表示できます。他人が作ったARMテンプレートや、後述する「クイックスタートテンプレート」の構成を調べるときに便利です。

❾
システム構成の検証が完了したら［作成］をクリックする。

❾

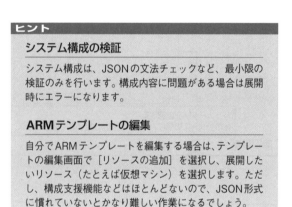

ヒント

システム構成の検証

システム構成は、JSONの文法チェックなど、最小限の検証のみを行います。構成内容に問題がある場合は展開時にエラーになります。

ARMテンプレートの編集

自分でARMテンプレートを編集する場合は、テンプレートの編集画面で［リソースの追加］を選択し、展開したいリソース（たとえば仮想マシン）を選択します。ただし、構成支援機能などはほとんどないので、JSON形式に慣れていないとかなり難しい作業になるでしょう。

クイックスタートテンプレートを利用する

　ARMテンプレートの編集画面で［クイックスタートテンプレート］を選択すると、コミュニティが提供するテンプレートが入手できます。その実体はオープンソースのソフトウェア公開サイトGitHubです。Azureポータルからクイックスタートテンプレートを利用するとhttps://github.com/Azure/azure-quickstart-templatesを参照します。

　クイックスタートテンプレートには詳細な解説は付いていませんが、自分でARMテンプレートを作るよりは簡単でしょう。たとえば、Windows Serverの初期展開に利用できるのが「vm-simple-windows」です。

　ここでは「vm-simple-windows」を選択して、仮想マシンを作成してみます。

❶
Azureポータルの検索ボックスで**template**と入力し、検索結果から［Template deployment（deploy using custom templates）］を選択する。

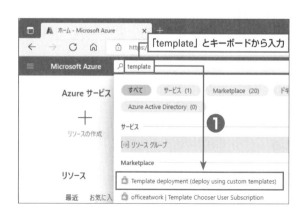

②

[クイックスタートテンプレート] を選択し、ドロップダウンリストから利用したいテンプレートを選択する。ここでは **vm-simple** と入力して「vm-simple-windows」を指定している。

③

選択したクイックスタートテンプレートの簡単な説明が表示されるので確認する。
- [詳細情報] リンクをクリックするとGitHubのサイトが開くので、さらに詳細な情報を確認できる（次ページのヒント参照）。

④

これ以降は、前述の「ARMテンプレートを指定して展開する」の手順と同じ。

ヒント

GitHub上のクイックスタートテンプレート

手順❸で［詳細情報］リンクをクリックすると、GitHubサイトが開きます。ここではテンプレートの詳細な情報が得られるほか、［Deploy］をクリックしてAzureポータルを起動したり、［Visualize］をクリックしてリソースの関係を図示したりできます。

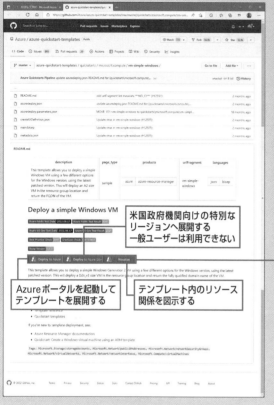

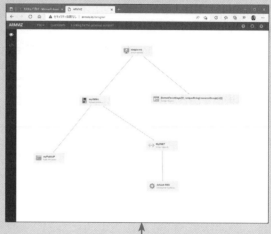

米国政府機関向けの特別な
リージョンへ展開する
一般ユーザーは利用できない

Azureポータルを起動して
テンプレートを展開する

テンプレート内のリソース
関係を図示する

クイックスタートテンプレートの選択

クイックスタートテンプレートは、テンプレート編集中の画面からも選択できます（「ARMテンプレートを指定して展開する」の手順❸）。

ここからクイックスタートテンプ
レートを読み込むこともできる

複雑なクイックスタートテンプレート

クイックスタートテンプレートには非常に複雑なものも含まれています。たとえば「active-directory-new-domain-ha-2-dc-zones」は、Active Directoryドメインサービスを新機に構成し2台のWindows Server 2019をドメインコントローラーとして異なる可用性ゾーンに配置しています。

このような複雑な構成を一度に構成できるのがARMテンプレートを使う利点です。

コラム　仮想マシンの展開時エラー

展開時にエラーが起きた場合は、エラー通知を選択します。エラー通知ではエラー内容を確認できるほか、再展開（再デプロイ）を行うことで、パラメーター入力を大幅に省略できます。

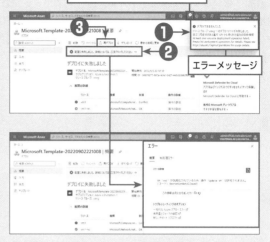

エラーメッセージ画面を閉じた場合は通知アイコンをクリックする

エラーメッセージ

❶ エラーメッセージを確認する。メッセージが消えた場合は通知アイコンをクリックする。

❷ エラー内容を確認する。エラーメッセージをクリックするとエラーの詳細を確認できる。
● ここでは、一般化（汎用化）済み仮想マシンと同名の仮想マシンを作成しようとして失敗している。

❸ ［再デプロイ］をクリックする。

❹ パラメーターの編集画面が表示される。ほとんどの部分は、以前の情報が再表示されるため、必要な箇所のみを入力する。
● ここでは仮想マシン名（Vm Name）を「vm-new」としている。

❺ ［確認と作成］をクリックし、再展開を行う。

ヒント

ARMテンプレートの「べき等性」

ARMテンプレート（JSONファイル）を使った展開（デプロイ）は「べき等性（idempotence）」を持ちます。べき等性とは「ある操作を1回行っても、複数回行っても同じ結果が得られる」ことを意味します。ARMテンプレートを展開し、「VM1」という仮想マシンを作成したとします。同じテンプレートをもう一度展開した場合、既に「VM1」という仮想マシンが存在することを確認し、変更点がなければ何もしません。
先の例では、テンプレートで仮想マシンVM1を作成しようとしていますが、既に「VM1」という仮想マシンが存在しました。この場合、仮想マシンの状態をチェックして、テンプレートと異なる部分があれば更新を試みます。

しかし、既存のVM1はSysPrepが実行され、一般化されていました。一般化された仮想マシンを元に戻すことはできないため、テンプレート展開がエラーになりました。
そこで再展開（再デプロイ）では仮想マシンの名前を変更し「vm-new」としました。「vm-new」という仮想マシンは存在しないので、新しい仮想マシンが作成され、再展開は正常に終了します。

ARM テンプレートの保存：テンプレートスペックを作成する

Azureポータルでは、既存のリソースの管理画面から［テンプレートのエクスポート］画面を開き、［ライブラリに追加］をクリックすると、「テンプレートスペック（仕様）」としてARMテンプレートを保存できます。リソースグループを選択すると、リソースグループ内の全リソースをまとめて保存できます。また、リソースグループではリソース一覧から指定したリソースの情報だけを保存することもできます。

単一リソースの情報では不足するが、リソースグループ全体の情報では多すぎることがよくあります。ここでは最も自由度が高い方法として、リソースグループの一部のリソースのみの情報を保存します。

❶
Azureポータルでリソースグループの管理画面を表示し、必要なリソースのチェックボックスをオンにする。

❷
［テンプレートのエクスポート］をクリックして、手順❶で選択したリソースのテンプレートをエクスポートする。ウィンドウサイズによっては表示されないので、その場合は右端の［...］をクリックする。

❸
テンプレートとパラメーターの内容を確認する。［パラメーターを含める］チェックボックスをオフにして、パラメーターを保存しないこともできる。

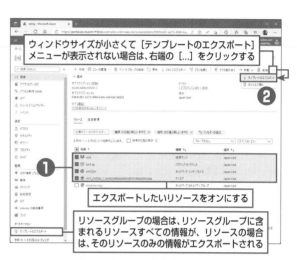

ウィンドウサイズが小さくて［テンプレートのエクスポート］メニューが表示されない場合は、右端の［...］をクリックする

エクスポートしたいリソースをオンにする

リソースグループの場合は、リソースグループに含まれるリソースすべての情報が、リソースの場合は、そのリソースのみの情報がエクスポートされる

パラメーターを含めない場合はオフにする

ヒント

リソースグループの全リソースのエクスポート

リソースグループの管理画面で、［オートメーション］グループの［テンプレートのエクスポート］をクリックすると、そのリソースグループに含まれるすべてのリソースをエクスポートできます。これは、手順❶で全リソースを選択し、手順❷へ進むのと同じことです。

個々のリソースの管理画面にも同様の機能があります。この場合、そのリソースのテンプレートだけをエクスポートできます。

❹
以下の基本情報とバージョン情報を指定して［次
へ：テンプレートの編集］をクリックする。

［名前］…テンプレートの名前

［サブスクリプション］…テンプレートを保存するサ
ブスクリプション

［リソースグループ］…テンプレートを保存するリ
ソースグループ

［場所］…テンプレートを保存するリージョン

［説明］…テンプレートの説明（任意）

［バージョン］…バージョン番号（文字列を含んでも
構わない）

［変更に関するメモ］…このバージョンに対するコメ
ント（任意）

❺
テンプレートの内容を確認し、［次へ：タグ］をク
リックする。

❻

必要ならタグを指定して［次へ：確認および作成］
をクリックする。

❼

検証エラーがないことを確認して［作成］をクリッ
クする。

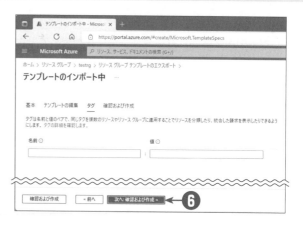

ARM テンプレートの再利用：テンプレートスペックを利用する

前項で保存した情報は、Azure ポータルでテンプレートスペック（テンプレートの仕様）を選択することで管理で
きます。

❶

Azure ポータルの検索ボックスで**テンプレート**と
入力し、検索結果から［テンプレートの仕様］（テン
プレートスペック）を選択する。

❷

テンプレートスペックの管理画面で、作成済みのテンプレートを選択する。

❸

［展開］をクリックすると、テンプレートを使った展開ができる。

●この操作では、テンプレートスペックの最新バージョンから展開される。特定のバージョンを指定したい場合はヒントを参照。

❹

テンプレートのパラメーターを確認して、［次：確認と作成］をクリックする。

ヒント

テンプレートスペックのバージョンを指定して展開するには

手順❸の操作では、テンプレートスペックの最新バージョンから展開されます。特定のバージョンを指定したい場合は、［バージョン］をクリックして表示される一覧から、展開したいバージョンを右クリックして［展開］を選択します。以降は手順❹から操作を続けてください。

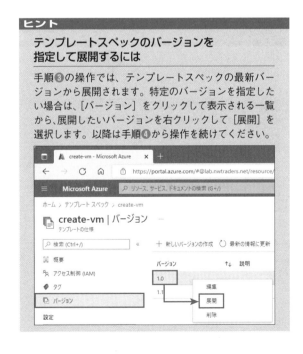

❺

検証エラーがないことを確認して［作成］をクリックする。

❻

作成されたテンプレートスペックの管理画面で［＋新しいバージョンの作成］をクリックすると、同じ名前の別バージョンのテンプレートを作成できる。

❼
新しいバージョン番号とコメントを入力して、[次へ：テンプレートの編集]をクリックする。

❽
テンプレートの内容を修正して[次へ：タグ]をクリックする。

⑨

必要ならタグを指定して［次へ：レビューと保存］
をクリックする。

⑩

検証エラーがないことを確認して［変更の保存］を
クリックする。

仮想マシンを冗長化しよう

第 **4** 章

クラウドでは、性能を向上させ、可用性（利用可能な状態を提供できる割合）を上げるために複数のサーバーを使った構成を取るのが一般的です。

性能を上げるための複数サーバー構成を「負荷分散」、可用性を上げるための複数サーバー構成を「冗長化」と呼んで区別しますが、両者は同じ機能で実現することもできます。

負荷分散や冗長化で重要なことはデータの一貫性です。単に複数のサーバーを配置しただけでは、サーバーごとにデータが異なり、一貫した応答が返りません。

この章では、負荷分散構成と冗長化構成の手順を説明し、データ共有の基本的な考え方を説明します。なお、データ共有については仮想マシンのOSの機能を使うことも多いため、本書では最小限の記述にとどめます。

1 スケールアップとスケールアウト

　一般に、サーバー性能を上げるには、スケールアップとスケールアウトの2つの方法があります。ここでは、スケールアップとスケールアウトとは何か、また、仮想マシンの高可用性を実現するための「可用性セット」と「可用性ゾーン」について説明します。

スケールアップとスケールアウトとは

　スケールアップは単体性能の向上を図るもので、CPUのクロックを上げたりコア数を上げたりします。スケールアップの最大の利点は、ほぼすべてのアプリケーションで高い効果が得られることです。欠点は、性能向上の幅がそれほど大きくなく、すぐに限界に達することです。スケールアップで性能を調整することを「垂直スケーリング」と呼びます。

　スケールアウトは複数サーバーに分割することで性能向上を図るもので、「負荷分散」という技術を使います。10の仕事をするときに、1台のサーバーだと10の負荷がかかりますが、10台のサーバーに分散すれば1の負荷で済みます（図4-1）。スケールアウトの利点は、簡単に数倍以上の性能向上ができることです。欠点は、アプリケーションによっては効果がないことです。たとえば、Webサーバーの負荷分散は非常に簡単ですが、データベースサーバーの負荷分散は技術的にさまざまな工夫が必要です。スケールアウトで性能を調整することを「水平スケーリング」と呼びます。

　スケールアップは、言わば、訓練によって自分の能力を高める方法です。能力を高めるわけですから、できる仕事の量が単純に増えるはずです。しかし、いくらがんばっても1人でできる仕事には限界があります。たとえば1人で10倍の仕事をこなせるようになるのは難しいでしょう。

　スケールアウトは、自分の仕事を他の人に分割する方法です。うまく分割できれば、かなり規模の大きい仕事もこなすことができます。ただし、実際には分割が難しく仕事量に偏りが出てしまうことがよくあります。特に、ネットワークで結ばれた別の地域にあるデータの一貫性を保つのは難しく、一貫性を諦めるか、更新のたびにデータアクセスが中断するか（可用性を損なうか）、いずれかの選択を迫られます。

　Azureの仮想マシンは、スケールアップとスケールアウトのどちらにも対応しています。データベースサーバーなどを動かす場合はスケールアップが適切でしょう。ただし、スケールアウトが無停止で行えるのに対して、スケールアップは仮想マシンの再起動を伴います。

スケールアップ

例：CPUクロックを倍増

スケールアウト

例：サーバー台数を倍増

図4-1：スケールアップとスケールアウト

スケールアウトと高可用性

　たいていのスケールアウト機能は、高可用性機能とセットで提供されます。たとえば、4台のサーバーでスケールアウトしたとします。このとき、4台中の1台が障害を起こした場合、その1台には負荷分散を行いません（図4-2）。

これにより、障害時は多少の性能低下があるものの（この場合は4台中1台が停止するので25%の性能低下）、障害を意識せずに運用を行うことができます。

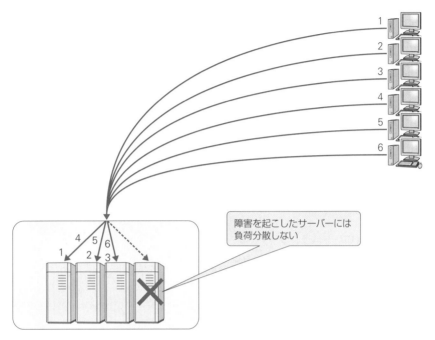

図4-2：高可用性の実現

ヒント

首都圏の改札で起きたスケーリング

　スケールアップやスケールアウトによって性能を上げることを「スケーリング」と呼びます。「スケールする」という言い方もよく使われます。

　少々古い話ですが、筆者がよく覚えているスケーリングの例に、首都圏の改札があります。首都圏では、通勤ラッシュで大量の乗降客、特に列車が到着するたびに発生する降車客をさばくため、乗客は駅員に切符を手渡しするのではなく、箱に投げ込んでいました。つまり、一部の処理を省略することによる性能向上、一種のスケールアップが行われていたのです。

　1970年代から、関西の私鉄を中心に自動改札が導入されていましたが、首都圏では「そもそも自動改札の処理が遅い」という理由で有人改札のままでした（他にもいくつかの理由があります）。

　それが、1990年代から一気に自動改札化が進みます。速度の問題は解決していませんでしたが、有人改札1つに対して自動改札を何基も並べることで処理人数を増やしました。仮に性能が半分だとしても2倍用意すれば同じ速度になりますし、4倍の台数なら2倍の速度が得られます。これがスケールアウトの典型例です。しかも、自動改札機を10台も用意すれば、1台故障しても性能は1割ダウンで済みます。

　このように、同じような処理を大量にこなすにはスケールアウトが非常に有利です。

高可用性の実現

　2台の仮想マシンが同じ物理マシンに配置されている場合、その物理マシンが停止すると2台の仮想マシンがともに停止してしまいます。仮想マシンの可用性を上げる（高可用性を実現する）には、少なくとも異なる物理マシンに配置する必要があります。そこで、Azureでは「可用性セット（Availability Set）」と「可用性ゾーン（Availability Zone）」が提供されています。同じ可用性セットに配置された仮想マシンは、少なくともすべてが同時に停止することはありません。また、可用性ゾーンを使うことで地理的に数kmから数十km以上離れた場所に仮想マシンを分散配置できます。

　可用性セットと可用性ゾーンの詳細は、この章の「3 仮想マシンを冗長化するには」で説明します。

スケールアウトの実現

　Azureには、用途や想定される障害に応じて以下のスケールアウト（負荷分散）機能が備わっています。

　・Azure Load Balancer（ロードバランサー）
　・Azure Application Gateway（アプリケーションゲートウェイ）
　・Azure Traffic Manager（トラフィックマネージャー）
　・Azure Front Door

　本書では、最も単純なAzure Load Balancerについてのみ説明しますが、その他のサービスもあわせて簡単に紹介しておきます。

　Azure Load BalancerはTCP/UDPのポート番号を利用した負荷分散を行うため、Web以外の負荷分散も行えます。Azure Application GatewayはWeb専用（HTTPおよびHTTPS）ですが、URLに基づいた振り分けなどが可能です。いずれも構成するときにはロードバランサーを配置するリージョンを指定する必要があります。このように、特定のリージョンを指定して展開するサービスを「リージョンサービス」と呼びます。

　Azure Traffic ManagerはDNSを使った負荷分散サービスで、複数のリージョンにまたがった構成が可能です。たとえば、日本のユーザーには東日本リージョンに配置されたサーバーのIPアドレスを返し、シンガポールのユーザーには東南アジアリージョンのIPアドレスを返すことができます。DNSベースなのでアプリケーションに依存しませんが、DNSキャッシュの影響を受けるため、適切な負荷分散ができない場合もあります。

　Front Doorも複数リージョンをサポートしますがWeb専用で、Azure Application Gatewayと同様、URLベースの負荷分散が可能です。

　Azure Traffic ManagerとFront Doorは、いずれも特定のリージョンに展開されるわけではないため「グローバルサービス」と呼びます。

表4-1：Azureが提供する負荷分散機能の特徴

	対象	展開先
Azure Load Balancer （ロードバランサー）	任意のTCP/UDP （ポート番号ベース）	リージョン
Azure Application Gateway （アプリケーションゲートウェイ）	Web専用 （HTTP/HTTPS）	リージョン
Azure Traffic Manager （トラフィックマネージャー）	任意のTCP/UDP （DNSベース）	グローバル
Azure Front Door	Web専用 （HTTP/HTTPS）	グローバル

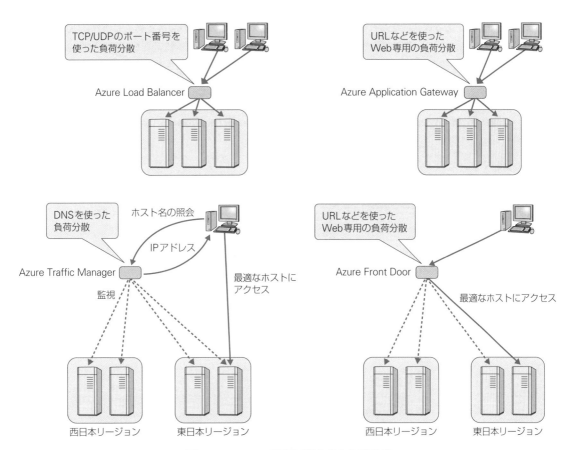

図4-3：Azureで利用可能な主な負荷分散

　実際にAzureのスケールアウト（負荷分散）機能が必要かどうかはアプリケーションによって違います。Webサーバーの負荷分散には必須ですが、Active Directoryのドメインコントローラーなど、それ自身がもともと負荷分散の機能を持っている場合は必要ありません。ただし、複数台が同時に停止しては困るので、障害対策としての可用性セットや可用性ゾーンの構成は必要です。詳しくは、この章の「3 仮想マシンを冗長化するには」と「4 仮想マシンをスケールアウトするには」を参照してください。

仮想マシンのSLA

　Azureの仮想マシンはSLA（サービスレベルアグリーメント）で稼働率が定義されています（表4-2）。稼働率は「仮想マシン接続が確保されていなかった時間の合計累積時間」で、障害による停止時間の他、事前予告された計画停止時間を含みます。

　SLAの最も古い規定は「可用性セットに2台以上の仮想マシンがある場合、少なくとも1台の仮想マシン接続可能な時間が99.95％以上である」というものです。

　2018年3月からは可用性ゾーンを使った場合は99.99％の稼働率が追加されましたが、この場合でも2台以上の仮想マシンがある場合に限られます。仮想マシン1台でのSLAは長い間未定義でしたが、2016 年11月から「プレミアムストレージ（Premium SSD）を使っている場合に限り、接続可能な時間99.9％以上」と定義されました。また、2020 年7月からは表4-2の通り、すべての場合で定義されています。

「Virtual Machines のSLA」
https://azure.microsoft.com/ja-jp/support/legal/sla/virtual-machines

表4-2：仮想マシンのSLA（抜粋）

	最小構成台数	稼働率	換算月間停止時間 （1ヶ月31日とする）
可用性ゾーン	2	99.99%	4分
可用性セット	2	99.95%	22分
単体（Premium SSD）	1	99.9%	45分
単体（Standard SSD）	1	99.5%	4時間43分
単体（Standard HDD）	1	95%	37時間12分

2　仮想マシンをスケールアップするには

　仮想マシンをスケールアップまたはスケールダウンするには、Azureポータルから仮想マシンの構成を変更します。このとき、仮想マシンが起動していても構いませんが、構成変更後は自動的に再起動します。
　また、異なるシリーズへのスケールアップまたはスケールダウンには制約があります。

仮想マシンのサイズを変更する

❶ Azureポータルのポータルメニューで［Virtual Machines］を選択し、仮想マシンの管理画面に切り換える。

❷ 仮想マシン一覧で現在のサイズを確認できる。サイズを変更したい仮想マシンをクリックする。

❸ 仮想マシンの［概要］画面でも現在のサイズを確認できる。ナビゲーションメニューの［設定］から［サイズ］をクリックする。

④

サイズを選択する。

● サイズ一覧は、シリーズでグループ化されている。また、「よく使用されているサイズ」「使用できないサイズ」などもグループ化されるので、サイズ選択の参考にする。［グループ化なし］を選択することもできる。

● 検索ボックスにキーボードから先頭文字を入力すると自動的にフィルター表示される。この場合もグループ化は有効なので、必要に応じて［グループ化なし］を指定する。サイズ名がわかっている場合に便利。

● 仮想CPUコア数やメモリ量などを指定してフィルターすることもできる。

● サイズ一覧のタイトル部分をクリックすると、選択した項目でソートできる。

⑤

［サイズの変更］をクリックする。

▶ 選択したサイズが適用される。

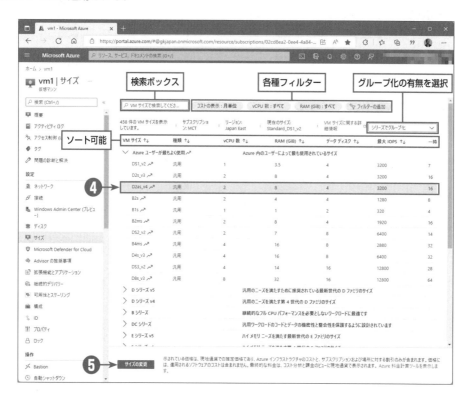

ヒント

推定価格を表示できる

手順④の画面で右端の方に1か月あたりの推定価格が表示されるので、この価格を参考にすることができます。表示されていない場合は、ウィンドウ幅を広げるか、サイズ一覧の各項目の列幅を狭くすると表示できます。

サイズ変更の制約

仮想マシンのサイズ変更は、以前は同一シリーズ間でしかできませんでした。現在では、こうした制約はほとんどありませんが、仮想マシンが稼動している物理マシンの制約を受けることはあります。たとえば古い物理マシンに割り当てられた仮想マシンは、新しいサイズに変更できないことがあります。割り当て解除状態であれば、特定の物理マシンに紐付いていないため、選べるサイズの制約は緩和されます。

3　仮想マシンを冗長化するには

　Azureでは、複数台の仮想マシンを使って、可用性を向上させることが簡単にできます（冗長化）。ここでは、仮想マシンの可用性を向上させるための機能について説明します。

障害ドメインと可用性セット

　この章で既に説明した通り、仮想マシンの障害対策のために冗長化するには、「可用性セット（Availability Set：AS）」を構成します。同一の可用性セットに配置された仮想マシンは、異なる「障害ドメイン（Fault Domain：FD）」に配置されます。

　障害ドメインは、ほぼサーバーラックを単位として構成され、独立した電源やネットワークを持ちます。そのため、特定の障害ドメイン内で発生した障害が他の障害ドメインに影響しないようになっています（図4-4）。

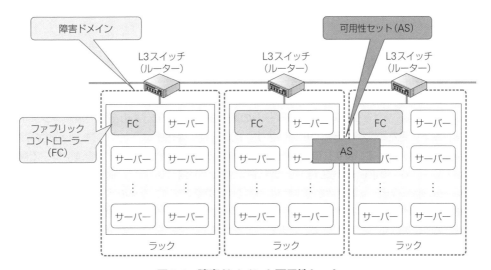

図4-4：障害ドメインと可用性セット

　サーバーラックの集合が「クラスター」で、1クラスターはおおむね1,000サーバーで構成されます。クラスター内のどのラックのどのサーバーが空いているかという情報を管理するのがファブリックコントローラー（FC）です。ファブリックコントローラーは冗長化されており、耐障害性を高めています。

　可用性セットを作成するとき、障害ドメイン数を指定できます。本書の執筆時点での最大値は3ですが、リージョンによっては2が最大値の場合もあります。たとえば、東日本リージョンは3つの障害ドメインを指定できますが、西日本リージョンは2が最大です。障害ドメイン数が3のときで、仮想マシンを6台作成した場合、各仮想マシンは3つの障害ドメインに分散されます。そのため、一般的なハードウェア障害が発生しても、3分の2のサーバー（この場合は4台）は正常に動き続けます（図4-5）。

　また、可用性セットはマネージドディスクの配置計画にも利用され、複数の障害ドメインにまたがった冗長化が行われます。

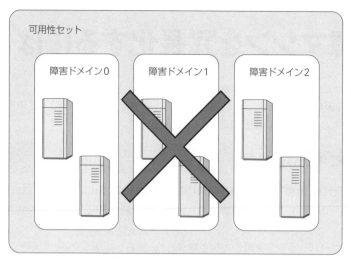

障害ドメインの1つが停止しても、他の障害ドメインには影響しない。

図4-5：障害ドメインの動作

更新ドメインと可用性セット

　可用性セットは、障害ドメインだけではなく「更新ドメイン（Update Domain：UD）」を分けるためにも使われます。「更新ドメイン」は、ソフトウェアのアップデートの影響が及ぶ範囲で、Azure上の仮想マシンホスト（物理マシン）のソフトウェア更新を制御するために使います。たとえば、仮想化ソフトウェア（Azureの仮想化ソフトウェアはHyper-Vをベースにしています）の更新を行い物理マシンが再起動すると、その物理マシンで動作している仮想マシンもすべて一時的に停止してしまいます。更新ドメインが分かれていれば、別々の物理マシンに配置されるため、仮想マシンが同時に停止することはありません。ただし、更新ドメインを構成する各仮想マシンは電源やネットワーク機器を共有する可能性があるので、ハードウェア障害に対しては十分な可用性を持っていません。

　更新ドメイン数の既定値は5で、最大20まで設定できます。既定値の5では、更新があっても5分の4のサーバーは正常に動き続けます。

可用性セットを構成する：新規作成

　可用性セットは事前に作成しておくこともできますし、仮想マシンの新規作成と同時に作成することもできます。仮想マシンの作成時には、既存の可用性セットを指定するか、可用性セットを新規に作成します。作成済みの仮想マシンの可用性セットを変更することはできないので、事前に可用性セットの計画を立てておいてください。また、可用性セットと仮想マシンは、同じリソースグループの同じリージョンでなければいけません。

　可用性セットは、独立したリソースであり、Azureポータルから管理できます。設定は変更できませんが、可用性セットに含まれる仮想マシンの一覧などを表示できます。

　可用性セットの新規作成手順は、次の通りです。

❶ Azureポータルの検索ボックスで**availability**と入力し、検索結果から［可用性セット］を選択する。

❷ ［可用性セット］の管理画面で［＋作成］または［可用性セットの作成］をクリックする。

❸ 以下の項目を設定して［次：詳細］をクリックする。

［サブスクリプション］…サブスクリプションを選択する。

［リソースグループ］…リソースグループを指定する。

［名前］…可用性セットの名前を指定する。

［地域］…リソースを利用するリージョンを指定する。

［障害ドメイン］…障害ドメインの数を指定する（既定値は2、最大値は東日本が3、西日本が2）。

［更新ドメイン］…更新ドメインの数を指定する（既定値は5、最大値は20）。

［マネージドディスクを使用］…マネージドディスクを使用する場合は［はい（配置）］を選択する。これにより、複数の障害ドメインにまたがった冗長化が行われる。

④

必要なら事前に作成しておいた近接配置グループ
（ヒント参照）を指定して［次：タグ］をクリックす
る。

⑤

必要ならタグを指定して［次：構成および作成］を
クリックする。

⑥

検証に成功したことを確認して［作成］をクリック
する。

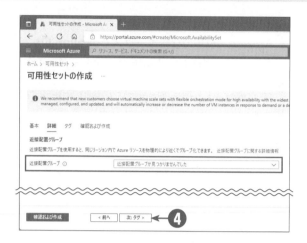

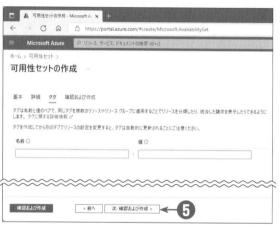

ヒント

近接配置グループ

通常、同じリージョンに配置したリソースは近くに配置
されます。可用性セットを構成すると、さらに近くに配
置されます。しかし、システム構成規模が大きくなると、
必ずしも近くに配置できるとは限りません。そこで「近
くに配置する」ことを保証するための仕組みが登場しま
した。これが「近接配置グループ」です。近接配置グ
ループは大規模環境で有効ですが、本書が想定する構成
ではないため、説明は省略します。

可用性セットを構成する：仮想マシン作成時

仮想マシンの作成と同時に可用性セットを構成することもできます。

❶
Azureポータルで仮想マシンを新規作成し、［基本］タブで［可用性オプション］の▼をクリックしてドロップダウンリストを表示する。

❷
表示された一覧から［可用性セット］を選択する。
- 可用性ゾーンについては後述する。仮想マシンの作成画面でスケールセットを指定するのは一般的な手順ではないので本書では説明しない。

❸
[可用性セット]項目が追加されるので、既存の可用性セットを使用する場合は、ドロップダウンリストから選択する。

❹
[新規作成]をクリックすると、新しい可用性セットを作成できる。

❺
[新規作成]をクリックすると可用性セットの作成画面が開くので、以下の項目を設定する。
[名前]…可用性セットの名前
[更新ドメイン]…更新ドメイン数
[障害ドメイン]…障害ドメイン数
[マネージドディスクを使用]…作成中の仮想マシンの構成によって自動選択（変更不可）

❻
[OK]をクリックする。

❼
以降の手順は仮想マシンの新規作成と同じである。

作成済みの可用性セットを選択 ❸

可用性セットを新規作成 ❹

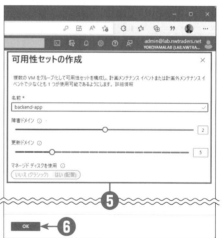

❺ ❻

> **ヒント**
>
> **可用性セットとマネージドディスク**
>
> 可用性セットを作成するとき、マネージドディスクを使用するかどうかを指定します。マネージドディスクは障害ドメインを考慮して配置されるため、可用性セットの情報を必要とするためです。
> このように、可用性セットを使うとマネージドディスクの信頼性も向上します。ただし、SLA的な差はありません。

可用性ゾーン

　可用性セットを利用すると、適当に作った仮想マシンを適当に別の障害ドメインや更新ドメインに分散配置してくれます。個々の仮想マシンを具体的にどの障害ドメインに配置するかを決める必要はありません。

　しかし、障害ドメインは「ほぼサーバーラック単位」とされているので、データセンター全体が障害を起こした場合は可用性セット全体が停止する可能性があります。そこで、登場したのが「可用性ゾーン（Availability Zone：AZ）」です。可用性ゾーンは、同一リージョン内の別の場所に配置された最低3つのデータセンター群で、ネットワークの遅延が往復2ミリ秒以内に抑えられています（図4-6）。実際の距離は明記されていませんが、数kmから数十km程度あるようです。

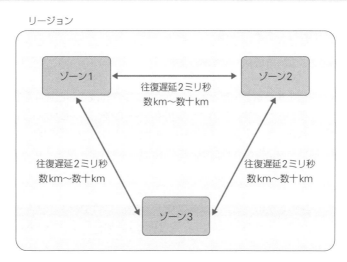

リージョン

ゾーン1

ゾーン2

往復遅延2ミリ秒
数km～数十km

往復遅延2ミリ秒
数km～数十km

往復遅延2ミリ秒
数km～数十km

ゾーン3

図4-6：可用性ゾーン

可用性ゾーンを構成する

　可用性ゾーンには1から順に番号が割り当てられ、仮想マシンを作成するときに明示的に指定します。可用性セットのように「適当に分散させる」ということはありません。また、仮想マシン作成時に指定した可用性ゾーンをあとから変更することはできません。

❶ Azureポータルで仮想マシンを新規作成し、［基本］タブで［可用性オプション］から［可用性ゾーン］を選択する。

❷ ［可用性ゾーン］項目が追加されるので、ドロップダウンリストから可用性ゾーンの番号を選択する。

❸ 以降の手順は仮想マシンの新規作成と同じである。

可用性ゾーンの利用パターン

可用性ゾーンには、以下の2つの利用パターンがあります。

1. **明示的に可用性ゾーンを指定する場合**…たとえば、仮想マシンを作成するときは必ずどの可用性ゾーンに割り当てるのかを指定する必要があります。このような利用パターンを「ゾーンサービス」と呼びます。
2. **暗黙のうちに複製される場合**…たとえば、ストレージアカウントを「ゾーン冗長」として指定すると、データは自動的に3つの可用性ゾーンに複製されます。このような利用パターンを「ゾーン冗長サービス」と呼びます。

ヒント

可用性ゾーンの場所

Azureのデータセンターは、都道府県まで公開されていますが、具体的な場所は非公開です。しかし、東日本リージョンが当初「埼玉」と表記されていたのが、いつの頃からか「東京・埼玉」と併記されるようになったことから、可用性ゾーンは東京と埼玉にあると筆者は推測しています。

可用性ゾーン間の距離は非公開ですが、AWSの可用性ゾーンが「複数（multiple）キロメートル」「100kmになることはない」とされているので、数kmから数十km程度となります。東京都心からさいたま市までが30km程度なので、つじつまも合います。リージョンあたりの可用性ゾーンは3箇所なので、東京と埼玉のいずれかに2箇所の可用性ゾーンがあるはずですが、これはどこかわかりません。

数十kmも離れていれば、たいていの災害でも影響は受けないでしょう。たとえば1995年の阪神淡路大震災で神戸は大きな被害を受けましたが、大阪市内での影響はそれほどでもありませんでした。神戸から大阪までの距離は30km程度です。

AWSの可用性ゾーン（AZ）との違い

Azureの可用性ゾーンは、AWSの可用性ゾーン（AZ）に影響されたものです。ゾーン間の通信遅延が2ミリ秒程度、AZ間の距離が「数kmから数十km」ということで、いずれも同じです。ただし、AWSが最低2ゾーン、通常は3ゾーン以上であるのに対して、Azureは最低3ゾーン、通常は3ゾーンとなります。

また、AWSでは可用性ゾーンが異なる場合、別のサブネット必要とするのに対して、Azureでは同一サブネットに複数の可用性ゾーンを混在できます。応答時間が問題にならない場合はAzureの方が便利ですが、「同一サブネットに、応答時間が違うサーバーが混在する」というのは混乱の元になるかもしれません。また可用性ゾーンをまたがる通信帯域は課金対象です。同じサブネットにいるサーバー間通信に課金されるのは不自然に感じるかもしれません。Azureでも、可用性ゾーンごとにサブネットを分けた方がわかりやすいでしょう。

なお、サブネットを分割することによる遅延はほぼ無視できます。また、ゾーン内のネットワーク遅延はおおむね1ミリ秒未満に抑えられています。これはAWSも同様です。

可用性セットと可用性ゾーンの使い分け

可用性セットと可用性ゾーンはそれぞれ特徴があり、一方で他方を置き換えられるものではありません。目的に応じて使い分けてください（表4-3）。

可用性セットはほぼ作りっぱなしで運用できるうえ、どの仮想マシンもネットワーク遅延が1ミリ秒未満で接続できるため、障害前後でサーバー状態の変化を気にする必要はありません。

それに対し、可用性ゾーンはどの仮想マシンをどのゾーンに配置するかを考慮する必要があります。またゾーン間の通信遅延は往復で2ミリ秒程度あるので、障害前後でサーバーの応答時間が微妙に変化する可能性があります。

一般に、ハードウェア障害の対策としては可用性セットが優れており、中規模以下の災害対策としては可用性ゾーンが優れています。大規模災害に対応するには複数リージョンを使用します。

表4-3：可用性セットと可用性ゾーン

	可用性セット	可用性ゾーン	リージョンペア
ハードウェア障害	○	○	○
データセンター障害	×	○	○
リージョン障害	×	×	○
ネットワーク遅延	◎	○	△
	ゾーン内1ミリ秒未満	ゾーン間2ミリ秒程度	リージョン間10ミリ秒以上
			（非公式情報）
管理性	◎	△	×

　可用性セットと可用性ゾーンはどちらか一方しか選択できませんが、いずれもリージョンペアと併用することは可能です。そのため、ハードウェア障害対策として可用性セットを使い、データセンターやリージョン障害対策としてリージョンペアを併用することは可能です（図4-7）。複数リージョンにまたがった負荷分散をする場合、Traffic Managerを使った広域負荷分散（グローバルロードバランサー）などを構成しますが、本書では解説を省略します。

　ただし、リージョンペアを使用する場合、地理冗長ストレージアカウントは簡単に自動構成できるものの、仮想マシンの自動複製などはASR（Azure Site Recovery）サービスなどを使って管理者が独自に構成する必要があります。

　可用性ゾーンとリージョンペアを併用することも可能ですが、本書の執筆時点では可用性ゾーンが使えないリージョンがまだまだ多いようです。たとえば東日本リージョンのペアである西日本リージョンでは可用性ゾーンが使えません。そのため、東日本と東南アジアを組み合わせるなどの工夫をする必要があります（図4-8）。

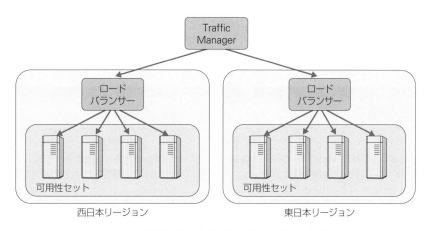

図4-7：可用性セットとリージョンペアの併用

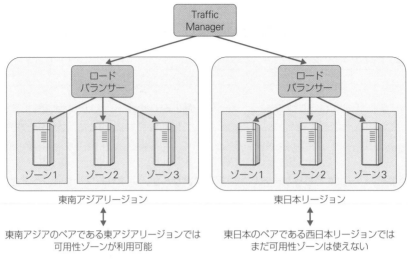

図4-8：可用性ゾーンとリージョンの併用

ヒント

可用性ゾーンのあるリージョン

可用性ゾーンは2017年に発表された機能で、2021年には Azureのリージョンがあるすべての国で可用性ゾーンが使えるようになりました。日本には東日本と西日本の2つのリージョンがあり、2019年から東日本で可用性ゾーンが使えます。韓国には韓国中部（ソウル）と韓国南部（プサン）の2 つのリージョンがあり、2021年から韓国中部で可用性ゾーンが使えます。東南アジア（シンガポール）と東アジア（香港）はリージョンペアを構成しますが、異なる国なので両方に可用性ゾーンが存在します（東南アジアは2018年から、東アジアは2021年から）。

ヒント

可用性ゾーン間の通信費用

可用性ゾーンを分離すると、ネットワーク帯域にコストがかかることに注意してください（ただし課金開始は2023年7月1日からで、それまでは無料）。可用性ゾーン間の通信は、送受信それぞれに約1.4円/GBが予定されています。また、ピアリング（後述）された仮想ネットワーク間ではゾーン間通信費用が免除されます（ピアリング料金のみかかります）。ピアリングも送受信とともに課金され、料金も可用性ゾーン間と同一に設定されています。
Azureでは、異なる可用性ゾーンのサーバーを単一のサブネットに配置することも可能です。しかし、可用性ゾーンが分かれている以上、帯域課金は必ず発生します。
一方、可用性セットを使った場合、可用性セット内（障害ドメイン間）での帯域課金は発生しません。

ヒント

「Everything fails」

ITシステムの障害はリスクであり、障害対策はリスク管理の一種です。リスク管理には以下のプロセスが含まれます。

1. リスクの特定
2. 特定したリスクの分析
3. 発生確率と影響度を評価
4. 発生確率×影響度を計算し、対策の優先度を決定

可用性セットは、サーバーハードウェア障害のリスクを回避しますが、過去にはAzureのデータセンターの冷却装置の故障によりデータセンター全体の障害を起こしたこともあります。すべての障害に対応可能な完全な対策はありません。Amazon.com CTOのWerner Vogels氏も「Everything fails all the time（すべてのものは常に壊れる）」と言っています。リスクを完全に抑えるのではなく、発生確率が低く、影響度が小さい場合は、あえてリスクを許容することも考えてください。たとえば、ショッピングサイトの基幹システムが5分停止するのは大きな問題でしょうが、社内の旅費精算システムが1時間停止するのはそれほど大きな問題ではありません。

4 仮想マシンをスケールアウトするには

リソースマネージャーの仮想マシンをスケールアウトするには、ロードバランサーを利用します。

それ自身がデータ複製機能を備えている場合は、ロードバランサーだけでスケールアウトが可能です。一般的なWebサーバーなど、データ複製機能を備えていない場合は、コンテンツ共有または同期を別途構成する必要があります。これについては、この章の「5 共有データを構成するには」で説明します。

ロードバランサーの種類とSKU

ロードバランサーには2つの種類があります。インターネットからのトラフィックを負荷分散する「パブリックロードバランサー」と、Azure内部で負荷分散する「内部ロードバランサー」です。本書では、利用頻度の高い「パブリックロードバランサー」について説明します

また、それぞれのロードバランサーには2つのSKUとして、BasicとStandardがあります。Basicは無料で利用できますが、機能に制限があります。また、Basicロードバランサーは2025年9月30日に廃止予定で、SLAも設定されていません。本番環境にはStandardを使うことをお勧めします。両者の主な違いを表4-4に示します。

表4-4：BasicロードバランサーとStandardロードバランサー

	Standard	Basic
バックエンド仮想マシン	最大1,000	最大300
負荷分散対象	任意の仮想マシンまたは仮想マシンスケールセット（単一仮想ネットワーク内）	単一可用性セットまたは仮想マシンスケールセット
正常性プローブ（確認）	TCP/HTTP/HTTPS	TCP/HTTP
可用性ゾーン	○	×
既定のセキュリティ	既定で着信禁止	既定で着信許可
SLA	99.99%	未定義

ロードバランサーの利用手順

Basicロードバランサーを使うには、可用性セットを構成する必要があります。ロードバランサーは、単なる負荷分散ではなく可用性向上のためにも利用できるので、通常は高可用性機能と併用します。Standardロードバランサーは可用性セットを構成する必要はありませんが、なるべく可用性セットまたは可用性ゾーンを構成してください。（Standardロードバランサーの場合は可用性ゾーンでも利用可能）。

ロードバランサーを構成するには、以下のような複数のステップが必要です（図4-9）。

1. ロードバランサーの作成とフロントエンドIPアドレスの構成
2. バックエンドプールの構成…負荷分散対象の仮想マシンを指定
3. 正常性プローブの構成…仮想マシンの正常性を確認する規則を作成
4. 負荷分散規則の構成…負荷分散のためのプロトコルやポート番号の規則を作成
5. 着信NAT規則の構成…バックエンドプールの個別の仮想マシンに対する接続規則を作成（オプション）
6. 送信規則の構成…バックエンドプールの仮想マシンから送信するための規則（オプション）
7. ロードバランサーのパブリックIPアドレスに対してDNS名を設定（オプション）

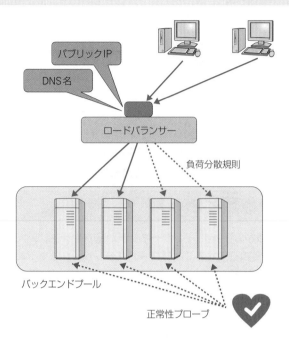

図4-9：ロードバランサーの構成

　このように、ロードバランサーを利用するには複数の手順が必要です。しかし、ロードバランサーを作成した時点ではバックエンドの仮想マシンが揃っていないなど、すべての設定を行うことはできないかもしれません。また、新規作成時に多くの設定を行うと、手順が増えてしまいわかりにくくなるかもしれません。ここでは、初めに最小限の構成でロードバランサーを作成し、あとから必要な構成を追加します。

ロードバランサーを作成する

ロードバランサーの作成は以下の手順で行います。

❶
Azureポータルの検索ボックスで**ロードバラン**
サーと入力し（途中まででもよい）、検索結果から
［ロードバランサー］を選択する。

❷
［＋作成］または［ロードバランサーの作成］をク
リックする。

❸
以下を指定して、［次：フロントエンドIP構成］を
クリックする。

［サブスクリプション］…サブスクリプションを選択
する。

［リソースグループ］…リソースグループを指定す
る。

［名前］…ロードバランサーの名前

［地域…ロードバランサーを配置するリージョン

［SKU］…［Basic］または［Standard］（［ゲート
ウェイ］はサードパーティサービスを使う場合の設
定なので、本書では扱わない）

［種類］…インターネットから利用する場合は［パブ
リック］、仮想ネットワーク内のみで利用する場合は
［内部］。本書では［パブリック］のみを扱う。

［レベル］…本書では［地域］（リージョナル）のみを
扱う。Standardでは［グローバル］を選択するこ
とで複数リージョンにまたがった負荷分散が可能。

ヒント

ロードバランサーと
パブリックIPアドレスのSKU

ロードバランサーのSKU（BasicまたはStandard）と、
バックエンドプールの仮想マシンに割り当てられたパブ
リックIPアドレスのSKUは一致している必要がありま
す。ただし、仮想マシンにパブリックIPアドレスが割り
当てられていない場合、この制約は意味を持たず、制約
も適用されません。

❹

[＋フロントエンドIP構成の追加］をクリックし、以下の情報を指定してIP構成情報を追加する。

［名前］…IP構成に付ける名前を指定する。

［IPバージョン］…Standardは［IPv4］と［IPv6］のどちらかを選択する。Basicでは［IPv4］が自動的に設定される（変更できない）。

［IPの種類］…Standardでは［IPアドレス］（ロードバランサーに単一のIPアドレスを割り当てる）か、［IPプレフィックス］（IPプレフィクスを指定して、連続する複数のアドレスを割り当てる）のいずれかを選択する。Basicでは［IPアドレス］が自動的に設定され、この項目は表示されない。

［パブリックIPアドレス］…ロードバランサーの着信用IPアドレスを割り当てる。未割り当てのパブリックIPアドレスがあればドロップダウンリストから選択できる。なければ［新規作成］をクリックし、以下を指定して［OK］をクリックする。

・［名前］…パブリックIPアドレスの名前を指定する。

・［SKU］…ロードバランサーのSKUに従って自動的に設定される。

・［レベル］…ロードバランサーの構成に従って自動的に設定される。

・［割り当て］…Standardの場合は［静的］が自動的に設定される。Basicの場合は［静的］または［動的］を選択する。

・［可用性ゾーン］…Standardの場合は［ゾーン冗長］（IPアドレスを可用性ゾーンで冗長化する）か、1〜3の数字（特定のゾーンに配置する）か、［ゾーンなし］（ゾーンを利用しない）のいずれかを指定できる。Basicの場合、この項目は表示されない。

・［ルーティングの優先順位］…［Microsoftネットワーク］を選択する。［インターネット］を選択すると、Microsoft（Azure）内のネットワークを極力使わない設定になるので、ほとんどの場合は効率が落ちる。

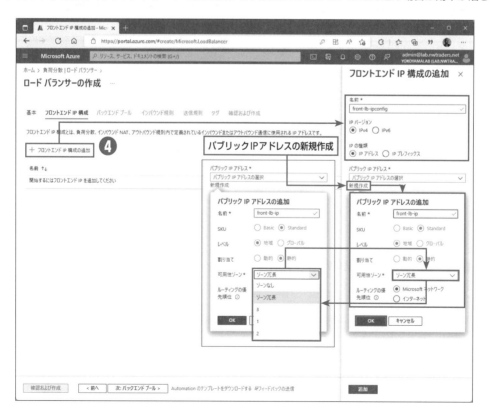

⑤

パブリックIPアドレスが構成されたことを確認して [追加] をクリックする。

● ゲートウェイロードバランサーは、サードパーティ製のVPNサーバーの可用性を上げるための機能である。本書では扱わない。ここでは [なし] でよい。

⑥

フロントエンドIP構成が完了したことを確認して、[次：バックエンドプール] をクリックする。

⑦

バックエンドプールはあとで設定できるので、ここでは [次：インバウンド規則] をクリックする。

⑧ インバウンド規則はあとで設定できるので、ここでは［次：アウトバウンド規則］をクリックする。

⑨ アウトバウンド規則（送信規則）はあとで設定できるので、ここでは［次：タグ］をクリックする。

⑩ 必要ならタグを指定して［次：確認および作成］をクリックする。

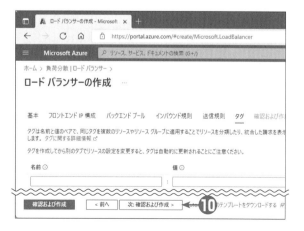

⓫　検証に成功したことを確認して［作成］をクリックする。

バックエンドプールを構成する

負荷分散の対象となる仮想マシンを「バックエンドプール」としてまとめて割り当てます。バックエンドプールの仮想マシンは、以下の条件を満たす必要があります。

- ●仮想マシンのパブリックIPアドレスが、以下のいずれかの条件を満たすこと
  - ・ロードバランサーと同じSKUであること
  - ・仮想マシンにパブリックIPアドレスが割り当てられていないこと（仮想マシンとロードバランサーはプライベートIPアドレスを使って通信するのでパブリックIPアドレスは不要）
- ●バックエンドプールの仮想マシンはすべて同じ可用性セットにあること（BasicロードバランサーのみのBasic制限）

> **ヒント**
>
> **バックエンドプール仮想マシンのIPアドレス**
>
> ロードバランサーを使う場合、仮想マシンにパブリックIPアドレスを割り当てる必要はありません。これは、ロードバランサーがパブリックIPアドレスを持つためです。ロードバランサーのパブリックIPアドレスは「フロントエンドIPプール」として確認できます。これは、通常のIPアドレスリソースと同じなので、静的に割り当てることも可能です。

バックエンドプールの構成手順は以下の通りです。

❶
Azureポータルでロードバランサーの管理画面を開き、作成済みのロードバランサーを選択する。

❷
ナビゲーションメニューの［設定］から［バックエンドプール］を選択し、［＋追加］をクリックする。

❸
［名前］にバックエンドプールの名前を入力する。

❹
［仮想ネットワーク］でバックエンドプールに追加したい仮想マシンの仮想ネットワークを選択する。

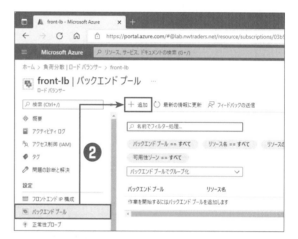

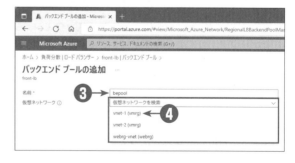

❺　［バックエンドプールの構成］で以下のいずれかを選択する。
[NIC]…ロードバランサーと同じ仮想ネットワークにある仮想マシンを選択する場合（Basicロードバランサーの場合は同じ可用性セットの仮想マシンのみ選択可能）
[IPアドレス]…ロードバランサーからアクセス可能な任意の仮想マシンを指定する場合（Standardロードバランサーの場合のみ選択可能）

❻　［＋追加］をクリックする。

❼　手順❺で［NIC］を選んだ場合、追加可能な仮想マシンの一覧が表示されるので、必要な仮想マシンを選択して［追加］をクリックする。
● [選択できないリソースを表示する] をオンにすると仮想ネットワーク上のすべての仮想マシンが表示される（ヒント参照）。

❽　バックエンドプールに追加する仮想マシンを確認して［保存］をクリックする。
● 不要なものを選んだ場合は、[削除] ボタン（ごみ箱のアイコン）をクリックして削除する。

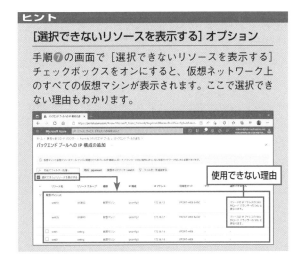

ヒント

[選択できないリソースを表示する] オプション

手順❼の画面で［選択できないリソースを表示する］チェックボックスをオンにすると、仮想ネットワーク上のすべての仮想マシンが表示されます。ここで選択できない理由もわかります。

⑨ 手順❺で［NIC］ではなく［IPアドレス］を選択した場合、ドロップダウンリストからプライベートIPアドレスを選択して［保存］をクリックする。

●ここでも不要なものは［削除］ボタン（ごみ箱のアイコン）をクリックして削除できる。

⑩ バックエンドプールに仮想マシンが追加されたことを確認する。

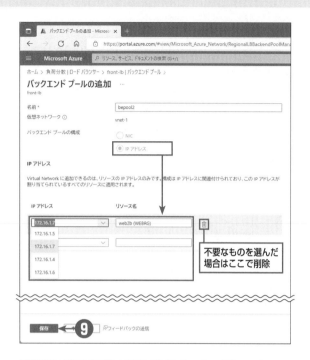

正常性プローブを構成する（TCPの場合）

　続いてロードバランサーに正常性確認の規則を追加します。これを「正常性プローブ」と呼びます。

　正常性の確認方法にはTCPとHTTPの2種類があります。TCPは指定したポートに接続できれば正常とみなします。HTTPは、指定したポートにHTTP要求を出し、正常ステータスコード（200）が応答すれば正常とみなします。応答がない場合や200以外のコードが返ってきた場合は異常とみなします。

　いずれの場合も、一定間隔ごとに検査を行い、失敗すると異常とみなします。また、異常状態であっても検査に成功すると正常状態に復帰したと判断します。

　以下に示すのは、正常性の確認方法がTCPの場合の正常性プローブの構成手順です。HTTPの場合の構成手順は次項で説明します。

❶ Azureポータルで、作成済みのロードバランサーを選択し、［設定］の［正常性プローブ］を選択する。

❷ ［＋追加］をクリックする。

　➡［正常性プローブの追加］画面が表示される。

❸ 正常性プローブの名前を指定する。

❹ 正常性確認方法として［TCP］を選択する。

❺ 正常性の基準として、以下の項目を指定する。

　［ポート］…検査するポート番号

　［間隔］…検査間隔

❻ ［追加］をクリックする。

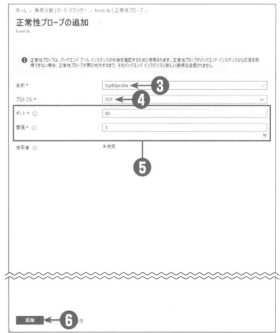

正常性プローブを構成する（HTTPの場合）

正常性の確認方法がHTTPの場合、正常性プローブの構成パラメーターは以下の通りです。

❶
前項の手順❶〜❷を行って［正常性プローブの追加］
画面を表示し、正常性プローブの名前を指定する。

❷
正常性確認方法として［HTTP］を選択する。
●StandardロードバランサーではHTTPSを選択
することもできる。

❸
正常性の基準として、以下の項目を指定する。
［ポート］…検査するポート番号
［パス］…検査用ページのURL。相対パスでも絶対パ
スでもよい。
［間隔］…検査間隔

❹
［追加］をクリックする。

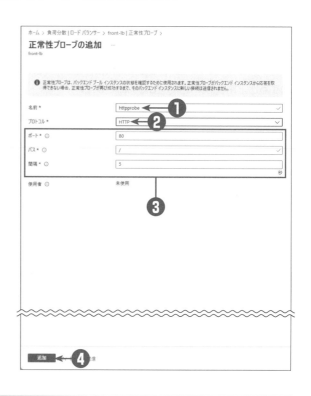

負荷分散規則を構成する

最後に、ロードバランサーに負荷分散規則を追加します。

❶
Azureポータルで、作成済みのロードバランサーを
選択し、［設定］の［負荷分散規則］を選択する。

❷
［+追加］をクリックする。
▶［負荷分散規則の追加］画面が表示される。

③
[名前]に、負荷分散規則の名前を指定する。

④
[IPバージョン]で、IPアドレスのバージョンを指定する。StandardロードバランサーではIPv4しか指定できない。

⑤
[フロントエンドIPアドレス]で、構成済みのパブリックIPアドレスを選択する。

⑥
[バックエンドプール]で、構成済みのバックエンドプールを指定する。

⑦
[プロトコル]で、負荷分散プロトコルを選択する。

⑧
[ポート]で、フロントエンド着信ポートを指定する。

⑨
[バックエンドポート]で、プライベート（仮想マシン）着信ポートを指定する。

⑩
[正常性プローブ]で、構成済みの正常性プローブを指定する。

⑪
[セッション永続化]で、クライアントからの要求を、同じサーバーで応答するかどうかを以下の中から選択する。
[なし]…どのサーバーで処理しても構わない。
[クライアントIP]…同じクライアントIPからの連続した要求は同じサーバーで処理する。
[クライアントIPとプロトコル]…同じクライアントIPの同じプロトコルからの連続した要求は同じサーバーで処理する。

⑫
[アイドルタイムアウト]で、TCPやHTTP接続を維持する時間を設定する。

⑬
[TCPリセット]を有効にすると、アイドルタイムアウト時にTCP接続を正常終了できる。アプリケーションに切断を伝えたいときに有効にする。Standardのみの機能。

⑭
[フローティングIP]を設定する（SQL ServerのAlways Onで利用）。　　ヒント参照

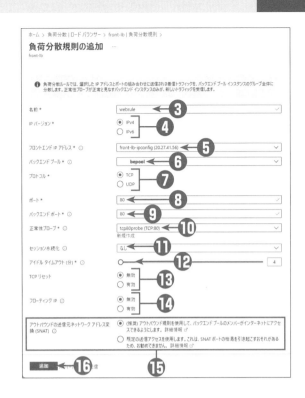

⑮
[アウトバウンドの送信元ネットワークアドレス変換（SNAT）]はStandardのみの機能で、バックエンドプールの仮想マシンがインターネットに接続する場合、仮想マシン自体が持つ機能を使うか、ロードバランサーの規則を使うかを選択する。ロードバランサーの規則を使うことを推奨（既定値）。後述する「送信規則（アウトバウンド規則）を構成する」も参照のこと。

⑯
[追加]をクリックする。

ヒント

[フローティングIP]とAlways On

SQL Serverの「Always On」は2台以上で構成された高可用性システムです。Always Onでは、1つのパブリックIPアドレスを複数の仮想マシンに割り当てます。ただし、実際にパブリックIPアドレスを所有する仮想マシンは、ある一時点で1台だけです。[フローティングIP]を使うことで、その時点でパブリックIPアドレスを使っているサーバーに確実に接続します。

インバウンドNAT規則（着信NAT規則）を構成する

　ロードバランサーで「インバウンドNAT規則（着信NAT規則）」を構成すると、いわゆる「リバースNAT」を構成できます。このとき、パブリック側の（インターネットに公開した）ポート番号とプライベート側の（Azure仮想マシンの）ポート番号を自由に割り当てることができます（図4-10）。

　インバウンドNAT規則を使うと、個々の仮想マシンに着信用パブリックIPアドレスを割り当てる必要がなくなるため、セキュリティが向上し、わずかなコスト削減が可能です。

　もともと着信する必要がない場合、インバウンドNAT規則も、仮想マシンごとのパブリックIPアドレスの割り当ても必要ありません。

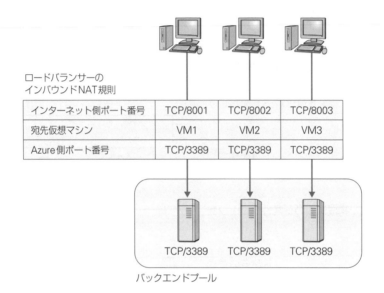

図4-10：インバウンドNAT規則の例

　インバウンドNAT規則の追加には、個々の仮想マシンを指定する方法と、バックエンドプール全体を指定する方法があります。バックエンドプールを指定する場合、公開用のポート番号の始点と仮想マシンの最大台数を設定します。これにより、バックエンドプールの仮想マシンに対して連続したポート番号が自動的に割り当てられます。

　たとえば、後述する手順❸ではポート番号の始点として8001を指定し、仮想マシンの最大数を4としています。この場合、1台目の仮想マシンはポート番号8001が割り当てられ、2台目の仮想マシンには8002が割り当てられます。このようにして最大4台（ポート番号8004まで）の接続が可能になります。

　バックエンドプール全体を指定する方法はStandardロードバランサーでのみ利用できます。Basicロードバランサーでは個々の仮想マシンを指定する方法だけが利用できます。

　インバウンドNAT規則は以下の手順で構成します。

❶
ロードバランサーの管理画面で［インバウンドNAT
規則］を選択し、［＋追加］をクリックする。

❷
個々の仮想マシンに接続規則を構成する場合は、次
の項目を設定して［追加］をクリックする。

［名前］…インバウンドNAT規則の名前。

［種類］…［Azure仮想マシン］を選択する。

［ターゲット仮想マシン］…規則の対象となる仮想マ
シンを1台選択する。

［ネットワークIP構成］…選択した仮想マシンのIP
構成を指定する。

［フロントエンドIPアドレス］…ロードバランサー
のフロントエンドIPアドレスを指定する。

［フロントエンドポート］…インターネットに公開す
るポート番号（［サービスタグ］でプロトコル選択も
可能）。

［バックエンドポート］と［プロトコル］…仮想マシ
ンが利用するポート番号とプロトコル（TCP/3389
はRDPを示す）。

❸ バックエンドプールの仮想マシン全体に接続規則を構成する場合は、次の項目を設定して［追加］をクリックする。

［名前］…インバウンドNAT規則の名前。

［種類］…［バックエンドプール］を選択する。

［ターゲットバックエンドプール］…規則の対象となるバックエンドプールを選択する。

［フロントエンドIPアドレス］…ロードバランサーのフロントエンドIPアドレスを指定する。

［フロントエンドポート範囲の始点］…インターネットに公開するポート番号の始点（最初のポート番号）を指定する。

［バックエンドプール内のマシンの最大数］…バックエンドプール内の仮想マシンの最大台数を指定する（ここでは4台を指定している）。

● ポート範囲の始点が8001なので、8001〜8004が使われる。

［バックエンドポート］と［プロトコル］…仮想マシンが利用するポート番号とプロトコル（TCP/3389はRDPを示す）。

送信規則（アウトバウンド規則）を構成する

バックエンドプールの仮想マシンは、通常の仮想マシンと同様、既定でインターネットへの接続（アウトバウンド接続）が可能です。しかし、この場合、個々の仮想マシンでインターネット接続を管理することになり無駄が発生します。ロードバランサーで「送信規則（アウトバウンド規則）」を構成することで、バックエンドプール全体でインターネット接続が管理できるため、管理効率が上がります。ただし、この機能はStandardロードバランサーのみで設定できます。

バックエンドプールからの送信がない場合や少ない場合は、送信規則を構成する必要はありません。

送信規則は以下の手順で構成します。

❶　ロードバランサーの管理画面で［送信規則］を選択し、［＋追加］をクリックする。

❷　以下を指定して［追加］をクリックする。

［名前］…送信規則の名前。

［IPバージョン］…［IPv4］または［IPv6］

［フロントエンドIPアドレス］…ロードバランサーのフロントエンドIPアドレス

［プロトコル］…TCP、UDP、または両方（All）

［アイドルタイムアウト］…無通信時間のタイムアウト（分）

［TCPリセット］…［有効］にするとアイドルタイムアウト時に通信を明示的に切断する。

［バックエンドプール］…規則の対象となるバックエンドプールを選択する。

［ポートの割り当て］…以下のいずれかを選択する。

・［送信ポートの数を手動で選択する］…利用可能なポートを手動で割り当てる。

・［送信ポートの既定の数を使用する］…ポートの割り当てをAzureに任せる。この場合、スケールアウト時に一時的な切断が起きる可能性がある。

［選択基準］…送信ポートの数を手動で選択する場合、以下のいずれかを選択する。いずれの場合でも、フロントエンドIPアドレスあたり64,000のポート数を元に1台あたりのポート数を割り当てる。

・［インスタンスごとのポート］…インスタンス（仮想マシン）1台あたりに割り当てるポート数を指定する。利用可能な総インスタンス数は「64,000÷1台あたりのポート数」となる

・［バックエンドインスタンスの最大数］…インスタンス（仮想マシン）の最大数を指定する。インスタンスあたり利用可能なポート数は「64,000÷インスタンス数」となる。右の画面では4台を指定しているので「64,000÷4＝16,000」が1台あたりで利用可能なポート数となる。

DNSドメイン名を設定する（オプション）

ロードバランサーのパブリックIPアドレスにDNSドメイン名を追加する手順の流れは、次のようになります。

1. ロードバランサーが使用するパブリックIPアドレスリソースを確認する
2. パブリックIPアドレスリソースにDNSラベルを追加する

それでは、ロードバランサーが使用するパブリックIPアドレスリソースを確認する操作手順から見ていきましょう。

❶ Azureポータルで、作成済みのロードバランサーを選択して［フロントエンドIP構成］を選択する。

❷ パブリックIPアドレスのリソース名を確認する。

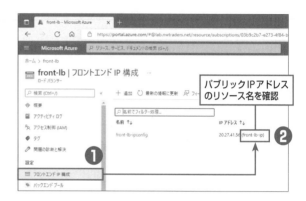

続いて、パブリックIPアドレスリソースにDNSラベルを追加します。

❶ Azureポータルの検索ボックスで**パブリック**と入力し、検索結果から［パブリックIPアドレス］を選択する。

❷ ロードバランサーが使っているパブリックIPアドレスを選択する。

③———
[設定]の[構成]を選択する。

④———
DNSラベルの名前を指定する（以下の説明を参照）。

⑤———
[保存]をクリックする。

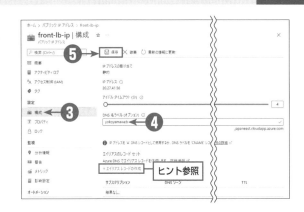

DNSラベルの名前は以下の規則に従います。利用者が指定できるのは先頭ラベルに限られます。

```
ラベル名 . リージョン名 .cloudapp.azure.com
```

たとえば、東日本にリソースを作成し、ラベル名にyokoyamawebを指定した場合は、以下のようになります。

```
yokoyamaweb.japaneast.cloudapp.azure.com
```

パブリックIPを動的に割り当てている場合、パブリックIPアドレスが変化する可能性がありますが、DNS名は変化しません。そのため、静的IPアドレスを使わなくても、DNS名の別名（CNAME）を使えば独自ドメイン名を固定的に使うことができます。

ヒント

Azure DNSの利用

[エイリアスレコードの作成]は、パブリックIPアドレスリソースに付けたDNS名を、Azure DNSが管理する任意のDNSドメイン名に変換する機能を提供します。ただし、この機能はAzure DNSが持つ特別な構成です。Azure DNS以外のDNSサーバーでホスト名を登録している場合は使用できません。詳しくは第2章の「13 仮想マシンを任意のホスト名で公開するには」を参照してください。

コラム C 仮想マシンスケールセット

複数の仮想マシンで負荷分散する場合「仮想マシンスケールセット（VMSS：Virtual Machine Scale Sets）」も利用できます。VMSSは、以下の要素で構成されます。

・仮想マシンイメージ

多くの場合、VMSSの仮想マシンは共有イメージギャラリーまたは仮想マシンイメージから、カスタマイズしたOSを展開しますが、マーケットプレイスのギャラリーから標準構成のOSを指定することもできます。いずれの場合でも、仮想マシンの拡張機能を使い、仮想マシン展開時にスクリプトを実行できます。

・ロードバランサー

VMSSは、ロードバランサーまたはApplication Gatewayと連携する機能を持ちます。VMSSとは別のリソースですが、VMSS作成時に構成することもできます。

・ネットワークリソース

VMSSが生成した仮想マシンは、通常の仮想マシンと同様、仮想ネットワークに配置され、ネットワークセキュリティグループによって通信が制御されます。

VMSSは、指定した仮想マシンイメージを、指定した仮想ネットワークに展開します。既定では、1つのネットワークセキュリティグループが作成され、各仮想マシンのNICに割り当てられます。

VMSSは、指定した台数の仮想マシンを作成するだけではなく、時刻を指定して定期的に台数を増減できます。また、負荷に応じて仮想マシンに台数を増減させることもできます。このように仮想マシンの台数を増減する機能を「スケーリング規則」と呼びます。スケーリング規則はVMSSに内蔵された設定で、独立したリソースではありません。測定可能な負荷として、CPU利用率や送受信ネットワーク量などが利用できます。負荷測定にはAzureが内蔵する「モニター」が利用されます。モニターは仮想マシンの他、Azureのさまざまなリソースを監視する重要な機能ですが、本書では扱いません。

VMSSは大規模なWebサイトで仮想マシンの台数を最適化するために使用されますが、本書で想定する規模を超えるので詳しい説明は省略します。

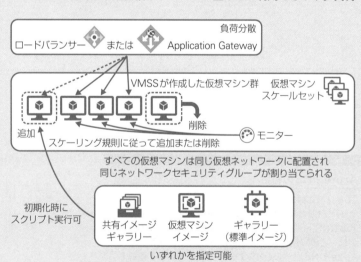

図4-11：仮想マシンスケールセット

5 共有データを構成するには

負荷分散は、どのサーバーにアクセスしても一貫性のある結果が返ることが前提です。

しかし、負荷分散された2台のサーバーAとBがあったとき、AとBのどちらが応答するかは予測できません。そのため、どちらにアクセスしても同じ結果を返すように構成する必要があります。

データ共有の手法

複数のサーバーで同じ結果を返すには、すべてのサーバーで同じデータを参照する必要があります。広く使われているのは以下のような手法です（図4-12）。

- ・データベース接続…同じデータベースにデータを保存する。
- ・データ複製…データを定期的に複製する。
- ・ディスク共有…共有SCSIディスクやiSCSIディスクなどで構成した共有ディスクにデータを保存する。Azureの共有仮想ディスクは2020年7月から一般提供開始。
- ・ファイル共有…同じ共有フォルダーにデータを保存する。

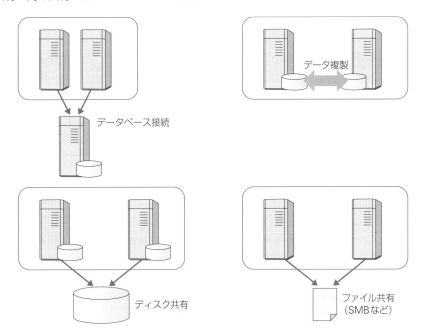

データ複製

データベース接続

ディスク共有

ファイル共有
（SMBなど）

図4-12：データ共有の手法

データベース接続

データベース管理システムを使うことで、複数のサーバーに対して常に一貫したデータを提供できます。データ管理をデータベース管理システムに任せることで、Webアプリケーションも単純になるため、開発者の負担も軽減され

ます。データベース管理システムには障害対策機能が組み込まれていることが多く、システムトラブルからの回復も容易です。また、データベースを参照するサーバーはすべて同じ構成なので、単一の仮想マシンイメージから複数のサーバーを簡単に短時間で展開できるメリットもあり、運用担当者の負担も軽減されます。

このように多くの利点はあるものの、データベースサーバーのライセンスコストや管理コストがかさむ欠点もあります。また、データベースの設計と構築には一定のスキルと手間がかかるため、単純なシステムには向いていません。

Azureでは、仮想マシンを明示的に作成せずに利用できるデータベースサービスとしてSQL Server互換の「Azure SQL Database」や、MySQL互換の「Azure Database for MySQL」、PostgreSQL互換の「Azure Database for PostgreSQL」などのPaaSが利用できます。仮想マシン上にデータベース管理システムを構成するよりはずっと簡単に構築できますが、データベース設計が必要なことに変わりはありません。

データ複製

データ複製は、複数のサーバーがデータを定期的にコピーする方法です。更新間隔が長すぎるとデータの一貫性が保てませんが、短すぎるとサーバーの負荷が増大します。また、変更をトリガーとして即座に複製する方法もあります。いずれの手法も、更新頻度がそれほど高くなく、ファイルサイズが小さい場合によく利用されますが、大規模システムで利用されることはあまりありません。

定期的に複製する場合、Windows Serverではタスクスケジューラ、Linuxではcronサービスを使うことが多いようです。変更をトリガーとする方法はデータの一貫性を保ちやすいものの、監視と複製のプログラムを作成する必要があります。

ディスク共有

ディスク共有は、複数のOSでディスク装置全体を共有する方法で、SCSIディスク規格で定義された機能を使います。Azureでは、マネージドディスクの共有機能が2020年7月から一般提供されています。

ディスク共有を行うには共有ディスク管理システムを導入する必要があります。たとえばWindows Serverでは「フェールオーバークラスター」が必要です。またシステムディスクの共有はできません。

ファイル共有

ファイル共有は、他のファイルサーバーの共有フォルダーにデータを置く方法です。同期の手間が省けるうえ、Windowsでは共有フォルダーのアクセスが簡単なのでイントラネットでは広く使われています。

クラウドではファイルサーバーを別途必要とするため、コストや運用面で不利でしたが、Azureのストレージアカウントに「Azure Files」としてSMB 3.0によるファイル共有機能が組み込まれたため、現在では簡単に、しかも安価に利用できます。SMB 3.0はセキュリティが強化されているため、インターネット全体に公開して利用することが可能です（ヒント参照）。

また、Linuxでよく使われるNFS 3.0とNFS 4.1にも対応しています。Standard汎用v1/v2またはPremiumブロックBLOBストレージアカウントを作成するときに「階層型名前空間」を有効にすることで、BLOBコンテナーをNFS 3.0で公開できます。また、Premiumファイル共有（FileStorage）ストレージアカウントを作成すると、共有フォルダー作成時にSMBとNFS 4.1のいずれかを選択できます。

NFS 3.0/4.1はいずれもインターネット全体に公開することはできず、ストレージアカウントの公開範囲を特定の仮想ネットワークに制限する必要があります。

SMBの安全性

古いSMBにはさまざまなセキュリティリスクがありました。しかし、Windows 8/Windows Server 2012以降で利用可能なSMB 3.0では、認証などのセキュリティが強化され、暗号化にも対応しています。そのため、インターネット上に直接公開してもセキュリティ上の問題はありません。

ただし、過去の習慣ですべてのSMBを一律に禁止している企業も多くあります。家庭用のネットワーク機器にも、既定でインターネット向けのSMB通信を禁止している製品があります。実際に利用する場合は注意してください。

Azure Filesを利用する

ここでは、最も手軽に利用できるAzure Filesを利用した手順を説明します。

❶

Azureポータルで、ポータルメニューから［ストレージアカウント］をクリックする。

● または［すべてのサービス］から［ストレージ］カテゴリの［ストレージアカウント］を選択する（ヒント参照）。

● ストレージアカウントの作成は第1章の5を参照。

［ストレージアカウント］を選択する別の手順

手順❶では、［すべてのサービス］から［ストレージ］カテゴリの［ストレージアカウント］を選択することもできます。

②

対象のストレージアカウントを選択する。

③

ナビゲーションメニューの［ファイル共有］から［＋
ファイル共有］を選択する。

　▶［ファイル共有］画面が開く。

④

［名前］に、共有名を指定する。

⑤

［レベル］として以下のいずれかを選択する。ほとん
どの場合はホットが適切。

［ホット］…一般的なファイルサーバー利用に最適。

［クール］…容量単価はホットの75％程度だが、トラ
ンザクションコスト（1万回あたりのアクセス料金）
が高い。また作成から30日を経過しないファイルの
削除は追加料金が発生する。

［トランザクションが最適化されました］…容量単価
はホットの2倍だがアクセスコストは安い。小さな
サイズのファイルをひんぱんにアクセスする場合に
指定する。

⑥

［作成］をクリックする。

❼ 作成された共有をクリックする。

❽ 共有にディレクトリ（フォルダー）を作成するために、［＋ディレクトリの追加］をクリックする。

- ➡［新しいディレクトリ］画面が開く。
- ●［共有の削除］をクリックすると、共有が削除できる。
- ●［接続］をクリックすると、共有への接続コマンドを生成する（コラム参照）。
- ●［層の変更］をクリックすると、［ホット］［クール］などのレベルを変更できる。
- ●［クォータの編集］をクリックすると、共有に保存可能な容量を制限できる。

❾ ［名前］に、ディレクトリの名前を指定する。

❿ ［OK］をクリックする。

⓫ 作成されたディレクトリをクリックする。

⓬ ディレクトリにファイルをアップロードするために、［アップロード］をクリックする。

- ➡［ファイルのアップロード］画面が開く。

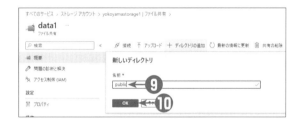

⑬
[Files] ボックスの右側にあるボタンをクリックしてファイル一覧のダイアログボックスを表示し、目的のファイルを選択して [開く] をクリックする。

⑭
選択されたファイル名を確認する。

⑮
[アップロード] をクリックして、ファイルを送信する。

⑯
ファイルがアップロードされたことを確認する。

ファイルが作成された

アップロードに成功した

ヒント

Azure Filesの認証

Azure Filesは、ユーザーアカウントベースのACL（アクセス制御リスト）をサポートしないため、ユーザーやグループ単位でファイルやフォルダーのアクセス許可を設定することはできません。これはAzure Filesが使うファイル共有プロトコル「SMB（Server Message Block)」のACLはKerberos認証が必要なためです。Kerberosは、オンプレミスActive Directoryドメインサービス（AD DS）が利用する認証プロトコルです。
Azure Filesで利用可能な認証は以下の3種類ですが、いずれの場合も事前にいくつかの設定を行う必要があります。

- オンプレミスActive Directoryドメインサービス（AD DS）…オンプレミス環境に構成されたAD DSによる認証
- Azure Active Directory Domain Services（Azure AD DS）…Azure ADと連携したオンプレミスAD DS互換サービスによる認証
- ハイブリッドユーザーID専用のAzure Active Directory（Azure AD）Kerberos…オンプレミスAD DSと同期したAzure ADユーザーで有効化されたKerberosプロトコルによる認証

詳しくは以下のドキュメントを参照してください。

「Azure FilesでハイブリッドIDに対してAzure Active Directory Kerberos認証を有効にする」
https://learn.microsoft.com/ja-jp/azure/storage/files/storage-files-identity-auth-azure-active-directory-enable

コラム C

Azure Filesの共有に接続するには

共有の［概要］で［接続］をクリックすると、共有への接続コマンドがOS別に表示されます。Azure Filesで作成した共有に接続するため、Azureポータルから以下のコマンドを入手できます。

- ［Windows］タブ…PowerShellを使ったコマンド。最初にSMB接続が利用できるかどうかを検査するなど、他のOS用のコマンドに比べてエラー処理が充実している。Windows固有のコマンド**cmdkey**と**net**を使っているため、他のOSでは動作しない。非管理者でも利用可能。
- ［Linux］タブ…bashベースのコマンド、ただしSMB 3.0の暗号化をサポートするSambaが利用できること。実行には管理者権限が必要。
- ［macOS］タブ…macOSの**open**コマンドを使った接続コマンド。指示されるUNCはFinderから指定することもできる。

Windows標準の**net**コマンドやLinuxの**mount**コマンドで接続することもできます。

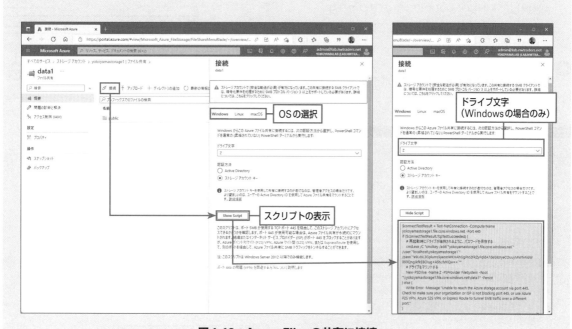

図4-13：Azure Filesの共有に接続

ストレージアクセスキーを取得する

　Azure Filesの共有アクセス制御は、ストレージアカウント名とストレージアクセスキーを使用します。このとき、ストレージアカウント名をユーザー名の代わりに、ストレージアクセスキーをパスワードの代わりに使用します。

　ストレージアクセスキーではなく、Active Directory ドメインサービスを使った認証も可能ですが、いくつかの事前準備が必要なこと、個人でActive Directory ドメインサービスを利用している人はほとんどいないことから本書では扱いません。

❶ Azureポータルで、ストレージアカウントを選択する。

❷ ［セキュリティとネットワーク］の［アクセスキー］を選択する。

❸ 取得したいアクセスキーまたは接続文字列の隣にある［表示］をクリックする。

　➡ 選択したストレージアカウントのアクセスキーと接続文字列が表示される。ここではkey1のキーと接続文字列を表示している。

❹ 使用したいアクセスキーのコピーボタンをクリックしてクリップボードにコピーする。

ヒント

2つめのストレージアクセスキー

ストレージアクセスキーは一種のパスワードで、2つ提供されます。どちらを使ってもアクセスできるため、一方のキーを再生成しながら、もう一方のキーを使用して接続を維持できます。

接続文字列

接続文字列は、アプリケーションがストレージアカウントに接続するために必要な情報をまとめたもので、プロトコル名やストレージアカウント名、アクセスキー、URL情報などを含みます。2つの接続文字列に含まれるアクセス情報は同じ内容です。

IISから Azure Files を利用する

Windows Serverの標準Webサーバー機能であるInternet Information Service（IIS）から Azure Files を使う場合、IISが動作するサーバー上で以下のローカルユーザーアカウントを作成し、IISの実行権限を与えておく必要があります。また、同じアカウント情報を Azure Filesの共有にアクセスするためにも使います。

・ユーザー名…ストレージアカウント名
・パスワード…ストレージアクセスキー

Storage Explorerとは

　Azure Filesに限らず、ストレージアカウントには先ほどの手順でストレージアカウントにファイルやフォルダーを追加することができます。しかし、Azureポータルには複雑な階層を簡単に作成する方法がありません。そのため、既存のフォルダー階層を保ったまま、多数のファイルをストレージアカウントにコピーするのはかなり面倒な作業が必要になります。そこで用意されたツールが「Storage Explorer」です。Storage Explorerは、Azureポータルに組み込まれたWebベースのサービスと、アプリケーション版があります。どちらのツールもストレージアカウントのすべての機能（BLOB、Files、テーブル、キュー）にアクセスできます。

Webベースの Storage Explorer を起動する

　WebベースのStorage Explorerは簡単に利用できますが、本書の執筆時点ではプレビューとして提供されます。Windowsのエクスプローラーからのドラッグアンドドロップには対応しておらず、利用範囲は限定的です。

❶ Azureポータルで、ストレージアカウントを選択する。

❷ ［ストレージブラウザー］を選択する。

❸ WebベースのStorage Explorerが右ペインに展開される。

アプリケーション版 Storage Explorer を起動する

　アプリケーション版Storage Explorerは、マイクロソフトのWebサイトからダウンロードしてインストールします。Windows版のほか、Macintosh版とLinux版が提供されています。

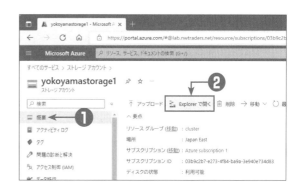

❶ Azureポータルで、ストレージアカウントを選択し、［概要］を選択する。

❷ ［Explorerで開く］を選択する。

③

[Azure Storage Explorer を開く]を選択すると、アプリケーションが切り替わり、インストール済みのStorage Explorerが起動する（Webブラウザーの設定によっては確認のダイアログボックスが表示される）。

④

まだインストールされていない場合は［Azure Storage Explorer をまだお持ちでない場合はダウンロードできます］をクリックして、ダウンロードサイトに移動する。具体的な手順は次項で説明する。

⑤

［閉じる］をクリックすると、何もせずに前の画面に戻る。

アプリケーション版Storage Explorerをインストールする

Storage Explorerのダウンロードとインストール手順は以下の通りです。

❶

以下のURLにアクセスする。

https://azure.microsoft.com/ja-jp/products/storage/storage-explorer/

● Azureポータルから［Azure Storage Explorer をまだお持ちでない場合はダウンロードできます］を選んだ場合は英語版のページが開くが、ダウンロード対象は同じである。

❷

OSを選択して［今すぐダウンロード］をクリックする。

● 英語版の場合は［Download now］をクリックする。

❸

ダウンロードしたインストーラーを実行し、[Install for me only]（自分だけにインストール）または[Install for all users]（全ユーザーにインストール）を選択する。

● 全ユーザーにインストールする場合は管理者権限が必要になる。

● ここでは [Install for me only] を選択している。

❹
[I accept to the agreement]を選択してライセンスに同意し、[Install]をクリックする。

❺
インストール先を指定して、[Next]をクリックする。

❻
プログラムグループを指定して、[Next]をクリックする。

　➡インストールが始まる。

❼
インストールが完了したら、[Launch Microsoft Azure Storage Explorer]チェックボックスがオンの状態のまま、[Finish]をクリックしてインストーラーを終了する。

　●ここでチェックボックスをオフにして終了しても、次項の手順❶から始めればよい。

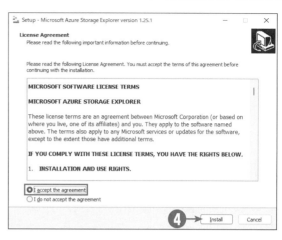

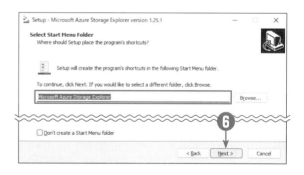

ヒント

Storage Explorerの更新

Storage Explorerはひんぱんに更新されます。旧バージョンのStorage Explorerがインストールされた状態で、最新版のインストーラーを実行すると、現在の設定を引き継いで更新されます。そのため、インストール先やプログラムグループは指定できません。

Storage Explorerを利用する

1 Windowsの［スタート］メニューからStorage Explorerを起動する。

- 初回実行時は、[はじめに]タブが開くので［Azureでサインインする］をクリックする。この設定は記憶される。

2 Azure環境の選択画面で［Azure］を選ぶ。

- その他の選択肢は中国Azureなど別アカウント。

3 ［次へ］をクリックする。

4 Webブラウザーが起動し、Azureのサインイン画面が表示されるので、サインインする。

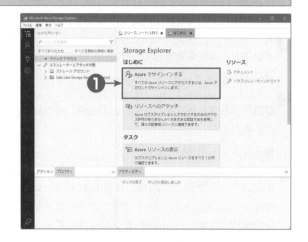

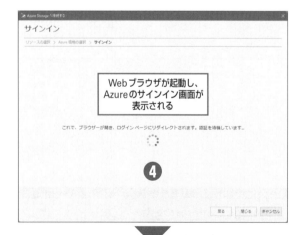

⑤

サインインが完了したら [閉じる] をクリックする。

⑥

使用するAzureのテナント（Azure AD）とサブスクリプションのチェックボックスをオンにする。

⑦

[エクスプローラー] タブでストレージアカウントを展開して、共有やフォルダー、ファイルを操作する。

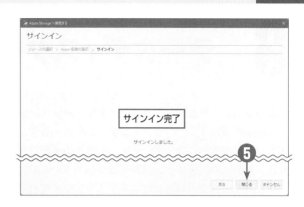

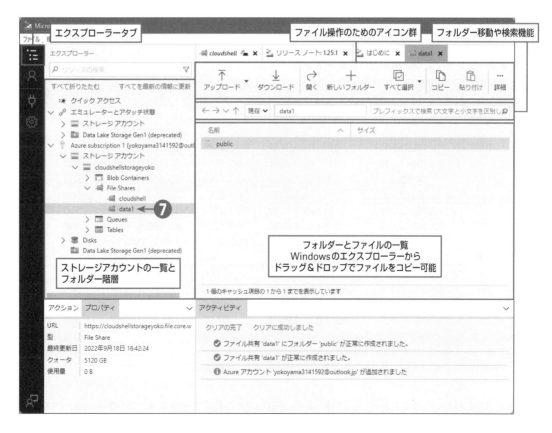

6 データディスクを追加するには

Azureのシステムディスクは、アプリケーションが利用するデータを保存するには適していません。

Azureの仮想マシンのシステムディスクは、必ずしも高速ではありません。また、速度を上げるため書き込みキャッシュが有効になっています。そのため予期しない仮想マシン停止により、一部のデータを失うかもしれません。Azureの仮想マシン稼働率は決して100%ではありません。

ディスク速度を上げるにはストライピングが有効ですが、そのために必要な記憶域プール（Windowsの場合）はシステムディスクをサポートしません。

このような理由から、十分な信頼性と速度を実現するために、仮想マシンには独立したデータディスクを追加してください。

データディスクとは

Azureの仮想マシンの既定値は、システムディスクとして使用されるCドライブと、一時的なファイルを保存するための一時ディスクとして使用されるDドライブから構成されます（Windowsの場合）。システムディスク（Cドライブ）にデータを保存することは可能ですが、保守性や性能面で好ましくありません。また、Dドライブは高速ですが、Azure内部の保守作業時に内容が失われる可能性があります（後述の「Azureの仮想マシンのディスク構成」を参照）。

アプリケーションで利用するデータを保存するには、専用のデータディスクを追加してください。マネージドディスクの場合は、利用可能な一覧から割り当てます（表4-5）。本書の執筆時点では4GB（Standard HDDは32GB）から32TBが利用可能です。

表4-5：マネージドディスクの種類とパフォーマンス

容量	名称*	Premium SSD（P）		Standard SSD（E）		Standard HDD（S）	
		IOPS**	スループット**	IOPS**	スループット**	IOPS	スループット
4GB	1	120（3,500）	25（170）MB/秒	500（600）	60（150）MB/秒		
8GB	2	120（3,500）	25（170）MB/秒	500（600）	60（150）MB/秒		
16GB	3	120（3,500）	25（170）MB/秒	500（600）	60（150）MB/秒		
32GB	4	120（3,500）	25（170）MB/秒	500（600）	60（150）MB/秒	500	60MB/秒
64GB	6	240（3,500）	50（170）MB/秒	500（600）	60（150）MB/秒	500	60MB/秒
128GB	10	500（3,500）	100（170）MB/秒	500（600）	60（150）MB/秒	500	60MB/秒
256GB	15	1,100（3,500）	125（170）MB/秒	500（600）	60（150）MB/秒	500	60MB/秒
512GB	20	2,300（3,500）	150（170）MB/秒	500（600）	60（150）MB/秒	500	60MB/秒
1TB	30	5,000（30,000）	200（1,000）MB/秒	500（600）	60（150）MB/秒	500	60MB/秒
2TB	40	7,500（30,000）	250（1,000）MB/秒	500	60MB/秒	500	60MB/秒
4TB	50	7,500（30,000）	250（1,000）MB/秒	500	60MB/秒	500	60MB/秒
8TB	60	16,000（30,000）	500（1,000）MB/秒	2,000	400MB/秒	1,300	300MB/秒
16TB	70	18,000（30,000）	750（1,000）MB/秒	4,000	600MB/秒	2,000	500MB/秒
32TB	80	20,000（30,000）	900（1,000）MB/秒	6,000	750MB/秒	2,000	500MB/秒

＊名称は、ディスクのSKUを示す文字（Premium SSDはP、Standard SSDはE、Standard HDDはS）を先頭に付ける。たとえば128GBのPremium SSDは「P10」となる。

＊＊かっこ内の数値はバースト値で、高負荷時に最長で30分間だけ向上可能な速度。

Azureではそのほか、「Ultra Disk」と「Premium SSD v2」が利用できます（ただしPremium SSD v2は本書

の執筆時点でプレビュー）。いずれのストレージも容量だけでなく、IOPS（1秒あたりの操作回数）とスループット（転送速度）を指定することができます。

　本書では、これらのディスクが必要な高負荷状況を想定していないため、説明は省略します。

ヒント

ディスク容量に対する課金

Azureの仮想ディスクは任意の容量を指定して作成できます。

ただし、マネージドディスクでは指定した容量を切り上げて課金されるので注意してください。たとえば、130GBのプレミアムSSDマネージドディスクの場合、P10の128GBでは足りないため、256GBのP15が割り当てられます。コストを考えた場合は、提供されたディスクサイズをそのまま割り当てるのがよいでしょう。

なお、利用期間が1ヶ月に満たない場合、マネージドディスクは時間単位で課金されます。

Premium SSDのパフォーマンスレベル

マネージドディスクのパフォーマンスは、ディスクのSKU（Premium SSD/Standard SDD/Standard HDD）とサイズによって決まります。そのため、性能を上げるためにはSKUを変更するか容量を増やす必要があります。

しかし、ディスクのSKUは自由に変更できるものの、ディスク容量は増やすことしかできません（減らすことはできません）。そのため「月末だけ性能を上げたい」という要求には応えられませんでした。

2020年11月から一般提供された「パフォーマンスレベル」は、容量を変えずに性能を上げることができます。たとえば、P10（Premium SSD 128GB）のマネージドディスクは500 IOPSの性能しかありませんが、パフォーマンスレベルをP20にすることで、容量を変えずに2300 IOPSの性能が得られます。また、パフォーマンスレベルを元に戻すこともできます（既定のレベルよりも下げることはできません）。

現在、パフォーマンスレベルの利用には以下の制約があります。

- Premium SSDのみサポート
- パフォーマンスレベルは上げることも下げることも可能
- ただし、パフォーマンスレベルのダウングレードは12時間ごとに1回のみ
- 最低速度はマネージドディスクの容量で決まる本来のレベル（既定のレベル）
- レベル変更は仮想マシンが割り当て解除状態の場合か、仮想マシンに接続されていない場合のみ
- パフォーマンスレベルとしてP60、P70、P80を指定できるのは4,096GB以上のディスクのみ

パフォーマンスレベルの設定は、ディスクサイズの選択画面で行います（後述する「マネージドディスクを作成する」の手順❸を参照）。

仮想マシンに空のディスクを追加する

　最初は仮想マシンに空のディスクを追加します。そのあと、仮想マシンから初期化、パーティション作成、フォーマットを行うことで、データディスクとして使用できます。

　第1世代の仮想マシンからは、システムディスクと一時ディスク（Dドライブ）はATAドライブとして認識されますが、データディスクはシリアルSCSI（SAS）ドライブとして認識されます。第2世代（Gen 2）の仮想マシンではすべてのディスクがSASドライブとして認識されます。いずれの場合も、データディスクの追加や削除で仮想マシンは再起動しません。

　追加可能なディスク本数は、仮想マシンのサイズに依存します。小さなサイズの場合はデータディスクを2本しか追加できません（以前は1本しか追加できないサイズもありました）。

　マネージドディスクの追加は以下の手順で行います。

❶ Azureポータルで仮想マシンを選択し、［設定］の［ディスク］を選択する。

❷ 仮想マシンのディスク構成が表示される。

❸ ［＋新しいディスクを作成し接続する］をクリックする。

④

既にディスクを作成している場合は［既存のディスクのアタッチ］をクリックすると、すぐ下のドロップダウンリストにディスク一覧が表示される。

⑤

以下の項目を設定する。

［LUN］…論理ユニット番号。仮想マシンに接続されたディスクごとに異なる番号が必要。自動的に割り当てられるものを使えばよい。

［ディスク名］…任意の名前でよいが、同一リソースグループ内での重複は許可されない。

［ストレージの種類］…［Premium SSD］［Standard SSD］［Standard HDD］のいずれかを選択する。仮想マシンのシリーズによっては［Premium SSD］は選択できない。

［サイズ］…ディスクサイズを指定する。このサイズを所定のサイズ（SKU）に切り上げたものが課金単位となる。

［最大IOPS］と［最大スループット（MBps）］…サイズによって決まるパフォーマンスが表示される。

［暗号化］…暗号化キー管理の方法を選択する。Azureに任せる場合は既定値の［プラットフォームマネージドキー（PMK）］のままにする。

［ホストキャッシュ］…キャッシュモードを［読み取り/書き込み］［読み取り専用］［なし］のいずれかに設定する。キャッシュの効果が明らかでない場合は［なし］を選択する。詳細は次項で説明する。

●そのほか、ディスクの削除や既存ディスクのパラメーター変更なども可能。

⑥

［保存］をクリックして、構成を保存する。

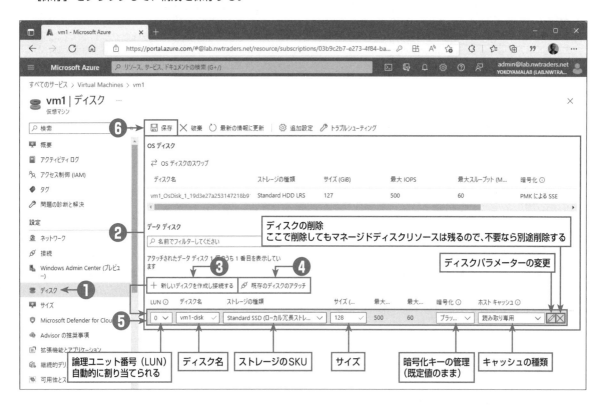

以上の手順を実行することで、初期化されていないディスクが追加されます。Azureの仮想マシンはすべてのディスクを自動的にオンラインにするため、すぐに初期化することができます。

マネージドディスクを作成する

マネージドディスクを単独で作成しておくこともできます。仮想マシンの管理画面でディスクを追加した場合は、常に空のディスクが作成されます。また、設定可能な構成パラメーターも限られます。

マネージドディスクを単独で作成することで、すべての設定を指定できます。

❶ Azureポータルの検索ボックスで**disk**と入力し、検索結果から［ディスク］を選択する。

❷ マネージドディスクの管理画面になるので、左上の［＋作成］をクリックする。

❸

マネージドディスクの作成画面で以下を指定して［次：暗号化］をクリックする。

[サブスクリプション]…利用するサブスクリプションを選択する。

[リソースグループ]…接続予定の仮想マシンと同じリソースグループを指定する。

[ディスク名]…リソースグループ内で唯一の（ユニークな）名前を指定する。

[地域]…接続予定の仮想マシンと同じリージョンを指定する。

[可用性ゾーン]…接続予定の仮想マシンが可用性ゾーンに配置されている場合は、同じ可用性ゾーンを指定する。

[ソースの種類]…空のディスクを作成するか、別のディスクの内容を複製するかなどを選択する。

[サイズ]…［サイズの変更］をクリックして、ディスクのSKUとサイズ、およびパフォーマンスレベルを指定する。

④ [暗号化の種類]として既定値(マイクロソフト管理)のまま[次:ネットワーク]をクリックする。
- 独自の暗号化キーを指定することもできるが本書では扱わない。

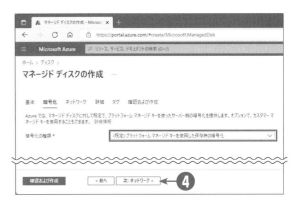

⑤ 利用可能な仮想ネットワークを指定して[次:詳細]をクリックする。
- ここでは制限をせず、すべてのネットワークからのアクセスを許可している。

⑥ 詳細オプションを指定して[次:タグ]をクリックする。
- たとえば、Windowsでフェールオーバークラスターを構成する場合は[共有ディスクを有効にする]を[はい]にする。本書では詳細は扱わない。

⑦ タグを指定して［次：確認および作成］をクリック
する。

⑧ 検証に成功したことを確認して、［作成］をクリッ
クする。

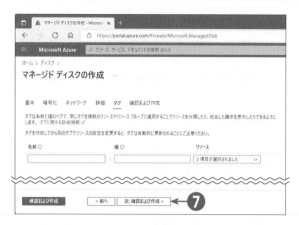

　作成したマネージドディスクは、仮想マシンに接続して利用できます。また、オンプレミス Hyper-V で使用していたシステムディスクから仮想ディスクを作成し、仮想マシンを作成することもできます。詳しくは第3章の1のコラム「Hyper-V 仮想マシンを Azure で使う」を参照してください。

ホストキャッシュの構成とディスクSKUの変更

Azureの仮想マシンのディスクには、以下の3つのキャッシュモードがあります。いずれもAzure側（つまりホスト側）で制御する機能なので「ホストキャッシュ」または「Azureキャッシュ」と呼ばれます。

- **[読み取り/書き込み]**…ライトバックキャッシュを有効にする。パフォーマンスは向上するが、障害時に一部のデータが欠損する可能性がある。
- **[読み取り専用]**…読み取り専用キャッシュ。読み取り性能は向上するが、書き込み性能は変化しない。
- **[なし]**…キャッシュを使用しない。

Azureの仮想マシンはキャッシュがある場合の最大IOPSと、キャッシュがない場合の最大IOPSが別々に設定されています。高速なディスクを多数接続し、すべてにキャッシュを設定するとIOPSの上限を超えてしまい、十分な性能が発揮できない場合があります。このような場合、一部のキャッシュを無効にすることでIOPSの制約を回避できる場合があります。詳しくは以下のドキュメントを参照してください。

「仮想マシンとディスクのパフォーマンス」
https://learn.microsoft.com/ja-jp/azure/virtual-machines/disks-performance

システムディスクは既定で［読み取り/書き込み］キャッシュが構成されます。追加ディスクの既定値は［読み取り専用］です。［読み取り/書き込み］はサーバー障害時にデータの欠損が生じる可能性があるため、問題がないことが確実な場合にだけ使ってください。
なお、ホストキャッシュを［なし］に設定しても、仮想マシンのOSが持つキャッシュは有効です。
ディスクを追加するときのキャッシュ設定については既に説明しました。ここではホストキャッシュの変更手順について説明します。

❶ 仮想マシンを選択し、[設定]の[ディスク]を選択する。

❷ 仮想マシンのディスク構成が表示される。

❸ 変更したいディスクの[ホストキャッシュ]の▼をクリックして、キャッシュモードを選択する。

❹ 変更すると[保存]ボタンが有効になるので、クリックして変更を保存する。

❺ ディスクのリンクをクリックすると、ディスクの新規作成と同様の画面で、SKUやサイズなどを変更できる。

ヒント

ホストキャッシュの既定値

システムディスクに対するホストキャッシュの既定値は[読み取り/書き込み]です。そのため、OSが異常終了した場合など、システムディスクに対する書き込みが不完全な状態になる可能性があります。更新プログラムの適用を除き、システムディスクに対して重要なデータを書き込むことは少ないので、通常は問題になりません。
データディスクに対する既定値は、不完全な書き込みを避けるため[読み取り]になっています。
なお、LシリーズとBシリーズの仮想マシンについては、ホストキャッシュは変更できません。

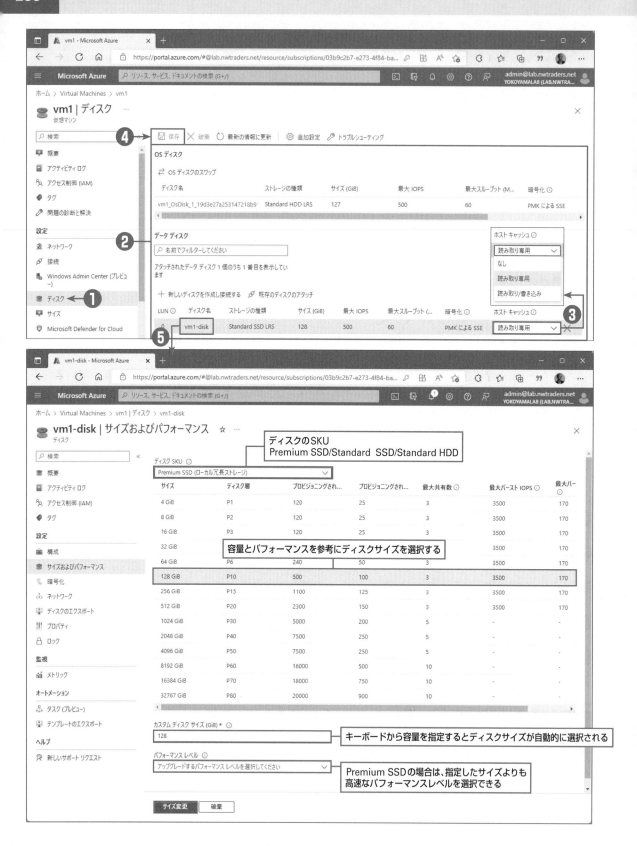

Azureの仮想マシンのディスク構成

Azureの仮想マシンには、システムディスク（Cドライブ）と一時ディスク（Dドライブ）が含まれます。

Cドライブおよび Azure ポータルで追加したデータディスクは一般的なディスクであり、明示的に削除するか、Azure の深刻なトラブルでも起きない限り内容が失われることはありません。

これに対してDドライブはCドライブよりも高速ですが、内容の永続性が保証されません。これは、Dドライブが Azure 内の仮想マシンホスト（物理マシン）に固定的に割り当てられるためです。たとえば、Azure 内の保守作業によって、仮想マシンホストが 移動する場合にD ドライブの内容が消えます。Cドライブは Azure 内部でネットワーク接続されたディスクを参照しているため内容が保存されますが、Dドライブは仮想マシンをホストする物理マシンを参照しているため、以前の内容は失われるからです（図4-14）。

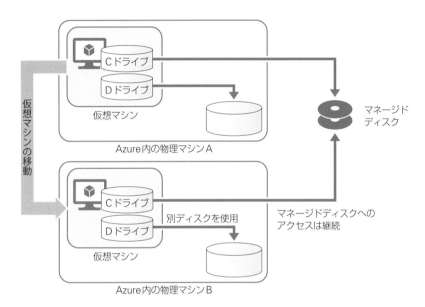

図4-14：仮想マシンのディスク構成

Azure が提供する Windows では、一時ディスクをページングファイルに割り当てます。ページングファイルは仮想記憶の管理をするファイルで、高速化することで OS 全体の速度が向上します。ページファイルの内容はシャットダウンすると不要になるので、割り当て解除で削除されても問題はありません。

Linux では、一時ディスクのことを「リソースディスク」と呼びます。リソースディスクは /dev/sdb1 に割り当てられ、/mnt にマウントされます。Azure の Linux は通常、スワップなしで作成されるので、管理者自身がスワップを一時ディスクに割り当てる必要があります。スワップの設定は、Linux の Azure 拡張プログラム「waagent」が行います。waagent の動作をカスタマイズするには、/etc/waagent.conf を編集します。スワップの設定は以下の通りです。

❶

/etc/waagent.conf の中から、以下の3行を編集する。

```
ResourceDisk.Format=n ⇒ ResourceDisk.Format=y
（n を y に変更し、リソースディスクのフォーマットを行う）
ResourceDisk.EnableSwap=n ⇒ ResourceDisk.EnableSwap=y
（n を y に変更し、スワップを有効にする）
ResourceDisk.SwapSizeMB=0 ⇒ ResourceDisk.SwapSizeMB=4096
（スワップファイルのサイズを MB で指定する）
```

❷

Linux 仮想マシンを再起動する。

参考：「Azure Linux エージェントの理解と使用」
https://learn.microsoft.com/ja-jp/azure/virtual-machines/extensions/agent-linux

　仮想マシンの古いシリーズ（たとえばAシリーズ）は、一時ディスクにハードディスクを使っているものがありました。Dシリーズ以降はSSD化が進み、Av2シリーズを含め、ほとんどのシリーズの一時ディスクがSSD化されています。

ヒント

一時ディスクを持たない仮想マシン

一部の仮想マシンサイズでは、一時ディスクが割り当てられません。この場合はCドライブにページングファイルが割り当てられます（Windowsの場合）。

DVDドライブの割り当て

Azureで仮想マシンを作成すると、EドライブにDVDが割り当てられます（Windowsの場合）。これは仮想マシンの初期化ファイルを保存するためにAzureが内部で利用しています。初期化後はファイルがなくなります。また、仮想マシンを一度でも「割り当て解除」状態にすると、以降はDVDドライブそのものがなくなります。

7 高速で大容量のデータディスクを構成するには

Azure が提供するディスクドライブはあまり高速ではありません。速度だけならSSDを使う方法もありますが、ハードディスクに比べてかなり高価ですし、最大容量も増えません。高速で大容量のディスクを使うにはストライピング（RAID-0）を使うのが最も手軽です。

高速化の2つの方法

仮想マシンが利用するディスクドライブはそれほど高速ではありません。高速化するには、ストレージそのものの速度を上げる方法と、仮想マシン内で複数のディスクドライブをストライピング（RAID-0）する方法があります。

■高速ストレージの利用

Standard SSDはStandard HDDよりも高速にアクセスできます。また、Premium SSDは容量を増やすことで性能を大幅に上げることができます。ただし容量を減らすことはできません。

Premium SSDは、容量を変更せずに、大容量ストレージと同等のパフォーマンスレベルに上げることもできます（ただし追加料金が必要）。

また、Ultra Diskを使うことでさらに高速なストレージも利用できます。本書の執筆時点ではUltra Diskが利用可能なリージョンは限られていますが、今後は拡大する予定です。

■ストライピング（RAID-0）の利用

安価に性能を向上させるには、仮想マシン内でストライピングを構成します。この機能はAzureとは無関係ですが、Windows ServerやLinuxをAzure上で実行させる場合は一般的なテクニックです（図4-15）。

RAID-0は、複数のディスク装置に対して同時に入出力を行うことで全体の性能を向上させます。そのため、2台のディスクでストライピングを構成すると、最大で2倍の性能が得られます。ただし、実際の性能向上はアプリケーションや同時に動作している他のアプリケーションによって変わります。

SSDによる高速化は、価格以外の欠点がほとんどないのに対して、RAID-0には利点と欠点があります。用途によって使い分けてください。

- **最大容量を増やせる**…RAID-0として構成したディスク装置の合計容量が利用できます。
- **システムディスクに適用できない**…システムディスクをRAID-0として構成することはできません。
- **ディスク本数が増える**…速度を上げるにはディスク本数を増やす必要があります。しかし、仮想マシンのサイズによって接続可能なディスク本数が制限されています。
- **特別な初期化が必要**…記憶域プール（Windowsの場合）やmdadm（Linuxの場合）などを使い、特別な初期化が必要です。

なお、一般的なサーバーでは、速度だけではなく冗長性も考慮する必要があります。しかし、Azureのディスク装置はマネージドディスク自体が冗長化されているため、利用者は冗長性を意識する必要はありません。

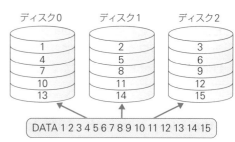

図4-15：ストライピング（RAID-0）

Widows Serverでストライピングを利用する

　Windows Serverでストライピングを使用するには「記憶域プール」を使うのが一般的です。記憶域プールは Windows Server 2012からの新機能で、各種のRAIDやシンプロビジョニング（実際の容量よりも大きなサイズに見せかける機能）の機能を持ちます。

　システムディスクは記憶域プールを構成できないため、ストライピングはデータディスクに限られます。

　Windows Serverでストライピングを利用する流れは以下のようになります。

　　1．ディスクの追加
　　2．記憶域プールの作成
　　3．ストライピングされた仮想ディスク（Simple）の作成

　記憶域プールでSimple仮想ディスクを作成すると、その時に存在するディスクドライブの台数に応じて自動的にストライピングされます。ただし、9台以上を超えるディスクドライブでストライピングするにはPowerShellで構成する必要があります。GUIでは8台までしかストライピングしません。

　Windows Serverでストライピングを構成する具体的な手順はオンプレミスのサーバーと同じなので、本書では説明を割愛します。以下のドキュメントや市販の書籍などを参考にしてください。

「スタンドアロンサーバーに記憶域スペースを展開する」
https://learn.microsoft.com/ja-jp/windows-server/storage/storage-spaces/deploy-standalone-storage-spaces

---

ヒント

ダイナミックディスク

Windowsには、ダイナミックディスクを使ったストライピング機能もありますが、柔軟性に欠けるため、Azureに限らず、Windows Server 2012以降では「非推奨」となりました。詳しくは以下のドキュメントを参照してください。

「仮想ディスクサービスがWindows Storage Management APIに移行中」
https://learn.microsoft.com/ja-jp/windows/compatibility/vds-is-transitioning-to-windows-storage-management-api

---

Linuxでストライピングを利用する

　Linuxでストライピングを構成するにはmdadm（multiple device administration）を使用します。記憶域プールと異なり、mdadmはシステムディスクに対しても適用できますが、ほとんどの場合データディスクのみをストライピングします。これは、ブートローダーの構成を変更する必要があること、既存のディスクデータを保ったままストライピングディスクに移行することが困難なためです。

　Linuxでストライピングを構成する具体的な手順は、以下のドキュメントを参考にしてください。

「LinuxでのソフトウェアRAIDの構成」
https://learn.microsoft.com/ja-jp/previous-versions/azure/virtual-machines/linux/configure-raid

8 専用ホストを使うには

　企業システムの場合、コンプライアンス上の理由で、物理マシンを占有したい場合があります。Azureでは「専用ホスト」を使うことで、自社の仮想マシンで物理マシンを占有することを保証できます。また、専用ホストは物理マシンを占有できるため、安定した性能が期待できます。

専用ホストを利用する

　専用ホストの基本的な利用手順は以下の通りです（図4-16）。それぞれの手順については、次項から詳しく見ていきます。

1. ホストグループの作成…可用性を確保するための場所を作成する。
2. 専用ホストの作成…仮想マシンを展開するためのホストを作成する。
3. 仮想マシンの作成…作成中にホストグループと専用ホストを指定する。

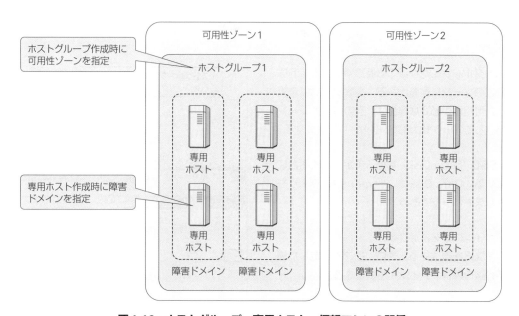

図4-16：ホストグループ、専用ホスト、仮想マシンの関係

ホストグループを作成する

ホストグループは以下の手順で作成します。

❶ Azureポータルの検索ボックスで**host**と入力し、検索結果から［ホストグループ］を選択する。

❷ ホストグループの管理画面になるので、左上の［＋作成］をクリックする。

❸ ［ホストグループの作成］画面の［基本］タブで、サブスクリプションとリソースグループを指定する。

❹ ホストグループの名前を指定する。

❺ 場所（リージョン）を指定する。

❻ 可用性ゾーンを指定する（[なし] を選択して可用性ゾーンを指定しないことも可能）。
- ●ホストグループに割り当てる仮想マシンホストは常にこのゾーンに展開される。複数ゾーンにまたがった可用性が必要な場合は、別の可用性ゾーンを指定して、もう1つホストグループを作成する。

❼ Ultra SSD（Ultra Disk）を使う予定がある場合にオンにする。Ultra Diskは、Premium SSDよりも高性能なストレージである。

❽ 障害ドメインの数を指定する。
- ●専用ホストを作成するときに、ここで指定した値以下の数の障害ドメインを選択できる。

❾ 仮想マシン作成時に、ホストグループの専用ホストを自動選択させる場合はオンにする。

❿ ［確認および作成］をクリックする。

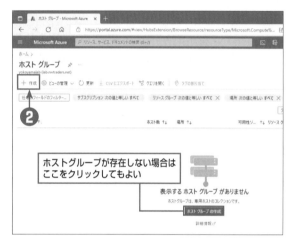

ホストグループが存在しない場合はここをクリックしてもよい

⓫
検証に成功したことを確認して［作成］をクリック
する。

専用ホストを作成する

　続いて、専用ホストを以下の手順で作成します。専用ホストを作成する場合、サポートリクエストを出して仮想CPUの上限を必要なだけ増やす必要があります。仮想CPUの上限の既定値は20なので、通常は専用ホストの作成に失敗します。

❶
Azureポータルの検索ボックスで**host**と入力し、検索結果から［ホスト］を選択する。

❷
専用ホストの管理画面になるので、左上の［＋作成］をクリックする。

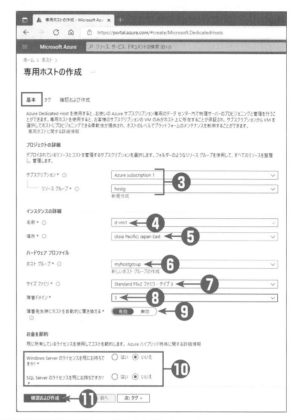

③
[専用ホストの作成] 画面の [基本] タブで、サブスクリプションとリソースグループを指定する。

④
専用ホストの名前を指定する。

⑤
場所（リージョン）を指定する。

⑥
作成済みのホストグループを指定する。

⑦
サイズファミリを指定する。

⑧
専用ホストを配置する障害ドメインを指定する。ホストグループに割り当てた障害ドメイン数が3の場合は、1から3のいずれかを選択する。
- 仮想マシンは常にこの障害ドメインに展開される。複数の障害ドメインにまたがった可用性が必要な場合は、別の障害ドメインを指定して、もう1つ専用ホストを作成する。

⑨
専用ホストが障害を起こしたとき、自動復旧するかどうかを指定する。

⑩
Azureに持ち込み可能なライセンスを所有している場合は、申告することで割引がある。

⑪
[確認および作成] をクリックする。

⑫
検証に成功したことを確認して [作成] をクリックする。エラーになった場合はエラーメッセージをクリックして詳細を確認する。画面では利用可能なCPU個数が足りないため、検証に失敗している。

検証に成功した場合は
[作成] をクリック

専用ホストの作成時にホストグループを指定することで、可用性ゾーンと障害ドメインを構成します。

ホストグループには可用性ゾーンが固定されており（可用性ゾーンを指定した場合）、同じホストグループの専用ホストはすべて同じ可用性ゾーンに展開されます。複数の可用性ゾーンを使って冗長化したい場合は、複数のホストグループを作成します。

また、ホストグループ作成時に障害ドメインの最大数を指定します。専用ホスト作成時に指定する障害ドメインは、ホストグループで指定した障害ドメイン数を超えることはできません。たとえば、ホストグループで指定した障害ドメインの数が3であれば、専用ホストの障害ドメインは3以下になります。もちろん、各障害ドメインには専用ホストが必要なため、可用性セットによる冗長化を行いたい場合は、専用ホストが最低2台必要です。

仮想マシンを作成する

最後に、仮想マシンの作成画面の［詳細］タブでホストグループと専用ホストを指定します。基本的には通常の仮想マシン作成手順と同じで、ここでは要点のみ示します。

❶
仮想マシンを新規作成し、［仮想マシンの作成］画面の［詳細］タブまで進める。

❷
ホストグループと専用ホストを指定する。
- 画面の例ではホストグループは存在するが、専用ホストがないため割り当てることができない。

❸
以降の手順を行って仮想マシンを作成する。

仮想マシンは専用ホストに配置されるため、仮想マシンと専用ホストの地域（リージョン）は一致させる必要があります。また、仮想マシンのサイズは専用ホストに作成できる範囲に制限されます。

仮想マシンを展開する可用性ゾーンは、ホストグループで指定した可用性ゾーンと一致させる必要があります。また、障害ドメイン数は、ホストグループで指定した障害ドメイン数以下で指定します。もちろん、実際に複数の専用ホストが存在しない場合は冗長化できません。

専用ホストのサイズと価格

　専用ホストは多数のCPUコアと大量のメモリを搭載した物理マシンで、搭載可能な仮想マシンのSKUを示す「シリーズ」と、ハードウェア世代を示す「タイプ」でSKUが決まります。仮想マシンは専用ホストのCPUとメモリを使って構成されます。

表4-6：専用ホストのサイズと価格（一部）

シリーズ	タイプ	物理CPUコア	仮想CPUコア	メモリ	仮想マシン*	価格**
Dadsv5	タイプ1	64コア	112コア	768GB	D2ads v5 〜 D96s v5	約82万円
Esv5	タイプ1	64コア	119コア	768GB	E2s v5 〜 E64s v5	約80万円
Fsv2	タイプ3	52コア	80コア	504GB	F2s v2 〜 F72s v2	約49万円
Fsv2	タイプ2	48コア	72コア	144GB	F2s v2 〜 F72s v2	約42万円

　*仮想マシンは専用ホストのリソースの範囲で作成する。
　　たとえばFsv2タイプ3の専用ホスト（80コア）には、F8s v2（8コア）を最大10台構成可能。
　**1ヶ月換算した東日本リージョンの価格

　専用ホストのSKU（シリーズとタイプ）ごとに作成可能な仮想マシンのSKUが決まります。たとえばFsv2タイプ3の専用ホスト（80仮想コア）にはFsv2タイプの仮想マシンのみを構成できます。サイズは混在可能ですが、仮想マシンの合計が専用ホストの仮想CPUコア数とメモリを超えることはできません。

　専用ホストの価格は、基本的には専用ホストのみに課金され、仮想マシンは自由に使えます。ただし、Windowsや商用Linuxを使う場合は仮想マシン単位で時間課金のライセンス料が加算されます。たとえばWindows Serverは2CPUコアあたり月額換算で約9,000円が課金されます。

　詳細は以下のドキュメントを参照してください。

「Azure専用ホスト」
https://learn.microsoft.com/ja-jp/azure/virtual-machines/dedicated-hosts

仮想ネットワークを構成しよう

第 **5** 章

一般に、サーバーからネットワークを利用するにはサーバーをスイッチングハブ（L2またはL3スイッチ）に接続します。Azureの仮想マシンが接続するスイッチを「仮想ネットワーク」と呼び、Azureポータルで仮想マシンを作成する場合に必須です。また、社内ネットワークと接続するための「VPNゲートウェイ」を配置するのも仮想ネットワークの役目です。AzureではVPNゲートウェイとExpress Routeをあわせて「仮想ネットワークゲートウェイ」と表示します（本書ではExpressRouteは扱いません）。

この章ではL3スイッチとしての仮想ネットワークと、VPNゲートウェイの配置場所としての仮想ネットワークを説明します。

1 仮想ネットワークを作成するには

Azureの仮想マシン間で通信を行うには仮想ネットワークが必要です。ここではAzureの仮想マシンが利用するネットワーク構成について説明します。

仮想ネットワークの目的

仮想ネットワークは、大きく分けると以下の3つの機能があります。

1. 仮想マシン同士を接続するハブ（L3スイッチ）としての機能
2. 仮想マシンのIPアドレスやデフォルトゲートウェイ、DNSサーバーのIPアドレスを割り当てるDHCPスコープのパラメーターを指定する機能
3. 外部接続サービスの配置場所としての機能（例：社内ネットワークと接続するためのVPNゲートウェイの配置場所）

1と2の機能は一体で考え、この章の前半で説明します。後半では3の機能について説明します。

 コラム **「ハブ」「スイッチ」「ネットワーク」**

　ハブ（hub）は「集中している場所」という意味を持ちます。英字3文字なので何かの略語だと勘違いしそうですが、普通の英単語です。「ハブ空港」という言葉を耳にした人も多いでしょう。日常的な英語でよく使うのは「車輪の中心部」という意味でしょうか（図5-1）。

　広く使われているハブはMACアドレスを元に処理する「L2スイッチ」と、IPアドレスを元に処理する「L3スイッチ」です。L2やL3という言葉はOSIの7階層ネットワークアーキテクチャの第2層（レイヤー2）と第3層（レイヤー3）に由来します。

　初期のLANでは1本の同軸ケーブルと「トランシーバー」と呼ばれる装置でL2ネットワークを構成していました。同軸ケーブルと複数のトランシーバーを1つの装置にまとめた機器がL2スイッチです。そのため、L2スイッチのことを「ネットワーク」と呼ぶことがあります。たとえば、Windows Server 2008 R2の仮想化システム「Hyper-V」では、仮想スイッチ（L2スイッチ）のことを「仮想ネットワーク」と呼んでいました（Windows Server 2012からは「仮想スイッチ」に変更されています）。

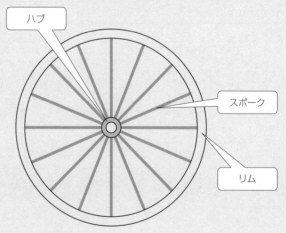

図5-1：車輪のハブ

仮想マシンと仮想ネットワーク

　Azureの仮想マシンが使用するネットワークについては、第2章で紹介していますが、この章ではさらに詳しく説明します。

　Azure上に作成された仮想マシンには、独自のIPアドレスが割り当てられます。これを「DIP（動的IP）アドレス」と呼びます。また、インターネットとの接続に使われるアドレスを「VIP（仮想IP）アドレス」と呼びます（図5-2）。仮想ネットワークは、仮想マシンの作成時に指定します。そのため、必ず仮想マシンの作成前または作成と同時に仮想ネットワークを構成する必要があります。

　仮想ネットワークにはプライベートIPサブネットを割り当てます。Azureは、割り当てられたIPサブネットに対してDHCPサーバーを自動的に構成し、適切なIPアドレスとデフォルトゲートウェイを割り当てます。また、DNSサーバーのIPアドレスを割り当てることも可能です。

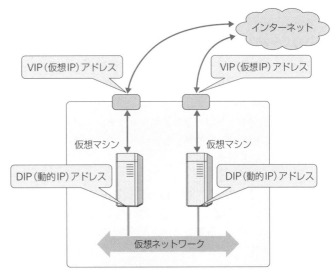

図5-2：Azureの仮想マシンの基本ネットワーク構成

仮想ネットワークを作成する

　仮想ネットワークの作成は以下の手順で行います。

❶　Azureポータルのポータルメニューで、［＋リソースの作成］をクリックする。

❷　［ネットワーキング］から［Virtual network］（または［仮想ネットワーク］）を選択する。

③

[基本] タブで、以下の項目を指定して [次：IPアドレス] をクリックする。

[サブスクリプション]…仮想ネットワークを作成するサブスクリプションを選択する。

[リソースグループ]…仮想ネットワークを配置するリソースグループを選択するか新規作成する。仮想マシンと異なるリソースグループでも構わない。

[名前]…仮想ネットワークの目的などわかりやすい名前を指定する。

[地域]…仮想ネットワークを展開するリージョンを選択する。仮想マシンは同じリージョンの仮想ネットワークにのみ展開できる。

④

[IPアドレス] タブで、以下のようにしてIPアドレス空間とサブネットを指定する。

[IPv4アドレス空間]…ネットワーク番号をCIDR形式で指定する。サブネットの分割を考えて、大きめに設定する方がよい。通常は既定のアドレス空間として「10.0.0.0/16」が指定されるので、変更したい場合はクリックして書き換える。

サブネット…既定では、サブネット名が「default」、アドレス範囲が「10.0.0.0/24」のサブネットが作成される。アドレス空間を変更すると既定のサブネットは自動的に削除されるので [+サブネットの追加] をクリックして、新しいサブネット名とCIDR形式のサブネットアドレスを指定し、[追加] をクリックする。NATゲートウェイとサービスエンドポイントは、本書では扱わない。

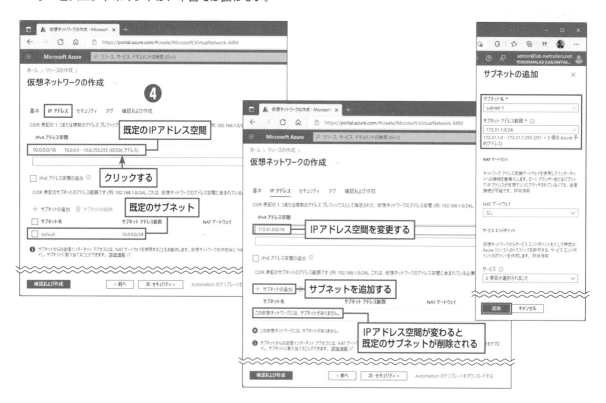

⑤
IPアドレス空間とサブネットを確認して［次：セキュリティ］をクリックする。

⑥
［セキュリティ］タブで必要な機能を確認し、［次：タブ］をクリックする。

［BastionHost］…要塞ホストを作成したい場合に有効にする。要塞ホストの機能は第2章の「11　制限されたネットワークから仮想マシンを管理するには」を参照。

［DDoS Protection Standard］…DDoS攻撃を防御する機能のStandard版を有効にする（有償）。Standardを無効にしてもDDoS Protection Basicは強制的に有効になる。基本機能だけならBasicでよい。

［ファイアウォール］…有効にすると、Azure Firewallを指定できる（有償）。

⑦
必要ならタグを指定して［次：確認および作成］をクリックする。

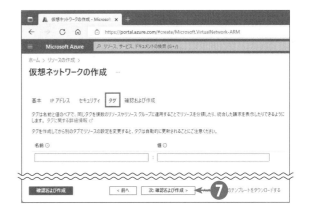

8

検証に成功したことを確認して［作成］をクリックする。

仮想ネットワークの利用料金

仮想ネットワークの基本機能には利用料金がかかりません。ただし、インターネットや、Azureの他のリージョン、可用性ゾーンとの通信に関しては通信データ量（帯域幅）に応じた料金がかかります。
帯域幅は以下の5種類に対して別々の価格が適用されます。価格を含めた詳細は、この章の「5　仮想ネットワークを社内ネットワークと接続するには：VPNゲートウェイ」および「10　VNETピアリングを構成するには」を参照してください。

- インターネット…Azureからインターネットへの送信帯域幅（受信無料）
- Azureリージョン間…地理冗長ストレージなど、Azureサービスのリージョン間送信帯域幅（受信無料）
- 仮想ネットワークピアリング…ピアリング（直接接続）された仮想ネットワーク間通信の帯域幅（送受信ともに課金）
- ゾーン間…仮想ネットワークを使った可用性ゾーン間通信の帯域幅（送受信ともに課金）。ただし仮想ネットワークピアリングの課金がある場合は無料。

- VNET間接続…VPNゲートウェイ経由での帯域幅（受信無料）

リージョン内の通信は無料ですが、可用性ゾーンが異なる場合は課金対象になり、送受信ともにGBあたり約1.4円の料金が発生します（課金は2023年7月1日から）。
また、仮想ネットワーク同士を結ぶ「仮想ネットワークピアリング」も送受信ともにゾーン間帯域幅と同じ価格が課金されます。ただし、ゾーン間でピアリングしている場合はピアリング料金のみがかかり、ゾーン間帯域幅には課金されません。本書の執筆時点でゾーン間帯域幅とリージョン内ピアリングは同価格です。

仮想ネットワークアドレス空間の指定

仮想ネットワークアドレス空間のサブネットは、拡張性と計算の容易さを考慮して16ビットマスクがよく使われます。同様に、サブネットには24ビットマスクがよく使われます。複数のサブネットを使う場合、すべて同じサブネットマスクを指定することが一般的です。

> **ヒント**
>
> **仮想ネットワークのセキュリティ**
>
> Azureの仮想ネットワークは、以下のセキュリティ機能を組み合わせて利用できます。
>
> ・ネットワークセキュリティグループ（NSG）…IPアドレス、プロトコル（TCPまたはUDP）、ポート番号を使った基本的なフィルター機能を無償で提供します。NSGの適用対象は仮想マシンのネットワークインターフェイスまたは仮想ネットワークのサブネットです。
> ・DDoS保護…既知の攻撃に対しての保護機能を提供します。DDoS Protection Basicは Azure全体、DDoS Protection Standardは仮想ネットワーク全体です。基本的な保護を提供するBasicは無償で提供されますが、機械学習を使った高度な保護やログ機能が利用できるStandardは有償です。
> ・Azure Firewall…複数の仮想ネットワークに対して、高度なファイアウォール機能を提供します。専用の仮想ネットワークに展開することが多く、構成ルールも複雑になるため、本書では説明を省略します。

仮想ネットワークのIPアドレス範囲を追加する

　仮想ネットワークのIPアドレス範囲は、既に存在するサブネット範囲と重なっていなければ、追加・変更・削除ができます。

❶
仮想ネットワークの管理画面で［アドレス空間］をクリックする。

❷
既存のアドレス空間を変更するには、［アドレス空間］列に表示されている値をクリックして編集する。

❸
アドレス空間を追加するには、［その他のアドレス範囲の追加］をクリックして追加する。

❹
アドレス空間を削除するには、右端にある［削除］ボタン（ごみ箱のアイコン）をクリックする。
●いずれも、現在サブネットとして割り当てられている範囲と矛盾するような指定はできない。

❺
［保存］をクリックする。

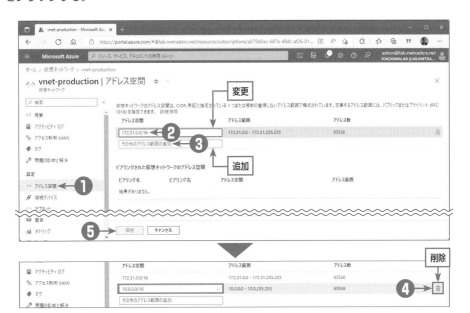

仮想ネットワークのサブネットを追加する

仮想ネットワークに指定したIPアドレスの範囲内であれば、サブネットを自由に追加できます。また、削除も可能です。

❶ 仮想ネットワークの管理画面で［サブネット］をクリックする。

❷ ［＋サブネットの追加］をクリックする。

❸ ［サブネットの追加］画面で、新規作成時と同様、サブネット名やサブネット範囲など、必要事項を指定して［保存］をクリックする。

④

追加したサブネットが表示される。

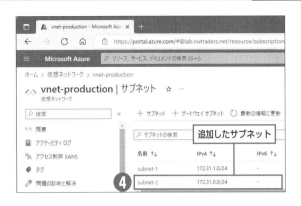

仮想ネットワークのIPアドレス範囲を変更する

仮想ネットワークにサブネットや仮想マシンが展開されている場合、IPアドレス範囲の変更に制約があります。以下の手順に従って変更してください。ここでは172.26.0.0/16のアドレス空間に172.26.1.0/24のサブネットを持つネットワークを、10.1.0.0/16のアドレス空間と10.1.1.0/24のサブネットに変更することを想定します。

1．仮想ネットワークのIPアドレス空間として10.1.0.0/16を新たに追加する
2．サブネットとして10.1.1.0/24を新たに追加する
3．既存のサブネット172.26.1.0/24に接続された仮想マシンを、新しいサブネット10.1.1.0/24に移動する
4．空になった既存のサブネット172.26.1.0/24を削除する
5．サブネットのなくなったIPアドレス空間172.26.0.0/16を削除する

仮想マシンの展開後に、仮想ネットワークを付け替えることはできませんが、サブネットを変更することは可能です（図5-3）。具体的な手順はこの章の「3 任意のIPアドレスを設定するには」で、IPアドレスの固定方法とともに説明します。

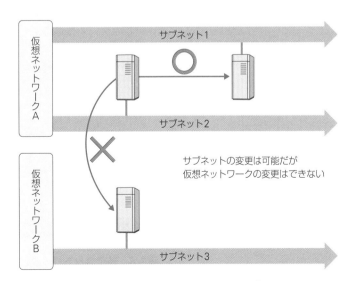

図5-3：仮想マシンのネットワーク変更

2 仮想マシンを仮想ネットワークに配置するには

　仮想マシンを作成するときに仮想ネットワークを指定します。仮想マシンと仮想ネットワークの割り当てをあとから変更することはできません（サブネットの変更はできます）。

　仮想マシンは、仮想ネットワークを作成するときに指定したリージョンに配置されます。仮想マシンの作成場所を指定すると、そのリージョンの仮想ネットワークのみが選択可能です。

仮想ネットワークに仮想マシンを配置する

　仮想ネットワークを使った仮想マシン間の通信は、仮想マシンに割り当てられたIPアドレス（DIP）を使い、インターネットとの通信に使うIPアドレス（VIP）は必要ありません。そのため、VIPを削除してインターネットとの接続を遮断し、セキュリティレベルを上げることができます。ただし、VIPを削除してもアウトバウンド通信（インターネットに出ていく通信）は可能です。

　ネットワークセキュリティグループ（NSG）の既定値は仮想ネットワーク内の通信を制限しないので、NSGで許可していないポートであっても追加設定なしに自由に使用できます。

仮想ネットワークと可用性セット

　仮想ネットワークを使用した場合でも、可用性セットの考え方は変わりません。可用性セットを構成し、同一仮想ネットワークの複数の仮想マシンを配置してください。

　1つの仮想ネットワークに複数の可用性セットを作成できます。そのため、たとえばデータベースサーバー用の可用性セットとWebサーバー用の可用性セットを構成できます。しかし、複数の仮想ネットワークをまたがった可用性セットは作成できません（図5-4）。また、異なる仮想ネットワークと通信するためにはVNETピアリングなど、仮想ネットワークに対して特別な設定を行う必要があります。

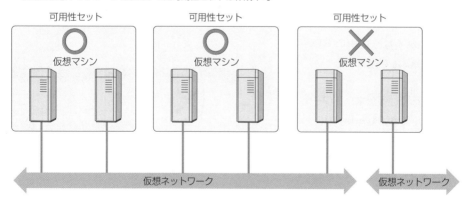

図5-4：仮想ネットワークと可用性セット

ヒント

仮想マシンに対するIPアドレスの割り当て規則

仮想ネットワークでは、ネットワークを示す0に続き、有効なIPアドレスの先頭（1）がデフォルトゲートウェイとして使用され、続く2つ（2および3）が予約されます。そのため、仮想マシンのIPアドレスは4から始まります。

たとえば、172.16.0.0/24のサブネットを使う場合、172.16.0.0がネットワーク番号（有効なIPアドレスではない）、172.16.0.1がデフォルトゲートウェイ、172.16.0.2と172.16.0.3が予約されるため、最初に作成した仮想マシンのIPアドレスは172.16.0.4になります。このアドレスは仮想マシンが削除されるまで継続して使われますが、割り当てはAzureが自動的に行います。任意のIPアドレスを指定したい場合は管理ツールからIPアドレスを静的に割り当てる必要があります。

デフォルトゲートウェイの指定

Azureの仮想ネットワークでは、サブネットの有効なIPアドレスのうち、最も小さな（最初の）アドレスがルーターに割り当てられます。たとえば172.16.1.0/24のサブネットであれば、172.16.1.1がルーターに割り当てられます。

Azure内のDHCPサーバーは、仮想マシンが配置されたサブネットを認識し、そのサブネット内で有効な最初のIPアドレスをデフォルトゲートウェイとして割り当てます。

コラム

IPアドレスの構成規則

　IPv4のアドレスは全部で32ビットあり、8ビットずつ区切った10進数で表記します。IPアドレスの先頭部分はネットワーク番号を示し、後ろの部分がネットワーク内のホスト番号を示します。計算の手間を省くため、ネットワーク番号とホスト番号の区切りは8ビット単位で行うのが一般的ですが、実際には自由なビット数で設定できます。

　IPアドレスに対して、ネットワーク番号を明記したい場合は「192.168.1.200/24」のように表記します。これを「CIDR（サイダー）表記」と呼びます。CIDRは「Classless Inter-Domain Routing」の略です。

　ネットワーク機器の構成では、CIDR表記よりも「サブネットマスク」の方がよく使われます。サブネットマスクは32ビットの長さの2進数を考え、ネットワーク番号の部分を1に、ホスト番号の部分を0として表現します（図5-5）。

　TCP/IPの規格では、サブネットの先頭アドレスはネットワーク全体を表す値で、最後のアドレスはサブネット内の全ホストに通知するブロードキャストアドレスを表します。たとえば「192.168.1.0/24」は、192.168.1.0から始まる24ビットのサブネットマスクで定義されたネットワークの意味です。IPアドレスは全体で32ビットなので、24ビットサブネットの場合、ホスト番号には8ビット（0から255）のアドレスが使用可能ですが、実際にホストに割り当て可能なアドレスは0（ネットワーク全体）と255（ブロードキャストアドレス）を除いた1〜254となります。

IPアドレスが192.168.1.200の場合

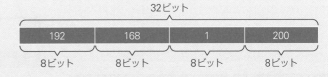

先頭24ビットがネットワーク番号で、残り8ビットがホスト番号の場合
24ビットのネットワーク番号を「/24」と表記する。
この場合、サブネットマスクは255.255.255.0となる。

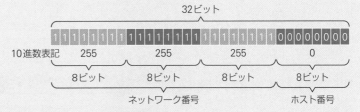

図5-5：IPアドレスの構成規則

3 任意のIPアドレスを設定するには

Windows Serverのほとんどの機能はDHCPクライアントの状態でも正常に動作しますし、正式にサポートされています。そのため、Azureの仮想マシンをDHCPクライアントのまま使用することは何の問題もありません。

しかし、IPアドレスを管理者が決めた任意の値に設定したい場合もあります。そこで、Azureの仮想マシンのIPアドレスを固定することができます。これを「予約済みプライベートIPアドレス（RPIP）」と呼びます。RPIPはIPアドレスを固定しますが、仮想マシンの構成はDHCPクライアントのままです。つまり「固定IPアドレス」というよりDHCPサーバーの「予約IPアドレス」に近い形態です。

仮想マシンのIPアドレスを指定する

仮想マシンのIPアドレスを指定する手順は以下の通りです。仮想マシンのIPアドレスを変更すると、仮想マシンが再起動します。確認のダイアログボックスなどは特に表示されないので注意してください。

❶ Azureポータルで、仮想マシンの管理画面を開く

❷ 設定を変更したい仮想マシンをクリックする。

❸ ［設定］の［ネットワーク］をクリックする。

❹ ネットワークインターフェイスの名前（通常は1つだけ）をクリックする。

ヒント

仮想マシンのIPアドレス

以前のAzureでは、仮想マシンの割り当てを解除すると、再起動時にプライベートIPアドレスが変化する可能性がありました。現在は同じIPアドレスを使うことが保証されています。そのため、仮想マシンを停止して割り当て解除してもプライベートIPアドレスは解放されません。同じ仮想ネットワークにある既存の仮想マシンと同じプライベートIPアドレスを使うとエラーになります。仮想マシンのプライベートIPアドレスが変化する可能性があるのは、仮想マシンそのものを削除するか、仮想マシンのネットワークインターフェイスカードを変更した場合に限られます。この場合、MACアドレスも変化するので注意してください。

⑤

[設定]の[IP構成]をクリックする。

⑥

IP構成の画面が表示される。ここで配置先サブネットの変更もできる。IPアドレスの割り当てを変更したい場合は、IPアドレスの構成情報（ここでは[ipconfig1]）をクリックする。

配置先サブネットを変更可能

⑦

[プライベートIPアドレスの設定]で、現在のプライベートIPアドレスを確認する（割り当てが[動的]の状態だと変更できない）。

● [パブリックIPアドレスの設定]では、パブリックIPアドレスを無効にすることもできる（ヒント参照）。

⑧

[プライベートIPアドレスの設定]で、[割り当て]を[静的]に変更する。

⑨

IPアドレスを変更する。

⑩

IPアドレスの変更後、仮想マシンが再起動される警告が表示される。

⑪

[保存]をクリックする。

▶IPアドレスが変更され、仮想マシンが再起動される。

パブリックIPアドレスが不要な場合は[関連付け解除]を選択

割り当てが[動的]のときはIPアドレスを変更できない

ヒント

仮想マシンのパブリックIPアドレスを削除する

VPN接続がある場合、パブリックIPアドレスは必要ありません。その場合、手順⑦の画面でパブリックIPアドレスを無効に設定できます。

4 独自のDNSサーバーを参照させるには

　Azure上の仮想マシンは、Azureが提供するDNSサーバーを参照するように構成されます。このDNSサーバーはインターネットのホスト名解決機能を提供します。しかし、Azure上の仮想マシン内に独自のDNSサーバーを作成する場合や、社内ネットワークのDNSサーバーを指定する場合など、参照先のDNSサーバーを変更したいことがあります。

　仮想マシンのTCP/IP構成を直接変更することはできないため、以下の手順でDNSサーバーを指定します。この設定は、IPアドレスを動的に指定している場合でも静的に指定している場合でも利用できます。

仮想ネットワークに独自のDNSサーバーを指定する

　Azureでは、以下の手順で、仮想ネットワークごとにDNSサーバーのアドレスを指定できます。サブネット単位では構成できません。

❶ Azureポータルで、仮想ネットワークの管理画面を開く。

❷ 設定を変更したい仮想ネットワークを選択する。

❸ [設定]の[DNSサーバー]を選択する。

❹ [DNSサーバー]として[カスタム]を選択する。

❺ DNSサーバーのIPアドレスを指定する。複数指定した場合は上から順に使われる。

●削除するときは右端の[削除]ボタン（ごみ箱のアイコン）をクリックする。

❻ [保存]をクリックする。

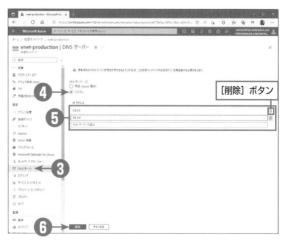

仮想マシンに独自のDNSサーバーを指定する

仮想マシン単位でDNSサーバーを指定することもできます。あまり一般的な設定ではありませんが、セキュリティ上の理由などで、1台だけ特別なDNSサーバーを参照させたい場合に利用します。

❶ Azureポータルで、仮想マシンの管理画面を開く。

❷ 設定を変更したい仮想マシンをクリックする。

❸ ［設定］の［ネットワーク］をクリックする。

❹ ネットワークインターフェイスの名前（通常は1つだけ）をクリックする。

❺ ［設定］の［DNSサーバー］を選択する。

❻ ［DNSサーバー］として［カスタム］を選択する。
- ●［仮想ネットワークから継承する］を選択すると、仮想ネットワークの設定が使用される。

❼ DNSサーバーのIPアドレスを指定する。複数指定した場合は上から順に使われる。削除するときは［…］をクリックして［削除］を選択する。

❽ ［保存］をクリックする。

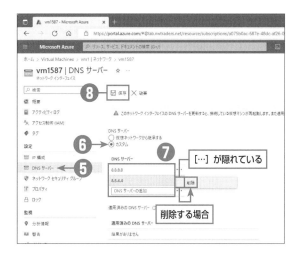

IPアドレスを更新するタイミングは

Azureの管理ポータルはDNSの正当性を確認しません。多くの場合、DNSサーバーの構成は仮想ネットワーク単位なので、誤ったIPアドレスを指定した場合、同じ仮想ネットワークを使う全サーバーに影響します。アドレス指定には十分注意してください。

設定されたDNS情報は、次回のDHCPリースの更新時から使用されます。リースの更新は以下のいずれかのタイミングで行われます。

・仮想マシンを新規作成した
・仮想マシンを起動または再起動した
・仮想マシン上で明示的にリースを更新した
・リース期間の更新（Azureの場合、通常はあり得ない）

Azureでは DHCP リース期間が100年以上に設定されています。DHCPクライアントはリース期間の半分を過ぎた時点で最初の更新要求を出します。同じ仮想マシンを50年以上再起動なしに使うことは考えられないので、Azureでリース期間の更新は事実上あり得ません。

Windowsでは**ipconfig /renew**コマンドを実行することで、明示的なリースの更新が可能です。Linuxの場合は、DHCPリース更新のみを実行する機能がないため、**service network restart**コマンドを実行し、ネットワークサービス全体を再起動することが多いようです。

再起動または明示的なリース更新を行わないと仮想マシンのTCP/IPパラメーターは更新されないことに注意してください。DNSサーバーのアドレスを変更した場合は、その仮想ネットワークに接続された全仮想マシンを再起動またはリース更新をする必要があります。

ヒント

DNSサーバーの変更と仮想マシンの再起動

DNSサーバーの変更を行った場合、Azureポータルには、仮想マシンが自動再起動するような記述があります。実際には、少なくとも筆者の環境では再起動することはありませんでした。しかし、わざわざ記述されているということは、再起動する条件があるのかもしれません。単に「再起動が必要」という意味かもしれませんが、念のため、再起動してもよい状態で変更してください。

Azure内に配置したDNSサーバーの構成

Azure上の仮想マシンにDNSサーバーをインストールして構成することもできます。仮想マシンに構成したDNSサーバーで外部ドメイン名を解決するためには再帰を有効にする必要があります。Windows ServerのDNSサーバーは既定で再帰が有効です。

必要がない限り、インターネットからDNSサーバーを参照するためのNSG（ネットワークセキュリティグループ）は作成しないでください。多くの場合、独自DNSサーバーは仮想ネットワーク内からの照会に応答するために構成します。そのため外部ネットワークからの照会に応答する必要はないはずです（図5-6）。

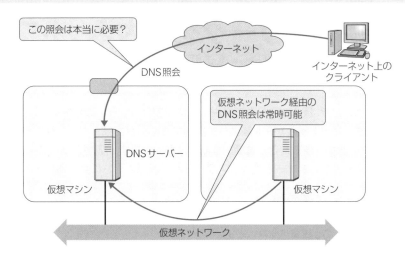

図5-6：DNSサーバーとインターネットからの参照

TCP/IPパラメーターの更新

以前のAzureでは、TCP/IPパラメーターの変更後はDHCPクライアント（仮想マシン）の再起動が必要でした。現在では、通常のDHCPクライアントと同様、DHCP構成の更新を行うことで構成が更新されます（Windowsの場合は**ipconfig /renew**）。

DNSサーバーを不用意に公開してはいけない理由

DNSサーバーの管理権限を奪うことで、さまざまなセキュリティリスクが発生します。たとえば、不正なホストが企業の公開サーバーになりすますことで、個人情報を不正に入手できるかもしれません。

DNSサーバーのなりすましを防ぐ技術は存在しますが、旧システムとの互換性の問題や設定の複雑さの問題から普及率は100%ではありません。インターネットにはDNSサーバーを発見し、脆弱性があればそれを利用して管理者権限を奪うプログラムが数多く動作しています。必要のない限り、DNSサーバーをインターネットからの照会に応答するように構成しないでください。

5 仮想ネットワークを社内ネットワークと接続するには：VPNゲートウェイ

　仮想ネットワークを使うことで、仮想マシン間で自由に通信ができるようになります。しかし、社内ネットワークからは依然としてインターネットからVIPを経由して接続する必要があります。これはセキュリティ的なリスクがあるうえ、VIPとDIPの変換をすることで技術的な制約も発生します。仮想ネットワークにVPNゲートウェイを構成すると、アドレス変換を行わず、社内ネットワークから仮想マシンに直接通信することができます。

VPNゲートウェイの種類

　VPNゲートウェイには、以下の3種類が存在します。

- ・ポイント対サイト接続
- ・サイト間接続
- ・VNET間接続

　いずれの場合でも、仮想ネットワークに「ゲートウェイサブネット」と呼ばれる中継専用のサブネットを追加し、そこにゲートウェイ（ルーター）を構成する必要があります。

　ゲートウェイ経由で仮想ネットワークに接続した場合、社内からは仮想マシンのプライベートアドレス（DIP）を指定して直接接続ができます。そのため、インターネットに公開せずにAzure内のサーバーにアクセスできるようになります。

　VPNゲートウェイは、性能に応じて時間単位の単価が設定されています。ただし、仮想マシンと違って構成を保ったまま課金を停止する機能はありません。

　VPNゲートウェイは、社内ネットワークとの接続にインターネットを利用します。インターネットではなく、専用の回線を使うのが「ExpressRoute」です。VPNゲートウェイとExpressRouteをあわせて「仮想ネットワークゲートウェイ」と呼びます。

ヒント

VPNゲートウェイのルーティングの種類

　VPNゲートウェイのルーティングには「ルートベース」と「ポリシーベース」の2種類があります。ルートベースはルーティングテーブルを動的に変更できるため「動的ルーティング」と呼んでいました。一方、ポリシーベースは接続ポリシーに従って固定的にルーティングテーブルを構成するため「静的ルーティング」と呼んでいました。
　サイト間接続を行う場合、ルートベース（動的ルーティング）はIKEv2（IPSecバージョン2）を利用し、ポリシーベース（静的ルーティング）はIKEv1（IPSecバージョン1）を利用したVPN接続を行います。
　複数拠点を接続する場合や、ポイント対サイト接続を構成するにはルートベースのVPNゲートウェイが必要です。今後の新機能はルートベースのみに実装される可能性が高いため、特別な理由がない限り、ルートベースを使うようにしてください（次表）。本書でもルートベースのみを扱います。

VPNゲートウェイのルーティングの種類

	ルートベース	ポリシーベース
過去の名称	動的ルーティング	静的ルーティング
サイト間接続	IKEv2(IPSec v2)	IKEv1(IPSec v1)
ポイント対サイト接続	○	×
複数拠点間の接続	○	×

ポイント対サイト接続

　ポイント対サイト接続は、WindowsクライアントからAzure仮想ネットワークに接続します。VPNプロトコルは以下のいずれかが利用できます（表5-1）。

- ・**SSTP（Secure Socket Tunneling Protocol）**…HTTPSを使用するため、ファイアウォールで遮断される可能性が低い反面、サポートされるのはWindows 7以降のみである（サードパーティのSSTPはサポートしない）。
- ・**IKEv2**…業界標準のVPNだが、IPsecを使うためホテルなどの環境では利用できない場合がある。また、VpnGw1以上のSKUが必要で、最も安価なBasicでは利用できない。
- ・**OpenVPN**…オープンソースのVPNで、WindowsのほかmacOSやLinuxもサポートするが、OpenVPNのインストールは別途行う必要がある。マイクロソフトからは、ストアアプリとして「Azure VPNクライアント」が提供されている。SSLを使用しているため、同じSSLを使用するSSTPとは共存できない。また、VpnGw1以上のSKUが必要で、最も安価なBasicでは利用できない。

表5-1：ポイント対サイト接続のVPNプロトコル

	SSTP	IKEv2	OpenVPN
規格	マイクロソフト	業界標準	オープンソース
証明書	必要	必要	必要
プロトコル	HTTPS（SSL）	IPsec	UDP/1194（SSL）変更可能
VPN GWのSKU	すべて	VpnGw1以上	VpnGw1以上
対象OS	Windows 7以降	多様	多様

　ポイント対サイト接続の利用イメージは、システム管理者がダイヤルアップ接続を使ってデータセンターのサーバーに対して管理コンソールを利用することです（図5-7）。ネットワーク対ネットワークの接続ではないため、サーバー間通信に使うことは想定していません。

　ポイント対サイト接続および後述するサイト間接続は、インターネットデータ転送（帯域幅）に応じた課金が行われます（表5-2）。

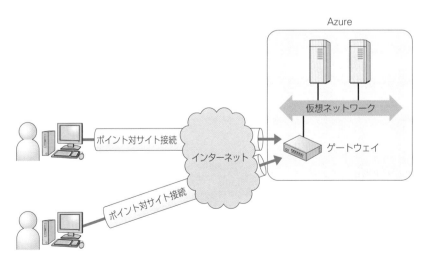

図5-7：ポイント対サイト接続

表5-2：インターネット出力帯域幅の価格

送信元の大陸*	最初の100GB/月	次の10TB/月	次の40TB/月	次の100TB/月	次の350TB/月**
北米・欧州から任意の宛先	無料	約12円	約11円	約10円	約6.8円
アジア・オセアニア・中東およびアフリカから任意の宛先	無料	約16円	約12円	約11円	約11円
南米から任意の宛先	無料	約25円	約24円	約23円	約22円

　* Azureへの入力帯域幅は無料
** 500TBを超える場合は別途問い合わせ
（この表は100GB+10TB+40TB+100TB+350TB=500.1TBまでの料金）

ヒント

インターネット帯域幅課金の「大陸」

インターネット帯域幅課金の「大陸」は「大きなくくりでの地域」程度の意味です。東日本・西日本リージョンや東アジア（香港）は、厳密にはアジア大陸ではありませんが、Azureでは「アジア大陸」と位置付けています。

「大陸」は、以前は「ゾーン」と呼ばれていましたが、「可用性ゾーン」と紛らわしいため名称が変わりました。ただし、現在でも一部のドキュメントには「ゾーン」という名称が残っています。

サイト間接続

　サイト間接続は、社内ネットワークとAzureの仮想ネットワークを接続します。サイト間接続は、パブリックIPアドレスが割り当てられたIPセキュリティ（IPSec）対応のVPN装置が必要です。Windows Server 2012/2012 R2の「ルーティングとリモートアクセス（RRAS）」もVPN装置として利用するための公式サンプル構成が公開されています。Windows Server 2016以降でも構成できるはずですが、マイクロソフトから公式サンプルは公開されていないようです。

　サイト間接続の利用イメージは、社内ネットワークからルーターを経由してデータセンターに接続することです（図5-8）。

　サイト間接続に利用するVPNは、社内から接続する（コールする）場合とAzure側から接続要求を受ける（コールされる）場合があります。そのため、VPN装置には発着信の両方に使えるパブリックIPアドレスが必須です。

　サイト間接続は、社内システムとAzureを統合する「ハイブリッドクラウド」には必須の機能ですが、固定されたパブリックIPアドレスが必要なため、個人利用の範囲を超えます。そのため本書では扱いません。

　サイト間接続は、ポイント対サイト接続と同様インターネットデータ転送（帯域幅）に応じた課金が行われます（前出の表5-2）。

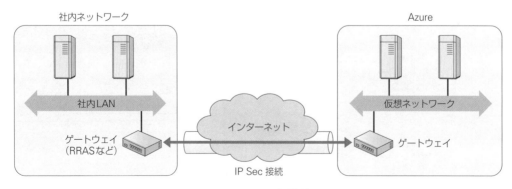

図5-8：サイト間接続

VNET間接続

サイト間接続の応用で、Azure仮想ネットワーク間を接続します。主に異なるリージョン間での通信に使われますが、リージョン内でも構成できます。

同一可用性ゾーン内でのVNET間接続には帯域幅課金は発生しませんが、可用性ゾーンやリージョンが異なる場合は帯域幅課金が発生します。VNET間接続はインターネットを使用しないため、帯域幅課金はサイト間VPNと異なる体系が利用され、VPNゲートウェイとは別に課金されます（表5-3）。

なお、地理冗長ストレージなど、Azureのサービス間で発生する帯域幅については別の料金体系が適用されます（表5-4）。

表5-3：仮想ネットワーク間通信帯域幅の価格（VPNゲートウェイ経由）

	ゾーン1	ゾーン2	ゾーン3
別リージョン仮想ネットワークへの送信帯域幅	約5.0円/GB	約13.0円/GB	約23.1円/GB
同一リージョン仮想ネットワーク間の通信	無料		
仮想ネットワークの受信帯域幅	無料		

各ゾーンに対応するリージョン
ゾーン1：北米、ヨーロッパ
ゾーン2：日本を含むアジア
ゾーン3：南米

表5-4：リージョン間通信帯域幅の価格

送信元の大陸*	大陸内（送信）	大陸間（送信）
北米・欧州から任意の宛先	約2.9円/GB	約7.2円/GB
アジア・オセアニア・中東および	約11.6円/GB	約11.6円/GB
アフリカから任意の宛先		
南米から任意の宛先	約23.1円/GB	約23.1円/GB

* Azureの受信帯域幅は無料

ExpressRoute

ExpressRouteは、マイクロソフトと契約したサービスプロバイダーに直接接続する方法です。従量制課金データプランと無制限データプランが存在しますが、いずれも月額最低課金が発生します。

料金体系の違いから、大量のネットワーク通信をする場合は割安になりますが、通信量が少ない場合は割高になります。また、サービスプロバイダーの利用料が別にかかります。

ExpressRouteはインターネットを使用しないため、安定した高速な通信が可能ですが、構成が複雑で高価なため個人で契約することはほとんどありません。そのため、本書では扱いません。

> **ヒント**
>
> **ExpressRouteとDirect Connect**
>
> ExpressRouteは、Amazon Web Servicesの「Direct Connect」や、IBM Cloud（旧称SoftLayer）の「Direct Link」とほぼ同じ機能を提供します。

ゲートウェイサブネットを追加する

VPNゲートウェイを作成するには、仮想ネットワークにゲートウェイサブネットを追加する必要があります。この
サブネットは決められた名前を持ち、VPNゲートウェイだけが配置されます。

ゲートウェイサブネットの構成は、以下の手順で行います。

❶ Azureポータルで、仮想ネットワークの管理画面を
開く。

❷ 設定を変更したい仮想ネットワークを選択する。

❸ [設定] の [サブネット] を選択する。

❹ [+ゲートウェイサブネット] をクリックする。

❺ 名前は [GatewaySubnet] に固定されている。

❻ IPアドレス範囲をCIDR形式で指定する。
●その他のオプションは原則として変更しない。

❼ [保存] をクリックする。

ヒント

ゲートウェイサブネットのセキュリティ

ゲートウェイサブネットは、Azureが特別なセキュリティ
設定を行います。そのため、ネットワークセキュリティ
グループの構成はできません。その他の構成パラメー
ターも原則として既定値のまま使ってください。

ゲートウェイサブネットの値を選択する

ゲートウェイサブネットは、指定した仮想ネットワーク
から、空いているサブネットが自動的に使われます。た
だし、ゲートウェイサブネットやサブネットの設定画面
で自動表示されるネットワーク番号を手動で書き換えれ
ば、任意のサブネットを指定できます。Azure内部のデ
フォルトゲートウェイはホスト番号1が使われるので、
ゲートウェイサブネットも若い番号にした方がわかりや
すいでしょう。
VPNゲートウェイを配置するだけならゲートウェイサ
ブネットは29ビットマスクで十分です。しかし、将来の
機能拡張の可能性も考えて、マイクロソフトでは27ビッ
ト以上を推奨しています。本書では計算を簡単にするた
め、24ビットマスクを使っています。
なお、Azureはサブネットあたりデフォルトゲートウェイ
を含めて3つのIPアドレスを予約します。30ビットマス
クでは2つのIPアドレスしか割り当てられないため、
ゲートウェイサブネットとしては指定できません（エ
ラーになります）。

VPNゲートウェイを作成する

ここまでの操作で、ゲートウェイサブネットが構成されましたが、ゲートウェイそのものは未構成です。ゲートウェイは以下の手順で作成します。

❶
Azureポータルの検索ボックスで**vpn**と入力し、検索結果から［仮想ネットワークゲートウェイ］を選択する。

❷
仮想ネットワークゲートウェイの管理画面であることを確認して［＋作成］をクリックする。

❸
仮想ネットワークゲートウェイの作成画面が開くので、［基本］タブで以下の項目を設定する。

［サブスクリプション］…サブスクリプションを指定する。

［リソースグループ］…仮想ネットワークを指定すると自動的に設定されるので、何も指定しない（できない）。

［名前］…VPNゲートウェイの名前を指定する。

［地域］…VPNゲートウェイを配置する仮想ネットワークのある地域（リージョン）を指定する。

［ゲートウェイの種類］…［VPN］を選択する（本書ではExpressRouteは扱わない）。

［VPNの種類］…［ルートベース］を選択する（ポイント対サイト接続はルートベースでのみ利用可能で、ポリシーベースはサポートしない）。

［SKU］…SKU（Stock Keeping Unit：型番）を指定する。ここでは全機能を持つSKUの中で最も安価で低速なVpnGw1を選択している。Basicの方が安価だが、ポイント対サイト接続でIKEv2やOpen VPNをサポートしないなど多くの制約がある。

［世代］…VPNゲートウェイの世代を選択する。Generation 1よりGeneration 2の方が若干高速で価格は同じ。ただし、低速なSKUはGeneration 1のみ存在し、今後登場する高速なSKUはGeneration 2にのみ追加される。

［仮想ネットワーク］…作成済みの仮想ネットワークを選択する。仮想ネットワークを選択すると、VPNゲートウェイのリソースグループが自動的に設定される。ここで仮想ネットワークを新規に作成することもできる。

ここをクリックしても作成できる

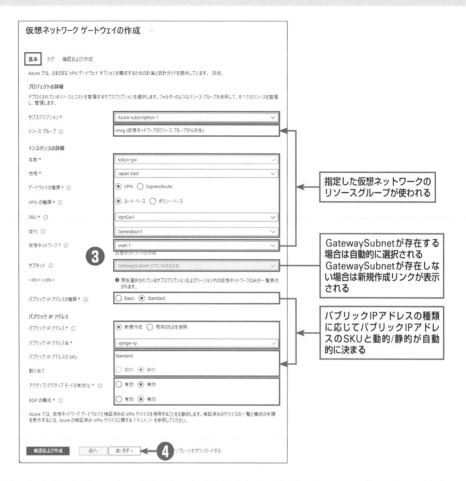

[サブネット]…作成済みのゲートウェイサブネットが選択される（変更できない）。ゲートウェイサブネットが存在しない場合は、ここで作成できる。その場合はゲートウェイサブネットのIPアドレス範囲も指定できる。

[パブリックIPアドレスの種類]…[Basic]または[Standard]を選択する。本番環境ではSLAが定義されている[Standard]が望ましい。

[パブリックIPアドレス]…VPNゲートウェイが使用するパブリックIPアドレスを指定する。[新規作成]を選択した場合は、[パブリックIPアドレス名]にパブリックIPアドレスリソースの名前を入力する。既存のものを選ぶこともできる。Standard IPアドレスを利用する場合は、事前にIPアドレスリソースだけを作っておけば、VPNゲートウェイのIPアドレスが事前にわかる。Basic IPアドレスを使用する場合は動的アドレスが選択され、VPNゲートウェイが起動するまでIPアドレスはわからない。

[パブリックIPアドレスのSKU]と[割り当て]…パブリック IP アドレスの種類として[Basic]を選択した場合、パブリックIPアドレスリソースとしてBasic SKUの動的IPアドレスが選択される。[Standard]を選択した場合はStandard SKUの静的IPアドレスが自動的に選択される。この規則を変更することはできない。

[アクティブ/アクティブモードの有効化]…オンプレミス（社内）側のVPNゲートウェイの二重化を行う場合に[有効]を指定する。この設定が[無効]の場合でも、Azure側のVPNゲートウェイはハードウェア的に二重化されている。

[BGP ASNの構成]…BGPを使う場合は[有効]を選ぶ（本書ではBGPは使わない）。

❹

[次：タグ] をクリックする。

● タグに何も指定しない場合は [確認および作成] をクリックして、最終画面まで進むことができる。

❺

[タグ] タブで、必要に応じてタグの名前と値を指定して [次：確認および作成] をクリックする。

❻

[確認および作成] タブで、検証に成功したことを確認して [作成] をクリックする。

ヒント

VPNゲートウェイのパブリックIPアドレス

VPNゲートウェイのパブリックIPアドレスとして、以前はBasicのみが選択可能でした。現在はStandardでもBasicでも使用できます。ただし、BasicパブリックIPアドレスはSLAが設定されていないうえ、2025年9月で提供を終了する予定なので、今後はStandardを使ってください。また、ゾーン冗長構成をサポートするSKU（末尾がAZで終わるSKU）にはStandardが必要です。

BGP（ボーダーゲートウェイプロトコル）

BGPは、大規模ネットワーク間でルーティング情報を自動交換するプロトコルです。BGPは、組織ごとに管理するネットワーク領域にAS（autonomous system：自律システム）を割り当てて、AS間のルーティングを制御します。AS内ではOSPF（Open Shortest Path First）など、中規模以下の環境のためのルーティングプロトコルを使うのが一般的です。ただし、AzureはOSPFをサポートしません。

　ゲートウェイの作成には最大45分程度かかります。最近は30分以内に終わることが多いようですが、念のため1時間程度はみておいてください。

　また、ゲートウェイは利用可能な状態になっているだけで時間単位の課金対象になります。ゲートウェイの利用を一時的に中断する機能はないので、課金を停止するにはゲートウェイを削除する必要があります。ただし、ゲートウェイを削除すると、すべての構成パラメーターが失われることに注意してください。StandardパブリックIPアドレスを選んだ場合は、IPアドレスが保存されます。VPNゲートウェイを再作成するときに同じパブリックIPアドレスリソースを（新規作成せずに）指定してください。

ヒント

VPNゲートウェイのSKU

VPNゲートウェイのSKUの違いは下の表の通りです。小規模な環境ではBasicで十分ですが、IKEv2やOpenVPNが使えないことに注意してください。

VPNゲートウェイのSKU（主な違いのみ）

SKU	可用性ゾーン	速度（Gen 1）	速度（Gen 2）	価格*（1ヶ月概算）	ポイント対サイトVPN
Basic		100Mbps		約3,600円	SSTPのみ
VpnGw1		650Mbps		約19,000円	
VpnGw2		1Gbps	1.25Gbps	約49,000円	
VpnGw3		1.25Gbps	2.5Gbps	約125,000円	
VpnGw4			5Gbps	約210,000円	SSTP
VpnGw5			10Gbps	約364,000円	IKEv2
VpnGw1AZ	対応	650Mbps		約36,000円	OpenVPN
VpnGw2AZ	対応	1Gbps	1.25Gbps	約56,000円	
VpnGw3AZ	対応	1.25Gbps	2.5Gbps	約143,000円	
VpnGw4AZ	対応		5Gbps	約241,000円	
VpnGw5AZ	対応		10Gbps	約419,000円	

*Generation（世代）による価格差はない

コラム
アクティブ／スタンバイモードとアクティブ／アクティブモード

　VPNゲートウェイは、ハードウェア障害に備えて常に2台1組で展開されますが、その使い方は「アクティブ／スタンバイ」と「アクティブ／アクティブ」の2つの方法があります。

　アクティブ／スタンバイ構成の場合は、1台のみが動作していて（アクティブ）、もう1台は待機しています（スタンバイ）。Azureの都合でアクティブ側を計画的に停止する場合、スタンバイとの切り替えに伴う中断時間は10～15秒以内です。しかし、予期しないトラブルの場合は約1分から最大3分程度が見込まれます。この間、サイト間接続は通信が中断します。ポイント対サイトの場合は接続が切断されるため、明示的な再接続が必要になります。

　アクティブ／アクティブ構成の場合は、VPNゲートウェイが2台ともアクティブになっているため、1台が停止しても中断は発生しません。ただし、オンプレミス側のVPNルーターが1台の場合、オンプレミス側の障害によって中断が発生する場合があります。これを防ぐにはオンプレミス側にルーターを2台用意します（デュアル冗長性アクティブ／アクティブ）。ただし、この構成はルーター選定のためにBGPの構成を必要とします。

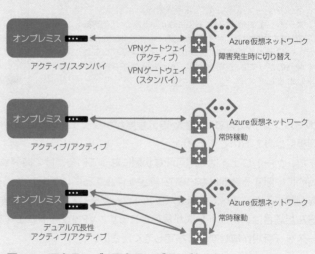

図5-9：アクティブ／アクティブモード

6　ポイント対サイト接続を構成するには：証明書の準備

　ポイント対サイト接続VPNではSSL用の証明書が必要です。この証明書は、商用証明機関から発行されたものではなく、自己署名証明書またはプライベート証明機関が発行した証明書を使います。
　ここでは、ポイント対サイト接続に必要な自己署名SSL証明書を作成します。

ポイント対サイト接続に必要な証明書

　ポイント対サイト接続ではVPNとしてSSLベースのプロトコルを使います。そのため、サーバー（Azure上のゲートウェイ）とクライアントの両方に証明書が必要です。具体的には、以下の2つの証明書を構成する必要があります。

- **サーバー（Azure上のVPNゲートウェイ）**…ルート証明書
- **クライアント（社内のコンピューター）**…ルート証明書によって署名された証明書

　ルート証明書には自己署名証明書またはエンタープライズ証明書（自社で独自に発行した証明書）が使用できます。商用証明書の利用はサポートしていません。
　ポイント対サイト接続は組織内の管理者が利用するものであり、不特定多数に公開するものではありません。組織内で相互に身元確認を行うだけなので、自己署名証明書によるセキュリティ上のリスクは最小限に抑えられます。
　自己署名証明書の作成は、マイクロソフトが公開しているWindows SDK（ソフトウェア開発キット）に含まれる**makecert**コマンド（makecert.exe）が使えるほか、Windows 10以降に標準で含まれるPowerShellを使うのが簡単です。

自己署名ルート証明書を使う理由

　Azureのポイント対サイト接続では、クライアントが適切な証明書を所有しているかどうかで認証を行います。適切かどうかは、Azureに登録されたルート証明書から発行されたかどうかだけで判断します（図5-10）。
　商用証明書のルート証明書は不特定多数のユーザーの証明書を発行しているため、不特定多数のユーザーがVPN接続を行えることになってしまいます。この問題は、VPN接続時にAzureが「どの組織に対して発行された証明書なのか」を確認すれば解決するのですが、どうもそうなっていないようです。
　なお、自己署名証明書ではなく、自社独自のエンタープライズ証明機関（たとえばActive Directory証明書サービス）から発行された証明書を使うことは可能です。この場合は証明書の発行範囲が限られているため、セキュリティ上の問題は発生しません。

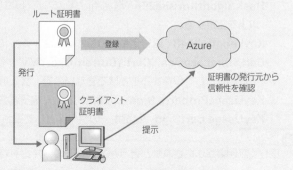
図5-10：ポイント対サイト接続VPNの認証

証明書作成ツール

　ポイント対サイト接続では自己署名証明書を使うため、証明書の作成ツールが必要です。Windowsでは先述のように Windows SDKに含まれる **makecert** コマンド（makecert.exe）が利用できるほか、Windows 10以降に標準で含まれる PowerShellを使うことができます。Linux系のOSではOpenSSLのパッケージに含まれるツールがよく使われます。

　証明書の形式は標準化されているため、どのツールを使っても構いません。ここではWindows標準の PowerShellを使った手順を説明します。

ルート証明書を作成する

　最初に、Azureの構成に必要な自己署名ルート証明書を作成します。

❶
　PowerShellを管理者として実行する。

❷
　以下のコマンドを実行し、自己署名証明書を作成して変数 **$cert** に保存する（本来は1行だが、行末の「`」で行の継続を示している）。

```
$cert = New-SelfSignedCertificate -Type Custom -KeySpec Signature `
  -Subject "CN=P2SRootCert" -KeyExportPolicy Exportable `
  -HashAlgorithm sha256 -KeyLength 2048 `
  -CertStoreLocation "Cert:\CurrentUser\My" -KeyUsageProperty Sign `
  -KeyUsage CertSign
```

●オプションの説明

　　-Type Custom…独自の証明書を作成する。

　　-KeySpec Signature…署名用に使用する。

　　-Subject "CN=P2SRootCert"…証明書の名称を指定する。今回の設定では特に意味はない。

　　-KeyExportPolicy Exportable…エクスポート可能にする。今回の設定ではエクスポートしないので、特に意味はない。

　　-HashAlgorithm sha256…署名用のハッシュアルゴリズムを指定する。古いsha1は使えないので、sha256以上を指定する。

　　-KeyLength 2048…暗号化キーの長さを指定する。1024ビットは使用できないので、2048以上を指定する。

　　-CertStoreLocation "Cert:\CurrentUser\My"…証明書の保存場所を指定する。新規作成の証明書をルート証明書として保存することはできないので、個人用証明書として保存している。

　　-KeyUsageProperty Sign…利用目的として電子署名を指定する。

　　-KeyUsage CertSign…秘密キーの使用法として署名を指定する。

❸
　正しく証明書が作成されたかどうかを、以下のコマンドで確認する。

```
Get-ChildItem -Path "Cert:\CurrentUser\My"
```

❹

変数**$cert**に保存された証明書を、BASE64形式のテキスト情報に変換し、変数**$certbase64**に保存する。

```
$certbase64 = [system.convert]::ToBase64String($cert.RawData)
```

❺

変数**$certbase64**に保存されたBASE64形式の証明書を、ファイルに保存する（ここではC:¥P2SRootCertBase64.cer）。

```
Set-Content -Value $certbase64 -path C:¥P2SRootCertBase64.cer
```

ルート証明書をインストールする

　作成した証明書は、個人用の証明書として登録されていますが、信頼されたルート証明機関として登録されているわけではありません。そこで、前項の手順で作成した証明書を、信頼されたルート証明機関としてインストールする必要があります。

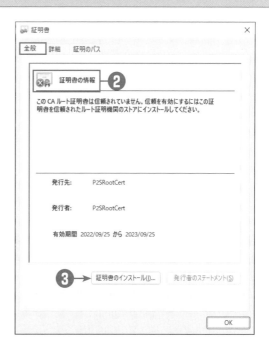

❶

前項の手順で作成した証明書ファイル（例：C:¥P2SRootCertBase64.cer）をダブルクリックする。

▶[証明書]ダイアログボックスが開く。

❷

[全般]タブでは、証明書が信頼されていないので赤い警告が表示されている。

❸

[証明書のインストール]をクリックする。

▶[証明書のインポートウィザード]が開く。

4
[証明書のインポートウィザードの開始] 画面で [現在のユーザー] を選択する。

5
[次へ] をクリックする。

6
[証明書ストア] 画面で [証明書をすべて次のストアに配置する] を選択する。

7
[参照] をクリックする。

8
[証明書ストアの選択] 画面で [信頼されたルート証明機関] を選択する。

9
[OK] をクリックする。

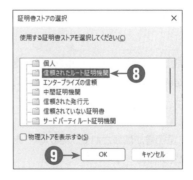

> **注意**
>
> ### エンタープライズ証明書を使っている場合
>
> ルート証明書を登録するにはBASE64形式のファイルが必要です。企業内で、既に証明書を使った運用が行われている場合は、証明書管理者の指示に従ってください。

⑩
[証明書ストア] 画面に戻るので、[信頼されたルート証明機関] が選択されていることを確認する。

⑪
[次へ] をクリックする。

⑫
[証明書のインポートウィザードの完了] 画面で [完了] をクリックする。

⑬
信頼された証明機関を追加する警告が表示されるので、[はい] をクリックする。

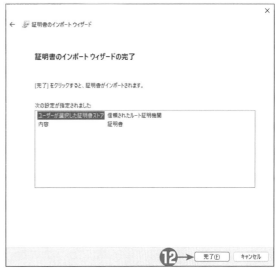

⑭ 「正しくインポートされました」と表示されたら [OK] をクリックする。

⑮ [証明書] ダイアログボックスで [OK] をクリックして閉じる。この時点では、証明書はまだ信頼されていないように見える。

⑯ 改めて証明書ファイルをダブルクリックして [証明書] ダイアログボックスを開き、証明書が信頼されていることを確認する。

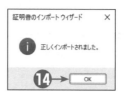

以下のPowerShellコマンドレットでも同じ結果が得られます（行末の「`」は行の継続記号）。

```
Import-Certificate -FilePath C:¥P2SRootCertBase64.cer `
  -CertStoreLocation Cert:¥CurrentUser¥Root¥
```

クライアント証明書を発行する

クライアント側には、Azureにアップロードしたルート証明書から作成したクライアント証明書が必要です。この証明書の作成には、ルート証明書と同じくPowerShellコマンドレットが使用できます。クライアント証明書はファイルにする必要はなく、以下のPowerShellコマンドレットだけで作業が完了します。

```
New-SelfSignedCertificate -Type Custom -KeySpec Signature `
  -Subject "CN=P2SChildCert" -KeyExportPolicy Exportable `
  -HashAlgorithm sha256 -KeyLength 2048 `
  -CertStoreLocation "Cert:¥CurrentUser¥My" `
  -Signer $cert -TextExtension @("2.5.29.37={text}1.3.6.1.5.5.7.3.2")
```

```
PS C:\> New-SelfSignedCertificate -Type Custom -KeySpec Signature `
>> -Subject "CN=P2SChildCert" -KeyExportPolicy Exportable `
>> -HashAlgorithm sha256 -KeyLength 2048 `
>> -CertStoreLocation "Cert:\CurrentUser\My" `
>> -Signer $cert -TextExtension @("2.5.29.37={text}1.3.6.1.5.5.7.3.2")


   PSParentPath: Microsoft.PowerShell.Security\Certificate::CurrentUser\My

Thumbprint                                Subject
----------                                -------
1900858D7C9D21C516742A12EF907CCFFEBBEBC0  CN=P2SChildCert


PS C:\>
```

図5-11：クライアント証明書を発行する

「2.5.29.37」はキーの使い方の拡張を示し、「1.3.6.1.5.5.7.3.2」はクライアント認証を示すIDになっています。これらの値はX.509標準として定義されています。

以上で、ポイント対サイト接続に必要な証明書の準備ができました。

> **ヒント**
>
> **自己署名証明書の作成**
>
> 自己署名証明書は、Azureキーコンテナー（Key Vault）から作成することもできますが、ポイント対サイトVPN用に使うことはできません。

7　ポイント対サイト接続を構成するには：Azure側の構成

ルートベースのVPNゲートウェイには、ポイント対サイト接続の機能を追加できます。必要な手順は以下の通りです。

1. VPNゲートウェイの構成（Azure側）
2. ルート証明書のアップロード（Azure側）
3. VPN接続パッケージのダウンロードとインストール（社内側）
4. VPN接続の開始（社内側）

それでは、順番に見ていきましょう。なお、この節ではAzure側の構成について説明します。社内側の構成については、次節で取り上げます。

VPNゲートウェイを構成する

最初に、ポイント対サイト接続が使うネットワーク範囲を指定します。これを「IPアドレスプール」と呼びます。
ポイント対サイト接続では、クライアントPCに仮想ネットワークインターフェイスを作成し、Azure仮想ネットワークとの接続を行います（図5-12）。そのため、クライアントPCがもともと持っていたネットワーク範囲とも、Azureの仮想ネットワークが持つネットワーク範囲とも異なるアドレス範囲が必要です。そのほか、利用可能なプロトコルや認証方法を設定します。

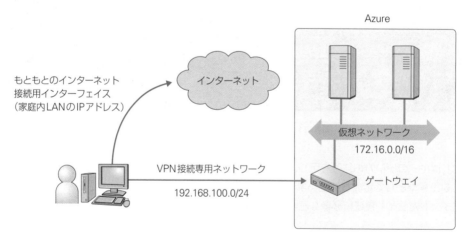

図5-12：VPN接続用のネットワーク

具体的な手順は次の通りです。

❶ Azureポータルの検索ボックスで**vpn**と入力し、検索結果から［仮想ネットワークゲートウェイ］を選択する

❷ ポイント対サイト接続を構成するVPNゲートウェイを選択する。

❸ ［設定］の［ポイント対サイトの構成］を選択する。

❹ ［今すぐ構成］を選択し、設定画面を表示する。

❺ アドレスプールとして使用するIPアドレス範囲をCIDR形式で指定する。

● 同時接続数を考慮して、十分なIPアドレスが確保できる値を指定する。接続時は、VPNゲートウェイもIPアドレスを1つ消費する。

❻ トンネルの種類を以下のうちから選択する。
　・OpenVPN（SSL）
　・SSTP（SSL）
　・IKEv2
　・IKEv2とOpenVPN（SSL）
　・IKEv2とSSTP（SSL）

❼ 認証の種類として［Azure証明書］を選択する。その他の選択肢は本書では扱わない。
［RADIUS認証］…インターネット上で利用可能なRADIUS認証サーバーが利用できる場合に指定する。
［Azure Active Directory］…Azure ADを使って認証する。本書の執筆時点ではOpenVPNでのみ利用可能。

❽ この画面を開いたまま、次項のルート証明書のアップロード手順に進む。

　以上で、ポイント対サイト接続用のVPNゲートウェイが構成されました。このVPNゲートウェイを使うクライアントは、ここで指定したIPアドレスプールのいずれかが使われます。

VPN プロトコルの選択基準

ポイント対サイトVPNのプロトコルの主な特徴を表に示します。以下のような基準で選択するとよいでしょう。

・IKEv2…他のプロトコルと併用できるのでとりあえず有効にする。
・SSTP…HTTPSを使うため、接続環境の制約が少ないがWindows専用。
・OpenVPN…OSに依存せず、接続環境の制約も少ないが、手動構成が必要。

主にWindowsを使う場合は「IKEv2 + SSTP」、複数のOSの混在環境では「IKEv2 + OpenVPN」をお勧めします。IKEv2は業界標準規格で、通信を切断せずにWiFiから携帯電話回線への切り替えが自動的に行えるなど非常に高機能なので、優先的に選択したいプロトコルです。しかし、ホテルが提供するインターネット環境などでは使えない場合があります。

ポイント対サイトVPNプロトコルの比較

	IKEv2	SSTP	OpenVPN	Azure VPN* （OpenVPN）
接続環境	IPsec 制限あり	HTTPS 制限小	HTTPS 制限小	HTTPS 制限小
対象OS	業界標準	Windows	Linux macOS Windows	Windows
Windowsの場合 クライアント構成	インストーラー	インストーラー	手動構成	ストアアプリ （一部手動構成）
Windowsの場合 必要な管理者権限	インストール時 接続時	インストール時 接続時	接続時	不要

*Azure VPNは、Microsoft Store経由でインストール可能なOpenVPNクライアント

ルート証明書をアップロードする：事前準備

　続いて、同じ画面でルート証明書のアップロードを行います。ルート証明書はBASE64形式でエンコードされたテキストが必要です。あらかじめ以下のいずれかの方法を使って、証明書の内容をクリップボードに保存しておいてください。

- **方法1**…BASE64形式のルート証明書をメモ帳などのテキストエディタで開き、クリップボードにコピーします。BASE64形式に開始行（BEGINの文字を含む行）と終了行（ENDの文字を含む行）を含んでいる場合は、それらを除外する必要があります（図5-13）。Microsoft Edge、Google Chrome、Mozilla Firefoxなど、ほとんどのWebブラウザーでは改行を除外する必要はありません。

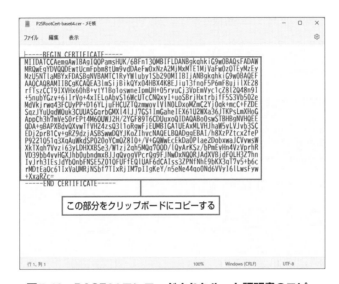

図5-13：BASE64エンコードされたルート証明書のコピー

- **方法2**…以下のコマンドを使ってファイル全体をクリップボードに保存します。**clip**はWindowsの標準コマンドで、パイプ（|）から受け取った内容をクリップボードに保存します。この章の6の「ルート証明書を作成する」で紹介したPowerShellを使った方法ではBEGIN/END行を含まない1行が、拡張子.cerを持つファイルとして生成されるので、方法2が便利でしょう。

```
type 証明書ファイル | clip
```

ルート証明書をアップロードする：Azureポータル上の作業

　先ほどVPN接続用のIPアドレスプールを指定したのと同じ画面で、ルート証明書をアップロードします。具体的な手順は次の通りです。

❶ 先ほどVPN用にIPアドレスプールを指定して保存せず開いておいた同じ画面で、続けて操作する。

❷ ［名前］に、ルート証明書の名前を入力する。この名前は証明書の名前と一致している必要はない。

❸ ［公開証明書データ］に、あらかじめクリップボードにコピーしておいたBASE64形式のルート証明書を貼り付ける。テキストボックスの領域は1行分だが複数行の貼り付けも可能。

❹ ［保存］をクリックする。保存が完了するまで数分かかる。次節で説明するVPNクライアントパッケージのダウンロードは保存完了後に実行できる。

　以上で、証明書のアップロードが完了しました。ファイルを指定するのではなく、ファイルの中身を貼り付けることに注意してください。

8 ポイント対サイト接続を構成するには：社内側の構成

ポイント対サイト接続を構成するには、社内側（クライアントPC）の構成も必要です。ここでは、ポイント対サイト接続を構成する場合の社内側の構成を説明します。

VPNクライアントパッケージをダウンロードする

初めに、社内側のクライアントPCにVPN接続を構成するため、VPNクライアントパッケージをダウンロードします。

❶
VPNゲートウェイの管理画面で［設定］の［ポイント対サイトの構成］を開き［VPNクライアントのダウンロード］をクリックする。

❷
VPNクライアントパッケージをダウンロードして保存する（Webブラウザーによって操作が違う）。
●ダウンロードボタンを押してから実際にダウンロードが始まるまで数分かかることがあるので注意。

ダウンロードしたVPNクライアントパッケージはZIP形式で圧縮されており、以下のフォルダーを含みます。

- **WindowsAmd64**…64ビット版Windows用のインストーラーで、SSTPとIKEv2の構成を含む。
- **WindowsX86**…32ビット版Windows用のインストーラーで、SSTPとIKEv2の構成を含む。
- **Generic**…IKEv2構成用の汎用パッケージで、主にLinuxやmacOSで使う。構成情報を保存したXMLファイルと暗号化用のルート証明書ファイルを含む。
- **OpenVPN**…OpenVPN用の構成ファイルを含む（OpenVPNを選択した場合）。
- **AzureVPN**…Azure VPNクライアント（Windows用OpenVPNクライアント）用の構成ファイルを含む（OpenVPNを選択した場合）。

Windowsでポイント対サイトVPNを利用する場合、最も簡単な方法はWindowsAmd64/WindowsX86に含まれるインストーラーを実行する方法です。ただし、この方ではSSTPとIKEv2しか利用できません。また、インストール時だけでなく接続時にも管理者権限が必要になります。

OpenVPNを利用する場合は「Microsoft Store」から「Azure VPNクライアント」を入手します。構成ファイルから設定情報を読み込む必要はありますが、インストールにも接続にも管理者権限を必要としません。

オリジナルのOpenVPNクライアントは、macOS、Linux、Windowsのすべてをサポートしますが、インストールと構成はすべて手動で行う必要があります。また、インストール時には管理者権限が必要です（接続には管理者権限は不要です）。

本書では、インストーラーを使ったSSTP/IKEv2クライアント、およびAzure VPNクライアントについて説明します。

VPNクライアントパッケージファイルを展開する

続いて、ダウンロードしたファイルを以下の手順で展開します。

❶

エクスプローラーを開き、ダウンロードしたVPNクライアントパッケージファイルを右クリックして［すべて展開］を選択する。

❷

展開先のフォルダーを確認して［展開］をクリックする。

❸

展開後、展開先のフォルダーを開き、適切なフォルダーをダブルクリックして開く（画面では64ビット版Windows用のフォルダー WindowsAmd64 を選択している）。

❹

適切なインストーラーを実行する。OpenVPNを使う場合やLinux/macOSを使う場合はGenericフォルダーに構成ファイルがあるので、内容を参照しながら必要な設定を行う。Azure VPNクライアントを使う場合はAzureVPNフォルダーに構成ファイルが保存される。

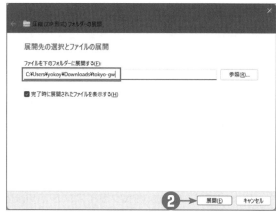

　Azureが生成するWindows用のVPNクライアントパッケージは実行可能なインストーラー形式になっています
が、以下の理由からそのままでは実行できない場合があります。

■インターネットからダウンロードした実行ファイルは、既定でブロックされる

　ブロックされたファイルは正常に実行できない場合があります。この場合はエクスプローラーでファイルのプロパ
ティを表示し、ブロックを解除する必要があります（図5-14、画面はWindows 11の場合）。

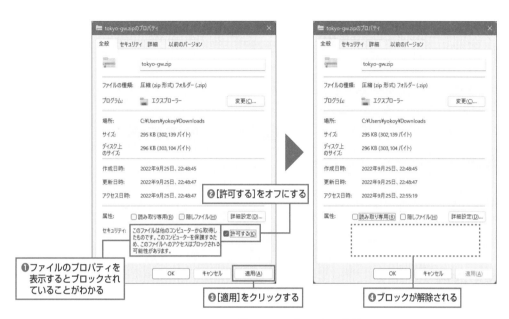

図5-14：ブロックの解除

■セキュリティソフトウェアが実行を禁止する場合がある

　VPNクライアントパッケージはその場で生成されるため、ダウンロード件数がほとんどありません。また、電子署
名も構成されていません。利用者が少ないうえ、実行ファイルの発行元が保証されないため、セキュリティソフトウェ
アが「信頼できないアプリケーション」として実行を禁止する場合があります。正常に実行できない場合は、セキュ
リティソフトウェアの設定を確認し、必要に応じて再ダウンロードを行ってください。たとえばWindows 10の
Windows Defenderの場合は［詳細情報］を選択して［実行］をクリックします（図5-15）。セキュリティソフト
によっては、この警告はブロックを解除していても表示されることがあります。最近はセキュリティ機能が高度化し、
明確にブロックされるケースは減ってきているようですが、リスクについては認識しておいてください。

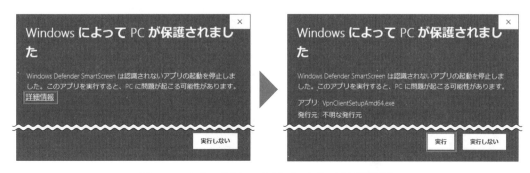

図5-15：セキュリティソフトウェアによる実行禁止

VPNクライアントパッケージファイルを実行する（Windows用IKEv2およびSSTP）

　ブロックを解除したら、VPNクライアントパッケージファイルを実行します（Windowsの場合）。設定パラメーターは特にありませんが、管理者権限が必要です。

❶
VPNクライアントパッケージファイルを管理者権限で実行する。

❷
UACの警告が表示されたら、[はい] をクリックする。
●インストールには管理者権限が必要だが、電子署名されていないので黄色い警告表示になる。

❸
インストールの確認画面が表示されたら、[はい] をクリックする。
▶VPNクライアントパッケージがインストールされる。

VPN接続を行う

　VPNクライアントパッケージのインストール後はVPN接続を行います。以下の手順はWindows 11の場合です。

❶
タスクバーの通知領域でネットワークアイコンをクリックする。

❷
[VPN] のアイコンをクリックする。

❸
Azure仮想ネットワークと同じ名前のアイコンを選択し、[接続] をクリックする。

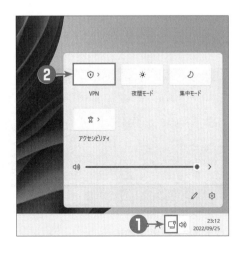

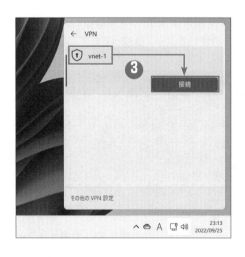

④
VPNの構成画面が開くので、仮想ネットワークの名前を確認して［接続］をクリックする。

⑤
VPN接続ツールが起動するので［接続］をクリックする。

⑥
ルーティングテーブルの書き換え許可が求められるので［続行］をクリックする。

⑦
UACの警告が表示されたら、[はい]をクリックする。

●ルーティングテーブルを書き換えることで、VPNはAzure仮想ネットワーク宛てのパケットに対してのみ使われ、インターネット接続には影響しない。

⑧
VPN接続画面が［接続済み］の表示に変わる。

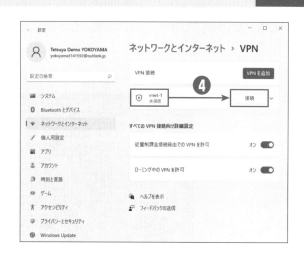

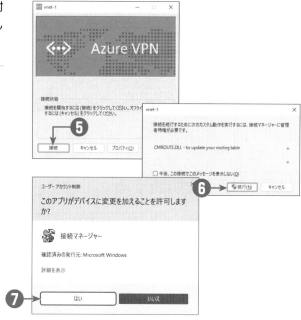

以上で接続が完了します。正しく接続できたかどうかは、コマンドプロンプトで**ipconfig /all**コマンドなどを実行します（図5-16）。

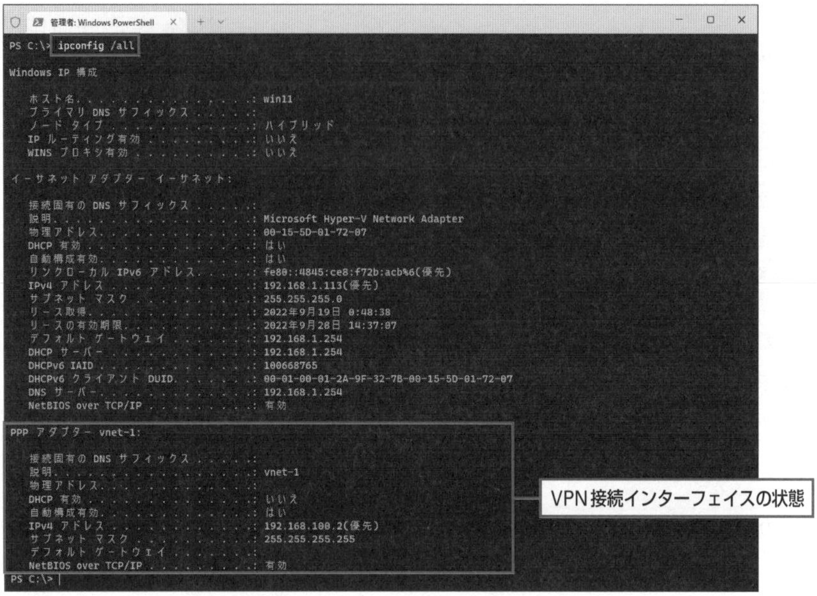

図5-16：VPN接続中の状態

VPN接続を切断する

切断する場合は、接続と同じ手順でVPN接続画面を表示して［切断］をクリックします（図5-17）。

図5-17：VPN接続の切断

VPN接続を削除する

不要になったVPNを削除するには、VPNを切断した状態で、VPN接続画面の［削除］をクリックします（図5-18）。

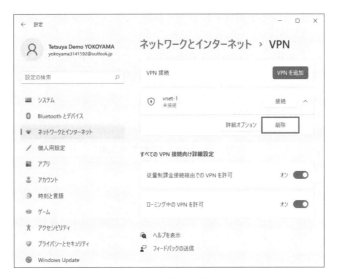

図5-18：VPN接続の削除（1）

または、ネットワーク接続の一覧画面でVPN接続を右クリックして［削除］を選択しても削除できます（図5-19）。

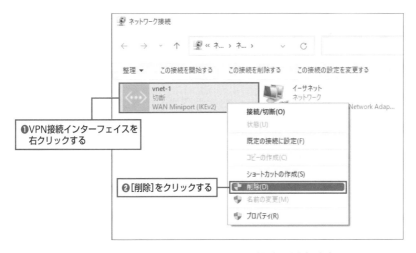

図5-19：VPN接続の削除（2）

Azure VPNクライアントを構成する（Windows用OpenVPN）

WindowsでOpenVPNを使うには、OpenVPNの公式サイト（https://openvpn.net/）や日本語コミュニティサイト（https://www.openvpn.jp/）などにアクセスし、必要なファイルをダウンロードしてインストールする必要があります。Windows標準のポイント対サイトVPNと同様、インストール時に管理者権限は必要ですが、接続は一般ユーザーの権限で利用できる利点があります（表5-5）。

その他のOpenVPNクライアントに、Microsoft Storeでマイクロソフトが配布している「Azure VPNクライアント」があります。こちらはストアアプリであり、インストール時も接続時も管理者権限を必要としません。

表5-5：ポイント対サイトVPNの管理者権限

クライアントの種類	インストール時（インストール手順）	接続時
Windows標準（SSTPとIKEv2）	必要（Windows標準機能を利用）	必要
OpenVPNクライアント（OpenVPN）	必要（Windowsインストーラー）	不要
Azure VPNクライアント（OpenVPN）	不要（ストアアプリ）	不要

Azure VPNクライアントを使うための基本的な手順はWindows標準のVPNを使う場合と変わりません。最初に以下の準備をしてください。

・SSL用の証明書準備（この章の「6　ポイント対サイト接続を構成するには：証明書の準備」）
・Azure側でOpenVPNを許可（この章の「7　ポイント対サイト接続を構成するには：Azure側の構成」）
・VPNパッケージのダウンロード（この章の「8　ポイント対サイト接続を構成するには：社内側の構成」）。ただし、VPNパッケージのインストールは必要ありません。

準備ができたら、以下の手順でAzure VPNクライアントを構成します。

❶
Windows 10またはWindows 11で、Microsoft Storeを起動する。

❷
「azurevpn」を検索し、[Azure VPNクライアント]をインストールする。

③ [Azure VPNクライアント]がインストールされたら、[開く]をクリックして起動する。

④ 左下の[+]ボタンをクリックして[インポート]を選択する。[追加]を選択すると、手順**⑥**の画面に移行する。

⑤ VPNパッケージのAzureVPNフォルダーに含まれる構成ファイルを選択し、[開く]をクリックする。

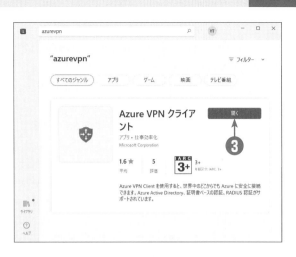

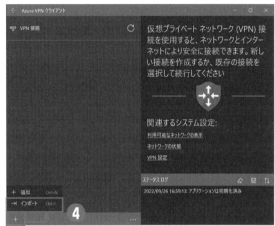

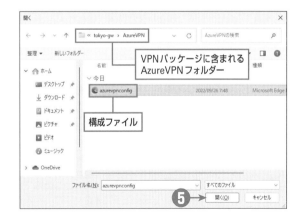

ヒント

IKEv2とのOpenVPNの併用

Azure VPNクライアントはOpenVPN専用です。IKEv2を使う場合は、この章の「8　ポイント対サイト接続を構成するには：社内側の構成」の後半の手順に従って、Windows標準の接続ツールを使ってください。つまり、プロトコルごとに異なるツールを使うことになります。OpenVPNとSSTPの共存はできません。

❻

　構成ファイルに含まれる情報が表示されるので、[保存]をクリックする。

[接続名]…既定値は仮想ネットワーク名だが変更してもよい。

[VPNサーバー]…VPNゲートウェイのホスト名。

[サーバー検証]…証明書とシークレット（一種のパスワード）を使ってサーバーを認証する。[証明書情報]には「DigiCert Global Root CA」が既定で信頼されたルート証明機関として登録されているはずだが、登録されていない場合は、VPNパッケージの[Generic]フォルダーにルート証明書が含まれているのでインストールする。

[クライアント認証]…[Authentication Type]で「証明書」を選択し、[証明書情報]でインストール済みのクライアント証明書を選択する。

❼

　構成を保存するとVPN接続アイコンが表示される。

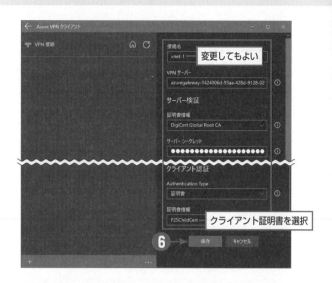

ヒント

OpenVPNを使ったAzure AD認証

OpenVPNはAzure AD認証にも対応しています。そのため、Azure VPNクライアントも証明書認証に加えてAzure AD認証を併用できます。ただし、Azure AD認証はOpenVPNでのみ利用可能なため、OpenVPNとIKEv2の併用はできません（OpenVPNとIKEv2の両方を有効にするとAzure AD認証は選択できません）。

また、Azure ADにVPNクライアントを登録するための手続きも必要になります。詳しくは以下のサイトを参照してください。

「VPN Gateway P2S 接続用のAzure ADテナントとP2S構成を構成する」
https://learn.microsoft.com/ja-jp/azure/vpn-gateway/openvpn-azure-ad-tenant

Azure VPNクライアントを利用する

　前項の手順でAzure VPNクライアントに、ポイント対サイトVPN接続が構成されました。接続と切断、および構成の削除は以下の手順で行います。

❶　VPN接続アイコンを選択して［接続］をクリックする。

❷　接続が完了すると［接続］アイコンが［切断］に変わる。接続を解除するには、［切断］をクリックする。

❸　VPN接続を削除したい場合は、［接続］または［切断］ボタンの横の［…］をクリックし、［削除］をクリックする。

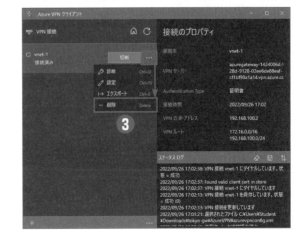

9 VNET間接続を構成するには

　仮想ネットワークはAzureの同一リージョンでのみ利用できます。そのため、同じAzureであっても東日本の仮想マシンと西日本の仮想マシンがプライベートIPアドレス（DIP）を利用して直接通信することはできず、パブリックIPアドレス（VIP）経由の通信になってしまいます。VNET間接続またはグローバルピアリングを構成すれば、Azureのリージョン間でDIPを使ったプライベート通信が可能です。ここではVNET間接続について説明します。

VNET間接続の構成の概要

　VNET間接続は、ポイント対サイト接続と同様、既存の仮想ネットワークにVPNゲートウェイ用のサブネットとVPNゲートウェイを追加することで構成します。仮想ネットワークは同じリージョンでも異なるリージョンでも構いませんが、多くの場合は異なるリージョンを指定します（図5-20）。同じリージョンの場合、新たな仮想ネットワークを構成し、仮想マシンを再作成することで相互に通信することができるからです。また、後述するように仮想ネットワークピアリングも簡単に構成でき、安価に利用できます。

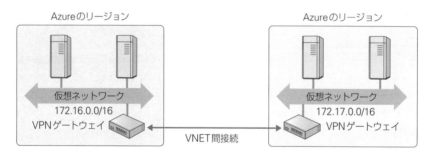

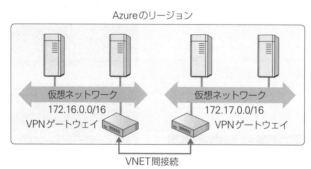

図5-20：VNET間接続

　サイト間接続とVNET間接続はプロトコル的には同じものですが、VNET間接続ではインターネットを使わず、Azureのネットワークだけを使うことが保証されます。そのため、VPN接続にもかかわらず安定した通信が期待できます。ただし、現在はピアリング（後述）が別リージョンでも可能になったので、サイト間接続の必要性は減っています。

VNET間接続は、VPNゲートウェイに対する課金に加えて、送信帯域幅に対する課金があります（受信には課金されません）。

VNET間接続を利用することで、異なるAzureリージョンの仮想マシン同士を安全に通信させることができます。たとえば東日本にデータベースサーバーを配置し、西日本にその複製（レプリカ）を配置して可用性を上げることができます。

VNET間接続を構成するには、接続したいリージョンそれぞれに対して、仮想ネットワークとVPNゲートウェイが必要です。その後、両方のVPNゲートウェイに対して「接続（connection）」を構成することで両者を結びます（図5-21）。

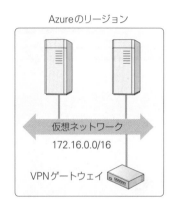
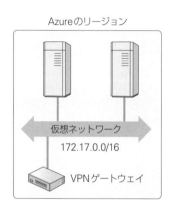

同一リージョン内でもVNET間接続は構成可能
ただし、ネットワーク番号が重なってはいけない

図5-21：VNET間接続の準備

ここでは、仮想ネットワークvnet-1とvnet-2の2つを東日本と西日本に作成し、それぞれにVPNゲートウェイtokyo-gwとosaka-gwを構成したとします（表5-6）。このとき、仮想ネットワークのIPアドレス範囲に重複があってはいけません。VNET間接続はIPアドレス変換の機能を持たないからです。

表5-6：仮想ネットワークとVPNゲートウェイの例

	仮想ネットワーク1	仮想ネットワーク2
リージョン	東日本	西日本
仮想ネットワーク名	vnet-1	vnet-2
IPアドレス空間	172.16.0.0/16	172.26.0.0/16
ゲートウェイサブネット	172.16.0.0/24	172.26.0.0/24
VPNゲートウェイ	tokyo-gw	osaka-gw

VNET間接続を構成する

ここでは、以下のような2つの仮想ネットワークとVPNゲートウェイがある場合を考えます。

・仮想ネットワークvnet-1にあるVPNゲートウェイtokyo-gw
・仮想ネットワークvnet-2にあるVPNゲートウェイosaka-gw

このとき、VNET間接続は次の手順で構成します。

❶
Azureポータルで、仮想ネットワークゲートウェイ
の管理画面を開く。

❷
接続したい一方のVPNゲートウェイを選択する。
●ここでは仮想ネットワークvnet-1にあるtokyo-
gwを指定している。

❸
［接続］を選択する。

❹
［＋追加］をクリックする。
▶［接続の追加］画面が開く。

⑤
[名前]に接続の名前を指定する。
- ここでは東日本の仮想ネットワークvnet-1から西日本の仮想ネットワークvnet-2への接続なので「east2west」とした。

⑥
[接続の種類]として[VNet対VNet]を選択する。

⑦
[最初のネットワークゲートウェイ]に、現在設定中のVPNゲートウェイ（tokyo-gw）が選択されていることを確認する。

⑧
[2番目のネットワークゲートウェイ]の[別の仮想ネットワークゲートウェイを選択する]をクリックし、接続先のVPNゲートウェイ（osaka-gw）を指定する。

⑨
[共有キー（PSK）]に接続用のパスワードを指定する。パスワードは英数字に限定され、記号は使えない。
- ここでは「WeRmmr0808Yeah」と指定している。

⑩
IKEプロトコルとして[IKEv2]（ルートベース）を選択する。

⑪
サブスクリプション、リソースグループ、場所は変更できない。

⑫
[OK]をクリックする。

作成した接続（ここでは east2west）は、他方の VPN ゲートウェイ（ここでは osaka-gw）の接続にも表示されます（図5-22）が、実際に通信を行うためには逆方向の接続（対向接続）も必要です。そこで、同様の手順で他方の VPN ゲートウェイで対向する VPN への接続を構成します。ここでは vnet-2 にある osaka-gw で west2east という逆方向の接続を構成しています（図5-23）。最終的には、各 VPN ゲートウェイに2つの接続が必要です（図5-24）。

tokyo-gw で［接続］オブジェクトを作ると、接続先の osaka-gw にも表示されるが
実際に通信を行うには逆方向の接続も必要

図5-22：VNET間接続（片方向）

図5-23：VNET間接続の構成（双方向接続）

図5-24：構成後のVNET間接続（双方向接続）

双方向の接続オブジェクトを同時に作成する

　［接続］をVPNゲートウェイから作成した場合、2つのVPNゲートウェイのそれぞれで操作が必要です。しかし、Azureポータルから［接続］を作成すると、双方の接続を同時に作成できます。

❶ Azureポータルで、ポータルメニューから［すべてのサービス］を選択し、［ネットワーキング］－［接続］を選択する。

②
[接続]の管理画面で、[作成]または[接続の作成]をクリックする。

③
[接続の作成]画面の[基本]タブで、以下の項目を指定する。
[サブスクリプション]
[リソースグループ]
[接続の種類]…ここでは[VNet対VNet]

④
[双方向接続の確立]チェックボックスをオンにする。これにより必要な接続がペアで作られる。

⑤
[最初の接続の名前]に、最初のVPNゲートウェイから2番目のVPNゲートウェイへの接続名を指定する。

⑥
[2番目の接続の名前]に、2番目のVPNゲートウェイから最初のVPNゲートウェイへの接続名を指定する。

⑦
[地域]に、最初のVPNゲートウェイが配置されたリージョンを指定する。

⑧
[次:設定]をクリックする。

どちらを選択してもよい

⑨
[最初の仮想ネットワークゲートウェイ]に、一方のVPNゲートウェイを指定する。

⑩
[2番目の仮想ネットワークゲートウェイ]に、他方のVPNゲートウェイを指定する。

⑪
[共有キー(PSK)]に、接続用のキー(パスワード)を指定する。
●このパスワードは双方向2つの接続で共有されるため、1回入力するだけでよい。

⑫
IKEプロトコルとして[IKEv2](ルートベース)を選択する。

⑬
その他のオプションは本書では扱わない。既定値のまま[次:タグ]をクリックする。

⑭ 必要ならタグを指定して［次：確認および作成］
をクリックする。

⑮ 検証に成功したことを確認して［作成］をクリッ
クする。

⑯ ［接続］の管理画面で、一度の操作で双方向の接
続が作成できたことを確認する。

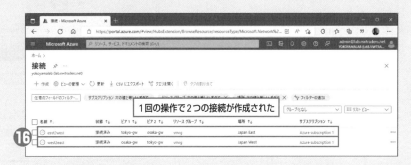

コラム C VPNゲートウェイの管理画面

　初期設定のAzureポータルはVPNゲートウェイの管理画面へのショートカットがありません。そのため、管理ツールをカスタマイズするか、[その他のサービス] を選んでVPNゲートウェイの管理メニューを表示するか、あるいは検索ボックスを使って検索する必要があります。

　しかし、既にVPNゲートウェイの構成が終わっている場合は、以下の手順でも管理画面にアクセスできます。

❶ Azureポータルで、ポータルメニューから [仮想ネットワーク] を選択する。

❷ VPNゲートウェイが配置された仮想ネットワークを選択する。

❸ [設定] の [接続デバイス] からVPNゲートウェイを選択する。

4 VPNゲートウェイの管理画面に切り替わる。

10 VNETピアリングを構成するには

VNET間接続は、VPNゲートウェイの料金がかかるため、通信量が少なくても一定の費用がかかります。また、VPNゲートウェイのSKUに応じた速度制限があります。VNETピアリングを使うことで、異なる仮想ネットワークを高速に、ほとんどの場合は安価な費用で接続できます。

VNETピアリングとは

VNETピアリングは、同一リージョン内の仮想ネットワーク同士を結びつける機能としてスタートしました。現在は異なるリージョン間でも設定できます。これを「グローバルピアリング」と呼びます。完全な自動ルーティング機能は持ちませんが、VPNゲートウェイを必要としないので手軽に構成できます（ただしリージョン間はもちろん、同一リージョン内でも送受信ともに帯域幅利用料がかかります）。

VNETピアリングの主な用途は、同一リージョン内の作成済み仮想ネットワーク同士を、仮想ネットワークや仮想マシンの再構成なしに接続することです。新規に仮想ネットワークを構築する場合は、十分なアドレス空間を持たせることが可能なのでVNETピアリングを使うことはあまりありません。

VNETピアリングの特徴は以下の通りです。

■利点

- ・高速…接続に対しての速度制限がない
- ・VPNゲートウェイを必要としない…課金は通信帯域幅のみ

■欠点

- ・完全な自動ルーティング機能は提供しない…ただし、リモートゲートウェイの機能を使ったハブアンドスポーク接続は可能
- ・送受信ともに料金がかかる…同一リージョン内で1GBあたり約1.4円、日本から別リージョンへの送信および別リージョンからの受信に1GBあたり約13円かかる（表5-7）

表5-7：仮想ネットワークピアリングの料金

	ゾーン1	ゾーン2	ゾーン3
リージョン内送信および受信		約1.4円/G	
リージョン間送信および受信	約5.1円/GB	約13.0円/GB	約23.1円/GB

ピアリングには送受信両方に課金される。たとえば、日本のリージョンと米国のリージョンをピアリングした場合、日本からの送信にはゾーン2の料金が適用され、米国での受信にはゾーン1の料金が適用される。

各ゾーンに対応するリージョン
ゾーン1：北米、ヨーロッパ、オーストラリアの一部
ゾーン2：日本を含むアジア、オーストラリアの一部
ゾーン3：南米、アフリカ、中東
https://azure.microsoft.com/ja-jp/pricing/details/virtual-network/

VNET間接続と異なり、VNETピアリングはピアリング対象の仮想ネットワーク間でのみ通信が可能で、原則としてルーティングは行いません。しかし、例外的に「ピアリング先の仮想ネットワークゲートウェイを使う」という設

定が可能です。これが「リモートゲートウェイ」です。

　リモートゲートウェイを使うことで、VPNゲートウェイを持った仮想ネットワークを中心にハブアンドスポークのネットワークを構成できます（図5-25）。

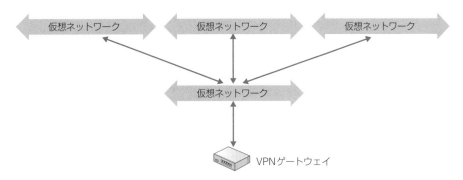

図5-25：VNETピアリングのハブアンドスポーク構成

VNETピアリングを作成する

VNETピアリングは次の手順で構成します。

❶ Azureポータルで、仮想ネットワークの管理画面を開く。

❷ ピアリング対象の仮想ネットワークを選択する（VPNゲートウェイではない）。

❸ ［設定］の［ピアリング］を選択する。

❹ ［+追加］をクリックする。

⑤

ピアリング先への名前を指定する。

● ここでは、仮想ネットワークvnet-testに接続するので「to-vnet1」とした。

⑥

ピアリング相手への接続を許可する（ブロックすると通信できない）。

⑦

ピアリング相手からの中継（ルーティング）を許可する（ブロックすると中継できない）。

⑧

[この仮想ネットワークのゲートウェイまたはルーターサーバーを利用する] を選択することで、VPNゲートウェイの利用をピアリング相手に許可できる（VPNゲートウェイが構成されている場合にのみ選択可能）。

⑨

ピアリング先からの名前を指定する。

● ここでは、ピアリング先（vnet-test）からvnet-1に接続するので「to-vnet-1」とした。

⑩

接続先仮想ネットワークのデプロイモデルを選択する（通常は [Resource Manager]）。

⑪

接続先仮想ネットワークのサブスクリプションを選択する。

⑫

接続可能な仮想ネットワークから接続先を選択する。

⑬

ピアリング相手からの接続を許可する（ブロックすると通信できない）。

⑭

ピアリング相手への中継（ルーティング）を許可する（ブロックにすると中継できない）。

⑮

[リモート仮想ネットワークのゲートウェイまたはルーターサーバーを利用する] を選択することで、VPNゲートウェイの利用をピアリング相手に要求できる（ピアリング元にVPNゲートウェイが構成されていない場合にのみ選択可能）。

⑯

[追加] をクリックする。

⑰

接続先と接続元の2つのピアリングが構成される。

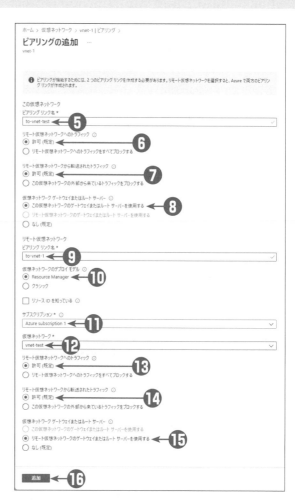

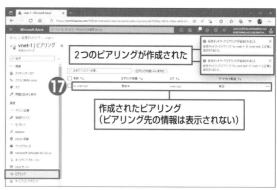

　以上で、ピアリングに必要な設定を双方向まとめて構成できました。ピアリングは、接続元となる仮想ネットワークそれぞれに表示されます。そのため、あとから設定を変更する場合は、それぞれの仮想ネットワークで別々に設定する必要があります。

VNETピアリングの設定を変更する

　VNETピアリングの設定を変更する場合、ピアリングしているそれぞれの仮想ネットワークで個別に、一貫性のある設定を行う必要があります。

❶
Azureポータルで、仮想ネットワークの管理画面を開く

❷
ピアリング対象の仮想ネットワークを選択する。

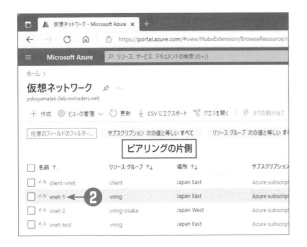

❸
[設定]の[ピアリング]を選択する。

❹
変更したいピアリングをクリックする。

❺ それぞれのピアリング構成を確認する。

● 構成内容についてはこのあと説明する。

● 構成を変更した場合は［保存］をクリックして保存する。

ピアリングの設定の多くは、新規作成時のパラメーターが片方ずつ表示されますが、ゲートウェイの構成だけは異なります。

- **［リモート仮想ネットワークへのトラフィック］**…許可すると仮想ネットワークの利用が可能になる。VNETピアリングを使うために必須。
- **［リモート仮想ネットワークから転送されたトラフィック］**…許可するとルーティングが可能になる。VNETピアリングされたネットワーク以外からの中継を許可する場合に必要。ただし実際にルーティングするには、ルーターとなる仮想マシンを構成する必要がある。
- **［この仮想ネットワークのゲートウェイまたはルートサーバーを使用する］**…選択すると他からの転送要求を許可する（＝VPNゲートウェイを持つネットワークで設定する）。
- **［リモート仮想ネットワークのゲートウェイまたはルートサーバーを使用する］**…選択すると他の（リモートの）VPNゲートウェイを使用する（＝VPNゲートウェイを持たないネットワークで設定する）。

異なるサブスクリプションとのピアリング

　Azureの管理者権限によっては、ピアリング先の仮想ネットワークをリストから選択できない場合があります。この場合は、リソースIDを入手します（図5-26）。

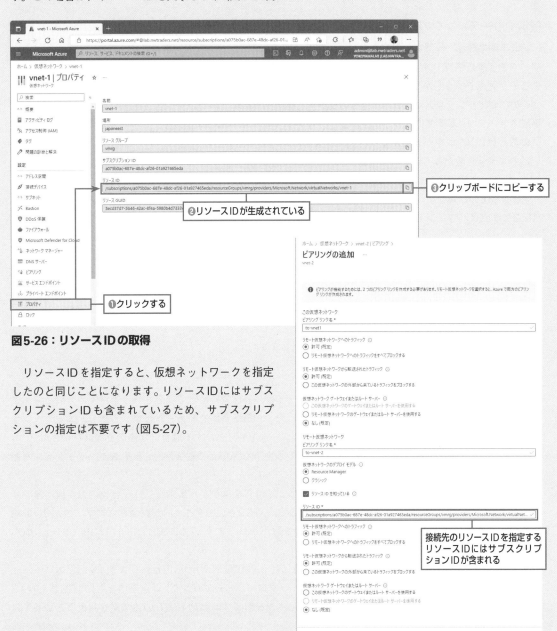

図5-26：リソースIDの取得

　リソースIDを指定すると、仮想ネットワークを指定したのと同じことになります。リソースIDにはサブスクリプションIDも含まれているため、サブスクリプションの指定は不要です（図5-27）。

図5-27：リソースIDの利用

VNET間接続とVNETピアリングの使い分け

　VNET間接続とVNETピアリングは、どちらも仮想ネットワーク同士を接続しますが、それぞれ特徴があります。どちらを選択するかは、機能、速度、価格の3つの視点で考えてください。

機能：ルーティングの有無

　VNET間接続は、仮想ネットワークゲートウェイによるルーティングが可能なため、3つ以上の仮想ネットワークを柔軟に構成できます。VNET間接続とサイト間接続、さらにポイント対サイトVPNを同時に実現できるのが利点です。しかし、VPNゲートウェイの構成はそれだけ複雑になります。

　一方、ピアリングは基本的には1対1の関係で、構成も単純です。ハブアンドスポーク型のネットワークは構成できますが、基本的にはルーティングテーブルについては関知しないため、仮想ネットワークの組み合わせの数だけピアリングが必要になり、管理作業が複雑になります。

　このような特徴から、以下のような使い分けをしてください。

・3つ以上の複雑なネットワークはVNET間接続
・2つまたはハブアンドスポーク型の単純なネットワークはVNETピアリング

速度：VPNゲートウェイによる制限

　しかし、VNET間接続はVPNゲートウェイを必要とします。VPNゲートウェイはSKUによって速度が制限されるため、高速な通信には向きません。たとえば安価なVpnGw1（1ヶ月換算約2万円）では通信速度が650Mbpsに制限されます。10GbpsのVpnGw5では月額換算約38万円になってしまいます。それに対してピアリングでは速度制限は設定されません。

　高速通信が必要な場合はVNETピアリングを使用します。

価格：VPNゲートウェイと帯域幅課金

　価格面では、毎月一定額が必要なVPNゲートウェイと、通信量に応じて課金される帯域幅の合計で考えます。ピアリングはVPNゲートウェイを必要としないため、最低費用を抑えられます。しかし、同一リージョンであっても帯域使用料がかかるため、毎月多くのデータをやりとりする場合には適切ではありません。

　例として、実用的な範囲で最も安価なVpnGw1の価格（650Mbpsで約2万円）を基準に、リージョン内とリージョン間について、それぞれ考えてみましょう。

　リージョン内VNET間接続の場合、VPNゲートウェイの料金はかかりますがリージョン内の通信は無償です。しかし、ピアリングの場合は送受信それぞれに対して1GBあたり約1.4円が課金されます。つまり、単純計算で7TBの通信量があればVpnGw1と同程度の費用がかかります（7,000MB×1.4円/GB×2＝19,600円）。これが分岐点の目安になります。

　一方、リージョン間VNET間接続の場合は、送信に対して1GBあたり13円かかります（東西日本リージョンの場合）。これに対してリージョン間のピアリング（グローバルピアリング）は送受信ともに1GBあたり13円、つまり送受信の合計で26円かかります。こちらも単純計算すると約1.5TBの通信量を超えるとVNET間接続の方が安価になります（ヒント参照）。

　つまり、速度の問題を抜きにすれば、リージョン内で7TB、リージョン間で1.5TBが、VPNゲートウェイの費用を回収できる分岐点となります。帯域幅料金はVNET間接続の方が安価なので、通信量が増えると

VNET間接続の方が有利になります。

結論

　このように、VNET間接続とピアリングはどちらが良いということはありません。一般的には「速度を重視する場合はピアリング」、「接続の柔軟性や多様性を重視する場合はVNET間接続」と考えて構いません。ピアリングはルーティング機能を持ちませんが、リモートVPNゲートウェイが使えるため、ハブアンドスポーク型であれば複数のネットワークも利用できます。

　また、VPNゲートウェイの構成に比べて、ピアリングの方がずっと簡単です。こうした管理コストも考慮してください。

表5-8：VNET間接続とVNETピアリングの違い

	VNET間接続	VNETピアリング
ルーティング	○	△ ハブアンドスポーク型
最小コスト	× VpnGw1で約2万円/月	○ なし
リージョン内帯域幅使用料	○ 無料	× 約1.4円/GB
リージョン間帯域幅使用料	△ 送信のみ課金（約13円/GB）	× 送受信課金（約13円/GB×2）
転送速度	△ VpnGw1で650Mbps	○ 制限なし
構成の容易さ	△	○

ヒント

リージョン間VNET間接続とグローバルピアリング

異なるリージョンに対するVNET間接続とグローバルピアリングの料金計算は以下のようになります。

●リージョン間VNET間接続
　VpnGw1≒2万円
　VNET間接続：送信1GBあたり13円（受信無料）
　1.5TBの通信にかかる費用：1,500MB×13円＝19,500円≒2万円
　合計約4万円

●グローバルピアリング
　送受信ともに1GBあたり13円
　1.5TBの通信にかかる費用：1,500MB×13円×2＝39,000円≒4万円

ピアリングの方が通信料金が高いので、通信量が増えるとVNET間接続の方が安価になります。

Azureに
バックアップしよう

第 **6** 章

どれだけハードウェアの信頼性が向上しても、ソフトウェアによる障害は避けられませんし、操作ミスによるデータ破損の可能性もあります。そのため、定期的なバックアップは不可欠です。バックアップ先としてクラウドを利用することで、バックアップデータを安全に管理し、必要なときに素早く取り出せるように構成できます。

この章では、Azureを使ったバックアップについて説明します。

1 Azureで利用可能なバックアップ

Azureでは、目的に応じて「Recovery Services コンテナー（Recovery Services Vaults）」と「バックアップコンテナー（Backup Vaults）」の2種類のバックアップサービスが提供されています。

本書では「Recovery Servicesコンテナー」のうち、Azure仮想マシンにとって重要な機能として、対象フォルダーを指定したバックアップと、仮想マシン全体のバックアップについて説明します。Recovery Servicesコンテナーのその他の機能やバックアップコンテナーについては概要説明にとどめます。

Recovery Servicesコンテナーで可能なバックアップ

Recovery Servicesコンテナーで利用可能なバックアップ機能には以下のものがあります（図6-1）。いずれもAzureのバックアップ先は「Recovery Servicesコンテナー」が内部で管理するBLOBです。

●MARS（Microsoft Azure Recovery Services）エージェントバックアップ

オンプレミスのWindowsまたはAzureの仮想マシン上でバックアップエージェント（Windows標準のバックアップ機能を拡張したもの）を実行することで、ボリューム、フォルダー、ファイルをAzureにバックアップできます。仮想マシン上で実行するので「ゲストベースバックアップ」とも呼びます。以前は「Azureバックアップ」と呼んでいましたが、Azureのバックアップ機能が強化されるにつれて混乱するようになったため、現在はバックアップツールの名前を取って「MARSエージェントバックアップ」または単に「MARSエージェント」と呼ぶことが増えています。

ゲストベースバックアップの利点は、ファイル単位のバックアップが容易なことです。しかし、バックアップ対象マシンの数だけバックアップ設定が必要なので手間がかかるという欠点があります。また、「システム状態」の回復が容易ではなく、ベアメタル回復の機能も持たないため、OSの構成情報を含む仮想マシン全体の保護は事実上できません。本書の執筆時点ではLinux版もありません。

●Azure VMバックアップ

Azure上で動作している仮想マシンをバックアップします。Azure上で実行するので「ホストベースバックアップ」とも呼びます。

ホストベースバックアップの利点は、複数の仮想マシンを簡単にバックアップできることです。しかし、Azure VMバックアップではファイル単位のバックアップはできません。復元はファイル単位でできますが、スクリプトを実行する必要があり、少々面倒です。

●その他のバックアップ（Azure Backup Server）

オンプレミスのHyper-V仮想マシン、VMware仮想マシン、物理マシンをAzureにバックアップする機能もあります。ただし、この機能はオンプレミス環境にActive Directoryと、仮想マシンまたは物理マシンで動作するMicrosoft Azure Backup Server（MABS）が必要です。MABSは有償のシステム管理製品「System Center Data Protection Manager（SCDPM）」のサブセットです。企業システムのバックアップシステムとしては非常に魅力的ですが、本書の範囲を超えるためここでは扱いません。

このように、それぞれの方法には利点と欠点があるため、要件に合わせて使い分けてください。

　Recovery Servicesコンテナーには Azure Filesのバックアップ機能もあります。これは Files 自身が持つスナップショット機能を利用するため、Recovery Servicesコンテナー内のストレージを使いません。

　また、オンプレミスのHyper-V仮想マシンや、VMware仮想マシンあるいは物理マシンを Azure 上に複製し、大規模災害が発生した場合などに切り換えて使う「Azure Site Recovery（ASR）」機能もあります。Hyper-Vで ASRを利用するには、Windows Server 2012 R2以降が必要であること、VMwareまたは物理マシンで ASRを利用するにはオンプレミス側に「構成サーバー」という専用のサーバーが必要であるなど、システム要件が厳しく、本書の範囲を超えるためここでは扱いません。

　ASRは Azureの異なるリージョン間で利用することもできます。リージョン間 ASRは、Azureが実行基盤を自動構成してくれるため、それほど難しくはありませんが、本書の想定する利用範囲を超えるため、こちらも扱いません。

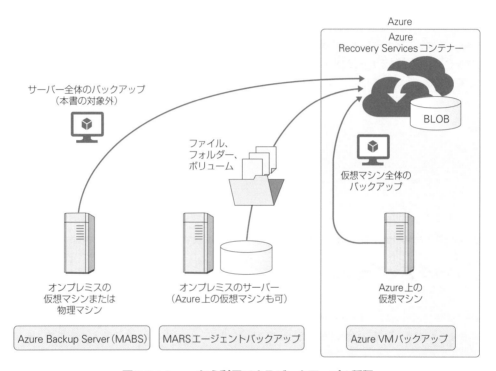

図6-1：Azureから利用できるバックアップの種類

表6-1：Recovery Servicesコンテナーで利用できる主なバックアップ

	MARSエージェントバックアップ	Azure VMバックアップ	Azure Backup Server（MABS）
バックアップツール	個々のサーバーに必要	Azure仮想マシンには自動展開	専用の構成サーバー
対象	ファイル/フォルダー/ボリューム（システム状態の回復は困難）	Azure仮想マシン全体	オンプレミスの仮想または物理マシン
利点	個々のファイルを選択的にバックアップ可能	仮想マシン全体の回復が容易	高度な設定が可能
欠点	サーバー単位で構成が必要	ファイル単位のバックアップ不可（ファイル単位の回復は可能）	専用サーバーが必要で構成が複雑

バックアップコンテナーで可能なバックアップ

　Azureでは、Recovery Servicesコンテナーとは別に「バックアップコンテナー」も提供されます。バックアップコンテナーは以下のバックアップサービスを提供します。

- **マネージドディスク**…ディスクスナップショットとして保存される
- **BLOB（ストレージアカウント）**…BLOBスナップショットとして保存される
- **Azure Database for PostgreSQL**…バックアップコンテナー内で管理されるストレージアカウントに保存される

　バックアップコンテナーはアプリケーションレベルの整合性をサポートしません。整合性が必要な場合はRecovery Servicesコンテナーを使って仮想マシン単位でマネージドディスクをバックアップしてください。
　本書ではバックアップコンテナーについて扱いませんが、バックアップ対象によって使い分ける必要があることは知っておいてください。

バックアップセンター

　Azureバックアップには、Recovery Servicesコンテナーを使うものと、バックアップコンテナーを使うものがあります。しかし、開発の経緯から、両者は機能も管理ツールも別になっています。そこで、新しい管理ツール「バックアップセンター」が登場しました。使い方は以下の通りです。

❶

　Recovery Servicesコンテナーの管理画面で、バックアップセンターへの誘導リンクをクリックする。Azureポータルのメニューや検索ボックスから［バックアップセンター］を指定してもよい。

②
[データソースの種類] を選択して、目的のバックアップを指定する。ここでは [Azure仮想マシン] を選択し、VMバックアップを表示している。データソースの種類にはRecovery Servicesコンテナーとバックアップコンテナーの両方の内容が含まれる。

③
バックアップセンターには、Recovery Servicesコンテナーとバックアップコンテナーの両コンテナーの内容が同じ画面に表示される。よく使う機能を示す。
[インスタンスのバックアップ] …バックアップ項目の管理
[バックアップポリシー] …バックアップポリシー（頻度や保持期間など）の管理（両コンテナーのポリシーを統合することはできない）
[コンテナー] …Recovery Servicesコンテナーまたはバックアップコンテナーの管理
[バックアップジョブ] …バックアップや回復操作の記録

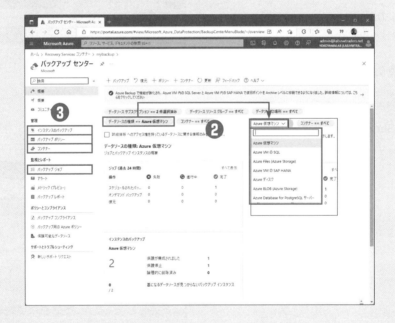

バックアップセンターは、Recovery Servicesコンテナーとバックアップコンテナーの管理ツールを統合したものなので、両者の機能がわかっていればそれほど難しいツールではありません。
ただし、バックアップセンターは以下の2つが管理できません。

・MARSエージェントバックアップ
・Azure Site Recovery（ASR）

本書では、バックアップコンテナーを扱わないため、バックアップセンターの利点はあまりありません。また、バックアップセンターではMARSエージェントバックアップを管理できないため、結局はRecovery Servicesコンテナーの管理ツールが必要になります。そのため、本書ではRecovery Servicesコンテナーの管理ツールを使って説明します。

2 Recovery Services コンテナーを準備するには

　Azureで利用可能なバックアップは複数の種類が存在しますが、本書で扱うバックアップはすべてRecovery Servicesコンテナーを使います。ここでは、Recovery Servicesコンテナーの基本的な操作について取り上げます。

Recovery Services コンテナーを作成する

Recovery Servicesコンテナーは以下の手順で作成します。

❶ Azureポータルのポータルメニューで、[＋リソースの作成] をクリックする。

❷ [Migration] を選択する。

❸ [バックアップおよびサイトの回復] を選択する。

　➡[Recovery Servicesコンテナーの作成] 画面が開く。

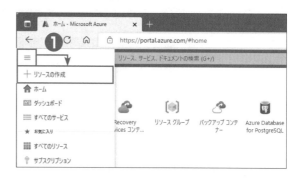

④
[基本] タブで、サブスクリプションを指定する。

⑤
リソースグループを指定する。

⑥
Recovery Servicesコンテナーの名前を指定する。

⑦
リージョンを指定する。

⑧
[次：タグ] をクリックするとタグ指定の画面に進む。
● [確認および作成] をクリックすると、タグ指定をスキップして確認画面に進む。

⑨
[タグ] タブで、必要に応じてタグを指定して [確認および作成] をクリックする。

⑩
[確認および作成] タブで、内容を確認して [作成] をクリックする。

Recovery Servicesコンテナーを管理する

作成したコンテナーは、Azureポータルの［Recovery Servicesコンテナー］から管理します。

❶
Azureポータルのポータルメニューで［すべての
サービス］をクリックする。

❷
［ストレージ］または［Migration］を選択する。

❸
［Recovery Servicesコンテナー］を選択する。

④

目的のRecovery Servicesコンテナーを選択する。

⑤

選択したRecovery Servicesコンテナーの管理画面が表示される。

Recovery Servicesコンテナー用ストレージの可用性

　バックアップデータはRecovery Servicesコンテナーが内部で管理するストレージに保存されます。既定では地理冗長（geo冗長）が使われますが、単にテストを行いたい場合や、それほど高い可用性を必要としない場合はローカル冗長やゾーン冗長を指定してコストを下げることができます。

　冗長化レベルの変更は、次の手順で行います。この設定は、バックアップを実施する前に行う必要があります。バックアップが含まれる場合は変更できません。

❶ 目的のRecovery Servicesコンテナーの管理画面を開き、［プロパティ］をクリックする。

❷ ［バックアップ構成］の［更新］をクリックする。

❸ ［ストレージレプリケーションの種類］で冗長化レベルを選択する。

❹ 手順❸で［geo冗長］（地理冗長）を選択した場合、［リージョンをまたがる復元］を有効にすると、複製先となるリージョンペア（セカンダリサイト）にも復元できる。

- たとえばRecovery Servicesコンテナーを東日本リージョンに作成した場合、通常は東日本リージョンにしか復元できない。しかし、［geo冗長］を選択して［リージョンをまたがる復元］を有効にすると、東日本のほか、リージョンペアである西日本にも復元できるようになる。
- この設定は、一度有効にすると無効にできない。

❺ ［保存］をクリックして変更内容を保存する。

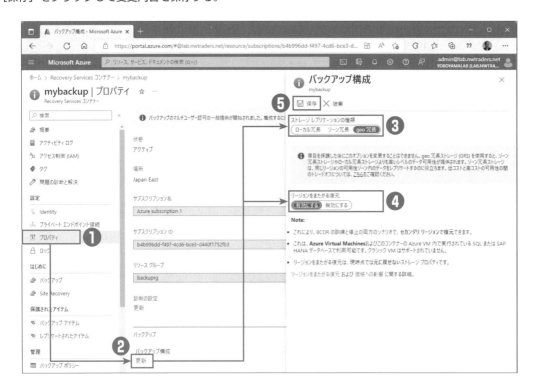

3 MARSエージェントを準備するには

Windows Serverのバックアップ先にAzureのストレージを利用できます。これを「MARSエージェントによるバックアップ」または単に「MARSエージェント」と呼びます。

MARSエージェントバックアップの基礎知識

MARSエージェントバックアップの対象はWindows Server 2008 SP2/Windows 7以降で、仮想マシンと物理マシンを問いません。MARSエージェントバックアップはオンプレミスのサーバーをバックアップするために使用するのが一般的ですが、Azure上の仮想マシンのファイルをバックアップするためにも使用できます。

MARSエージェントバックアップには以下の利点があります。

- **最小限の初期費用**…Azureのストレージを使うことで、高価なテープドライブが不要になります。また、テープ交換の手間もかかりません。
- **最小限の月額費用**…Azureへの保存と復元は、どちらもデータ転送料金がかかりません。Recovery Servicesコンテナーとバックアップデータのストレージ料金だけで利用できます。
- **堅牢性**…ストレージアカウントを地理冗長（geo冗長）として構成することで、2つの地域にそれぞれ3つの複製を保存できます。
- **可用性**…Azureに接続さえできれば、世界中どこからでもデータを取り出すことができます。

ただし、以下のような欠点もあります。

- **システム状態の回復が困難**…システム全体を迅速に回復する機能はありません。システム状態のバックアップは可能ですが、回復（復元）はファイルとしてのみ可能です。ベアメタル回復の機能はありません。
- **インターネット経由のデータ転送は比較的低速**…バックアップデータが多い場合は、安定した高速通信が可能なExpressRoute（Microsoftピアリング）の利用も検討してください。
- **条件によっては必ずしも安価とは言えない**…それほど高い可用性が必要ない場合や、バックアップ容量が大きい場合は、Azureを使う方が高価な場合もあります。

MARSエージェントをダウンロードする

MARSエージェントバックアップを行うには、前節で説明した「Recovery Servicesコンテナー」を使います。まずはRecovery Servicesコンテナーの管理画面から、必要なツールのダウンロードを行います。

❶
Recovery Services コンテナーの管理画面で、[は
じめに]の[バックアップ]を選択する。

● Recovery Services コンテナーの管理画面の表
示手順は、前節の「Recovery Services コンテ
ナーを管理する」を参照。

❷
[ワークロードはどこで実行されていますか?]で
[オンプレミス]を選択する(他の選択肢は[Azure]
と[Azure Stack Hub]および[Azure Stack HCI])。

❸
[何をバックアップしますか?]で[ファイルとフォ
ルダー]と[システム状態]を選択する。それ以外
の項目を1つでも含めると、自動的にAzure Backup
Server(MABS)を使ったバックアップに切り替
わるので注意。[システム状態]をバックアップする
予定がなくても選んでおいて構わない。

❹
設定を確認する。

❺
[インフラストラクチャの準備]をクリックする。

❻
[Windows ServerまたはWindowsクライアン
ト用エージェントのダウンロード]リンクをクリッ
クして、バックアップエージェントのダウンロード
を行う。

❼
[最新のRecovery Service Agentを既にダウン
ロードしたか、使用している]を選択する。エージェ
ントのアップデートは比較的頻繁にあるので、安全
のために毎回ダウンロードする方がよい。

❽
[ダウンロード]ボタンをクリックして、資格情報コ
ンテナーの資格情報のダウンロードを行う。これが
一種の証明書となる。

❾
以上で操作は終了したので、ブレードを閉じる。

ヒント

Azure Stack HubとAzure Stack HCI

Azure Stack Hubは、Azureをオンプレミスに拡張する
ハイブリッドクラウド製品です。また、Azure Stack HCI
（Hyper-Converged Infrastructure）はAzure互換のオン
プレミスシステム製品ですが、バックアップ、復元、監
視をAzure側で行います。

ヒント

MARSエージェントのダウンロード作業

MARSエージェントと資格情報のダウンロードは、MARS
エージェントを実行するマシンで行う必要はありません。ま
た、Recovery Servicesコンテナーのプロパティからダウン
ロードすることもできます。

MARSエージェントをインストールする

　ダウンロードしたMARSエージェントと、エージェントを操作するバックアップツールを、バックアップ対象となるサーバーにインストールします。バックアップ対象はオンプレミスの物理マシンと仮想マシン、およびAzure上の仮想マシンです。

①
ダウンロードしたMARSエージェントのインストーラー（既定のファイル名はMARSAgentInstaller.exe）を実行する。UACの警告が表示されたら、[はい]をクリックする。

②
インストール先のフォルダーを指定する。

③
バックアップ中に使うキャッシュフォルダーを指定する。

④
[次へ]をクリックする。

⑤
Webプロキシ設定を確認し、[次へ]をクリックする。

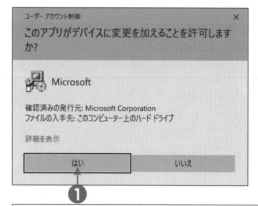

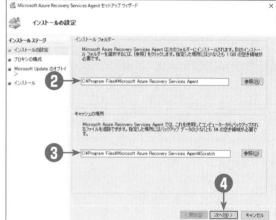

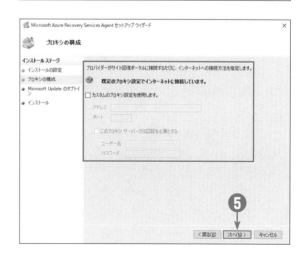

❻ Windows Updateの設定を確認し、［次へ］をクリックする。

❼ ［インストール］をクリックする。

- ➡MARSエージェントがインストールされ、デスクトップと［スタート］メニューにバックアップツールのショートカットが生成される。

❽ インストールが完了したことを確認する。このあと続けてMARSエージェントをAzureに登録する場合は［登録処理を続行］をクリックする。

- ➡MARSエージェントをAzureに登録するためのウィザードが起動する。
- ●以降の手順は次項で説明する。

❾ 登録処理をあとで行う場合は［閉じる］をクリックする。

- ●この場合はMARSエージェントの登録処理が行われないので、最初にバックアップツール（Microsoft Azure Backupツール）を起動したあと、バックアップを行う前に［サーバーの登録］で登録処理を行う（次項で説明）。

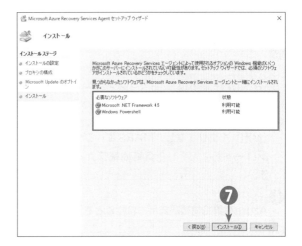

ヒント

MARSエージェントが動作するOS

MARSエージェントは、Windows Server 2008 SP2/Windows 7以降で動作します。Linux版はありません。クライアントWindowsでも動作するため、個人用ファイルのバックアップにも利用できます。

ただし、クライアントWindowsではシステム状態のバックアップはサポートされません。もっとも、MARSエージェントバックアップのシステム状態はファイルとして復元することしかできないため、実際に利用するのはかなり面倒です。クライアントWindowsでシステム状態の回復が必要なケースはほとんどないでしょう。

MARSエージェントを登録する

前項の手順❽で［登録処理を続行］を選択するか、インストールが完了したバックアップツール（Microsoft Azure Backup）を起動して［サーバーの登録］をクリックすると、MARSエージェントをAzureに登録するためのウィザードが起動します。

ここではバックアップツールを起動して登録する場合を示します。MARSエージェントのインストール中に［登録処理を続行］した場合でも構成手順はほぼ同じです。

❶

デスクトップのショートカットまたは［スタート］メニューからバックアップツール「Microsoft Azure Backup」を起動し、［操作］ペインにある［サーバーの登録］をクリックする。

➡［サーバーの登録ウィザード］が起動する。

❷

Webプロキシ設定を確認し、［次へ］をクリックする。この画面は、バックアップツールを起動して登録する場合にのみ表示される。

❸

［参照］をクリックし、MARSエージェントのダウンロード時に入手した資格情報ファイルを指定する。

❹

Azureの資格情報が表示されたことを確認する。

❺

［次へ］をクリックする。

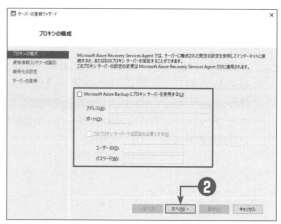

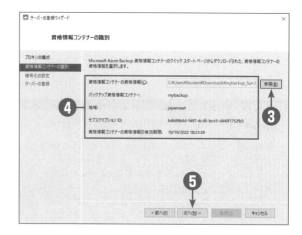

⑥
[パスフレーズの入力]にパスフレーズ（パスワード）を入力する。
- 画面には「最大16文字」と表示されているが「最小16文字」の間違い。15文字以下のパスフレーズはエラーになる。

⑦
確認のため、同じパスフレーズを入力する。

⑧
[パスフレーズの生成]をクリックすると、36文字のパスフレーズが自動生成される。

⑨
パスフレーズの保存先フォルダーを指定する。取り外し可能なUSBドライブなどを指定して、安全な場所に保存するのが望ましい。パスフレーズは画面に表示されないので、[パスフレーズの生成]を選択した場合は特に重要である。

⑩
[登録]をクリックする。

⑪
パスフレーズの保存先がローカルディスクの場合は警告が表示されるので、[はい]をクリックして続ける。

⑫
エージェントのインストール中に[登録処理を続行]を選択して操作を続けた場合は、登録後にMARSエージェントを起動するためのチェックボックスが表示される。引き続きMARSエージェントを起動したい場合は、このチェックボックスをオンのままにする。
- このチェックボックスはインストールの過程でサーバーを登録した場合のみ表示される。オンにすると、サーバーの登録後、自動的にバックアップツールが起動する。
- MARSエージェントを起動して登録している場合、このチェックボックスは表示されないので、そのまま次の手順に進んでよい。

⑬
[閉じる]をクリックしてエージェントの登録を完了する。

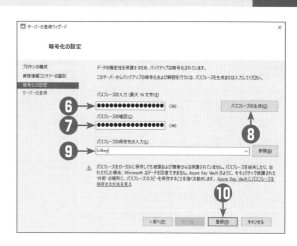

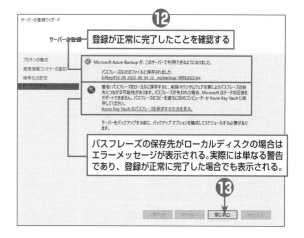

登録が正常に完了したことを確認する

パスフレーズの保存先がローカルディスクの場合はエラーメッセージが表示される。実際には単なる警告であり、登録が正常に完了した場合でも表示される。

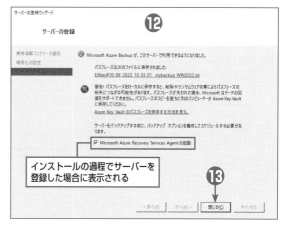

インストールの過程でサーバーを登録した場合に表示される

資格情報コンテナーの資格情報の使用

Azureの Recovery Servicesコンテナーが、MARSエージェントを正しく識別することは非常に重要です。身元不明のエージェントが Recovery Servicesコンテナーにアクセスしたら、バックアップデータを不正に入手できるからです。そこで、MARSエージェントバックアップでは以下の流れでエージェントを識別します（図6-2）。

1. Azure が資格情報を生成する
2. エージェントに資格情報を登録する

ここまでが、この節で説明した部分です。
MARSエージェント起動後は、以下の処理を行います。

3. エージェントが資格情報を Azure に提示する
4. Azure は、エージェントが提示した資格情報を受け取り、以前に発行した資格情報と比較する
5. 両者が一致したら正当なエージェントである

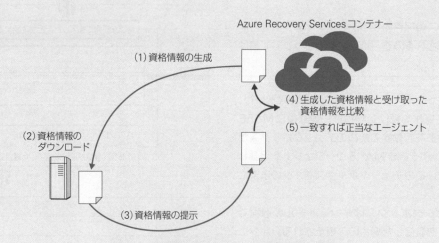

図6-2：資格情報コンテナーの資格情報の確認

4 MARSエージェントバックアップを実行するには

MARSエージェントバックアップの実行手順は、Windows Server標準のバックアップとほぼ同じです。Windows Serverバックアップの利用経験があればすぐに理解できるでしょう。

なお、本書の執筆時点でMARSエージェントバックアップはLinuxをサポートしていません。Azure仮想マシンであればAzure VMバックアップを利用してください。Azure VMバックアップはLinuxにも対応しています。

Windows ServerバックアップとMARSエージェントの統合

MARSエージェントとWindows Serverバックアップの両方をインストールすると、Windows Serverバックアップ内にMARSエージェントが統合されます（図6-3)。

図6-3：Windows ServerバックアップとMARSエージェントの統合

MARSエージェントバックアップを実行する

MARSエージェントバックアップの実行手順は、Windows Server標準のバックアップとほぼ同じです。ただし、バックアップスケジュールの構成は必須で、1回限りのバックアップだけを行うことはできません。登録したスケジュールを無視して、今すぐ（指定した設定内容で）バックアップすることは可能です。

❶
デスクトップのショートカットまたは［スタート］
メニューから、バックアップツール「Microsoft
Azure Backup」を起動する。

❷
サーバーの登録をしていない場合は［サーバーの登
録］をクリックし、資格情報ファイルを使ってサー
バーを登録する。

●詳しい手順は前節の「MARSエージェントを登録
する」を参照。

❸
［バックアップのスケジュール］をクリックして、
［バックアップのスケジュールウィザード］を起動す
る。

❹
ウィザードの開始画面で［次へ］をクリックする。

❺
バックアップ対象を選択するために、［項目の追加］
または［項目の削除］をクリックする。

●特定のファイルやフォルダーを除外する場合は
［除外の設定］で指定する。

❻
バックアップ対象を選択して［OK］をクリックす
る。Windows 10/11などのクライアントOSでは、
バックアップ対象の選択画面に［System State］
（システム状態）は表示されない。

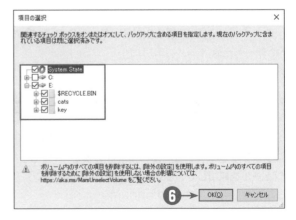

⑦
バックアップ対象を確認して、[次へ]をクリックする。

⑧
システム状態のバックアップスケジュールを構成する。　　　　　　　　　　　　ヒント参照
- システム状態のバックアップスケジュールは、日単位でも週単位でも、1日あたり1回だけ構成できる。
- 毎週バックアップする場合は曜日を指定できるほか、バックアップ間隔を[毎週][2週ごと][3週ごと][4週ごと]のいずれかから選択できる。

⑨
[次へ]をクリックする。

⑩
システム状態のバックアップのリテンションポリシー（保持期間のルール）を構成する。コラム参照

⑪
[次へ]をクリックする。

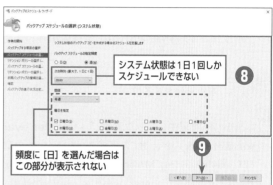

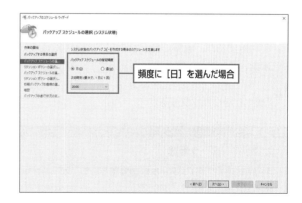

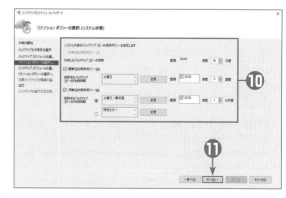

ヒント

システム状態のバックアップ頻度

ファイルやフォルダーのバックアップは1日3回まで設定できますが、システム状態のバックアップ頻度は1日1回しか指定できません。また、バックアップスケジュールも個別に設定します。

⑫ ファイルとフォルダーのバックアップスケジュール
を構成する。

● ファイルとフォルダーのバックアップスケジュー
ルは、日単位でも週単位でも、1日あたり3回まで
構成できる。

● 毎週バックアップする場合の曜日指定やバック
アップ間隔はシステム状態と同様に指定できる。

⑬ ［次へ］をクリックする。

⑭ ファイルとフォルダーのバックアップのリテンショ
ンポリシー（保持期間のルール）を構成する。

コラム参照

⑮ ［次へ］をクリックする。

⑯ ネットワーク経由のバックアップ［Transfer over
the network］か、オフラインバックアップ
（［Transfer using Microsoft Azure Data Box
disks］または［Transfer using my own disks］）
のどちらかを選択する。オフラインバックアップの
場合は、Azureの「Import/Export」サービスなど
を利用するが、頻繁に使うサービスではないので、
本書では説明を省略する。

⑰ ［次へ］をクリックする。

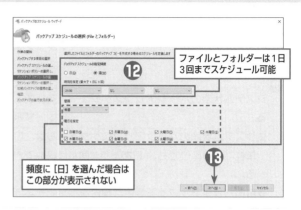

> ファイルとフォルダーは1日
> 3回までスケジュール可能

> 頻度に［日］を選んだ場合は
> この部分が表示されない

> 頻度に「日」を
> 選んだ場合

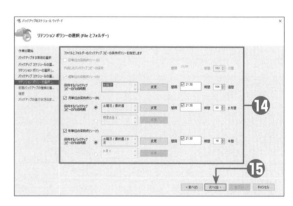

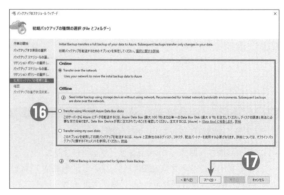

ヒント

オフラインデータ転送

Azureにはオフラインデータ転送機能として、以下の2
種類が提供されています。

・Import/Export…自前のディスクドライブを使用する。
・Data Box…マイクロソフトからレンタルしたディス
クドライブを使用する。最大容量によってData
Box、Data Box Disk、Data Box Heavyの3種類
が提供される。

以下の公式サイトの情報も参考にしてください。

「Azure Import/Export サービスとは」
**https://learn.microsoft.com/ja-jp/azure/
import-export/storage-import-export-service**
「Azure Data Box」
**https://azure.microsoft.com/ja-jp/products/
databox/**

⑱　内容を確認して［完了］をクリックする。

⑲　［閉じる］をクリックする。

● ［閉じる］が有効にならない場合は、タスクバーか
らアプリケーションのアイコンを右クリックして
［ウィンドウを閉じる］を選択するなどの方法で、
強制的に終了させてよい。タスクマネージャーで
強制終了しても構わない。

以上でスケジュールバックアップが構成されました。スケジュールバックアップが構成されると、同じ構成での単
発バックアップの機能が利用できるようになります。

バックアップのリテンション期間（保持期間）

　バックアップの保持期間（リテンション期間）を過ぎたバックアップデータは自動的に削除されます。通常
は、最近のバックアップを多く保存し、古いバックアップは間引いていくのが一般的です。これは「トラブル
の原因は最近の変更にある」という経験に基づいています。「1年前のバックアップ」と「1年と1日前のバック
アップ」に大きな差はありませんが、「昨日のバックアップ」と「一昨日のバックアップ」では大きな違いがあ
ることは想像できるでしょう。

　［バックアップのスケジュールウィザード］では以下のようなルールになっています。画面の例では週単位

バックアップを構成したので、毎日のバックアップの保持期間はグレーアウトされていますが、既定値が指定されたとして説明します（図6-4）。

- **日単位の保持ポリシー**…毎日取得したバックアップをすべて残す期間。
- **週単位の保持ポリシー**…毎日のバックアップデータのうち、日単位の保持期間を超えたものから、指定した曜日（画面では土曜日）だけを残す。つまり、毎週土曜日以外のデータは削除され、週に1つのバックアップが残される。
- **月単位の保持ポリシー**…毎週のバックアップデータのうち、週単位の保持期間を超えたものから、指定した日（ここでは毎月最終土曜日）だけを残す。つまり、毎月最終土曜日以外のデータは削除され、月に1つのバックアップが残される。
- **年単位の保持ポリシー**…毎月のバックアップデータのうち、月単位の保持期間を超えたものから、指定した日（ここでは3月の最終月曜）だけを残す。つまり、3月最終土曜日以外のデータが削除され、年の1つのバックアップだけが残される。システム状態にはこのポリシーは存在しない。
- 最も長い保持期間を超えたバックアップデータは削除される。年単位の保持ポリシーの最大値は99年なので、100年以上のデータは保存できない。

システム状態は、日、週、月の保持ポリシーが、それぞれ60日、8週間（56日）、3ヶ月（約90日）と、ほとんど差がありません。また、年単位の保持ポリシーはありません。システム状態の異常は数週間以内に問題を起こすことが大半であり、数ヶ月以上前のシステム状態にはあまり意味がないためです。

ファイルとフォルダーは、日、週、月、年の保持ポリシーが、それぞれ180日（約半年）、104週間（約2年）、60ヶ月（5年）、10年であり、徐々に期間が増えていることがわかります。

このように、保持ポリシーは取得したバックアップデータを古いものから間引いていくように構成します。

システム状態のリテンション期間

ファイルとフォルダーのリテンション期間

図6-4：保持期間（リテンション期間）

MARSエージェントバックアップを今すぐ実行する

　スケジュールを構成したら、構成情報に従って［今すぐバックアップ］を実行できます。これにより、初回バックアップスケジュールを待たずに即座にバックアップできます。

❶
デスクトップのショートカットまたは［スタート］メニューからバックアップツール「Microsoft Azure Backup」を起動し、［今すぐバックアップ］をクリックする。

❷
バックアップ項目として、［Fileおよびフォルダー］と［システム状態］のいずれかを指定して［次へ］をクリックする。バックアップ対象のファイルやフォルダーを変更することはできない。
- ●ここでは［Fileおよびフォルダー］を選択している。

❸
バックアップの保持期限を指定して［次へ］をクリックする。
- ●［今すぐバックアップ］は通常のバックアップスケジュールと異なるため、保持期限も独自に指定する。

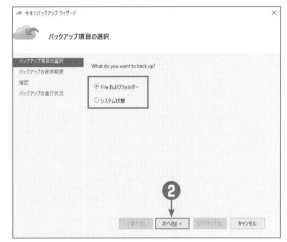

④ バックアップ項目などを確認して［バックアップ］
をクリックする。

⑤ バックアップが開始すると［閉じる］ボタンが有効
になる。［閉じる］をクリックしても、バックグラウ
ンドでバックアップは進行している。バックアップ
結果は、バックアップツールの画面に表示される。

⑥ バックアップが完了したら［閉じる］をクリックす
る。

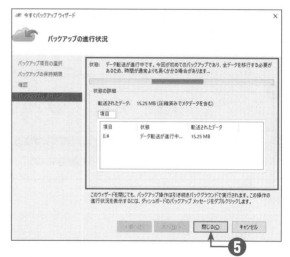

❼ バックアップツールにバックアップ結果が表示される。

MARSエージェントの設定を変更する

バックアップツールの［プロパティの変更］から、MARSエージェントの登録時に行った設定を変更できるほか、バックアップに使用するネットワーク帯域を制限できます。

❶ デスクトップのショートカットまたは［スタート］メニューからバックアップツール「Microsoft Azure Backup」を起動し、［プロパティの変更］をクリックする。

➡ ［Microsoft Azure Backupプロパティ］ダイアログボックスが開く。

❷ ［暗号化］タブでは、パスワードの再設定を行うことができる。

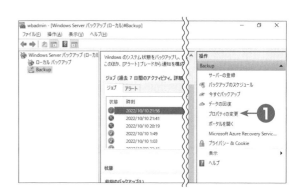

❸
［プロキシの構成］タブでは、バックアップが利用するWebプロキシを構成することができる。

❹
［調整］タブでは、バックアップが利用するネットワーク帯域を曜日と時刻を指定して制限することができる。

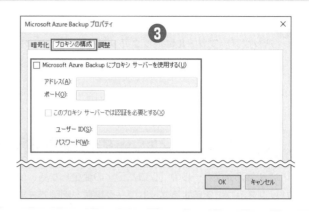

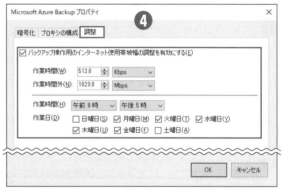

 MARSエージェントが使う通信プロトコルとネットワーク

　MARSエージェントが使うバックアップデータは、インターネット経由でAzure内のRecovery Services コンテナーに送信されます。データはSSLで暗号化されるため安全に利用できます。

　ただし、送信先はAzure内のサービスのため、サイト間VPNを使うことはできません。サイト間VPNの宛先はプライベートな仮想ネットワークのためです。

　ExpressRoute を使うことはできますが、ピアリングの種類に注意してください。ExpressRouteにはマイクロソフトのインフラに接続する「Microsoftピアリング」と、利用者が作成した仮想ネットワークに接続する「プライベートピアリング」の2種類があります。バックアップ先はマイクロソフトのインフラなのでMicrosoftピアリングを使う必要があります。

表6-2：MARSエージェントが使うネットワーク

		MARSエージェント
インターネット経由	VPNなし	○
	サイト間VPN	× （ルーティングされない）
ExpressRoute	Microsoftピアリング	○
	プライベートピアリング	×

5　MARSエージェントバックアップから復元するには

MARSエージェントバックアップからの復元は、バックアップと同じツールを使います。基本的にはWindows Serverバックアップを使った復元と同じ手順で行います。

ボリュームを復元（回復）する

MARSエージェントバックアップからボリューム（ドライブ）を復元（回復）を実行する手順は以下の通りです。

❶ デスクトップのショートカットまたは［スタート］メニューからバックアップツール「Microsoft Azure Backup」を起動し、［データの回復］を選択する。

➡［データの回復ウィザード］が起動する。

❷ このサーバーでバックアップしたのか、別のサーバーでバックアップしたのかを選択する。

● ここでは［このサーバー］を指定している。別のサーバーの場合は後述する。

❸ ［次へ］をクリックする。

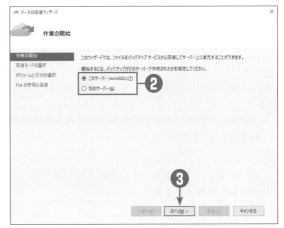

ヒント

「回復」と「復元」

バックアップからファイルを戻すことを、管理ツールでは「回復」と表記していますが、一部に「復元」も使われています。破損した状態を戻すのが「回復（Recover）」、別の場所に複製したり、元のファイルに上書きする（破損しているとは限らない）ことを「復元（Restore）」と呼ぶようですが、厳密には区別していないようです。

④

回復対象として［ボリューム］を選択する。指定可能な回復対象は以下の通り。ボリューム以外の回復は後述する。

［個々のファイルおよびフォルダー］…ファイルやフォルダーを個別に指定する。

［ボリューム］…ボリューム（ドライブ）全体を復元する。

［システム状態］…レジストリなどのシステム状態（System State）をファイルとして復元する。レジストリキーを直接上書きすることはできない。

⑤

［次へ］をクリックする。

⑥

ボリューム（ドライブ）を選択する。

⑦

バックアップした日付を選択する。

⑧

バックアップした時刻を選択する。

⑨

［次へ］をクリックする。

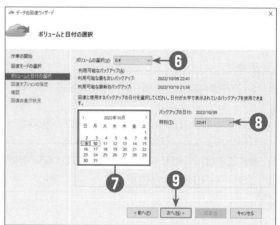

⑩

回復先として［元の場所］または［別の場所］を選択する。別の場所を選択した場合は、フォルダーも指定する。

●回復先として別の場所を指定した場合、回復したファイルは、指定したフォルダーの下に「*X*_vol」（*X*はバックアップ対象のドライブ文字）というフォルダーが作成され、その下に保存される。

⑪

回復先に、同名のファイルがあった場合の動作を選択する。

⑫

NTFSファイルセキュリティを復元する場合は、このチェックボックスをオンにする。

⑬

［次へ］をクリックする。

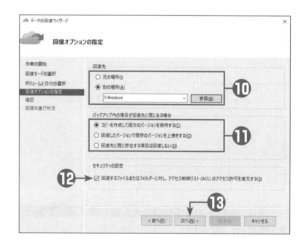

⓮

内容を確認して［回復］をクリックする。

⓯

回復が始まり、［閉じる］ボタンが有効になったら、
ウィザードを閉じてよい。回復はバックグラウンド
で進行する。

⓰

回復が完了したら［閉じる］をクリックする。

特定のフォルダーやファイルを復元する

MARS エージェントバックアップから特定のフォルダーやファイルだけを復元する場合は、直接復元するのではなく、一種のネットワークドライブとしてマウントしてから、必要なファイルを自分でコピーします。

❶
デスクトップのショートカットまたは［スタート］メニューからバックアップツール「Microsoft Azure Backup」を起動し、［データの回復］を選択する。

▶［データの回復ウィザード］が起動する。

❷
このサーバーでバックアップしたのか、別のサーバーでバックアップしたのかを選択する。

● ここでは［このサーバー］を指定している。別のサーバーの場合は後述する。

❸
［次へ］をクリックする。

❹
回復対象として［個々のファイルおよびフォルダー］を指定する。

❺
［次へ］をクリックする。

⑥ ボリューム（ドライブ）を選択する。

⑦ バックアップした日付を選択する。

⑧ バックアップした時刻を選択する。

⑨ ［マウント］をクリックする。

⑩ ドライブがマウントされるまで待つ。

⑪ バックアップデータがネットワークドライブとしてマウントされるので、［参照］をクリックしてエクスプローラーを起動する。
● ネットワークドライブとしてマウントされるので、エクスプローラー以外のツールも利用できる。

⑫ ［参照］をクリックしてエクスプローラーを起動すると、「Robocopy」の方がパフォーマンスが良いことが通知されるので［OK］をクリックする。
● コピー自体はどのツールを使っても可能。

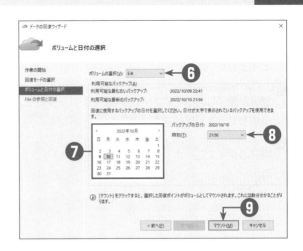

バックアップボリュームのEドライブがGドライブとしてマウントされている

エクスプローラーが起動する

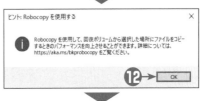

⑬
エクスプローラーが起動したら必要なファイルをコ
ピーする。

⑭
回復が完了したら［マウント解除］をクリックして、
ネットワークドライブを解放する。

⑮
確認のダイアログボックスで［はい］をクリックす
る。

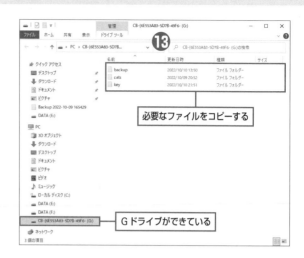

必要なファイルをコピーする

Gドライブができている

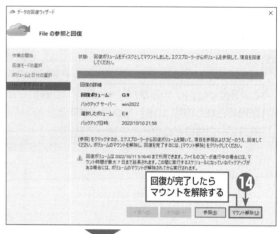

回復が完了したら
マウントを解除する ⑭

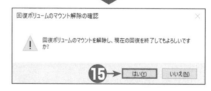

⑮

ヒント

復元時間の制限

ファイルとフォルダーの復元（回復）で利用するネットワー
クドライブは、8時間後に自動的にマウントが解除されます。
ただし、ファイルのコピーが進行中の場合は最大7日間まで
延長されます。それ以上の復元時間がかかると思われる場合
は、ボリュームの復元を行ったあと、不要なファイルを削除
してください。

バックアップが利用するポート番号

MARSエージェントはすべての通信をHTTPSでカプセル化
します。ファイルとフォルダーの復元では内部でiSCSI（TCP
ポート3260）を使いますが、MARSエージェントが変換処
理を行うため、インターネット通信で使われるのはHTTPS
（TCPポート443）のみです。

システム状態を復元する

　MARSエージェントバックアップから、レジストリやActive Directoryドメインのデータベース等を含む「システム状態（System State）」を復元することも可能です。ただし、レジストリを直接書き戻すのではなく、ファイルとして復元されます。そのため、実際にシステム状態を回復するには、Windows Server標準のバックアップツール（Windows Serverバックアップ）を併用する必要があります。

❶
デスクトップのショートカットまたは［スタート］メニューからバックアップツール「Microsoft Azure Backup」を起動し、［データの回復］を選択する。

　▶［データの回復ウィザード］が起動する。

❷
このサーバーでバックアップしたのか、別のサーバーでバックアップしたのかを選択する。

　●ここでは［このサーバー］を指定している。別のサーバーの場合は後述する。

❸
［次へ］をクリックする。

❹
回復対象として［システム状態］を選択する。

❺
［次へ］をクリックする。

❻

ボリューム（ドライブ）を選択する。

❼

バックアップした日付を選択する。

❽

バックアップした時刻を選択する。

❾

［次へ］をクリックする。

❿

回復先を指定する。

●システム状態は通常Cドライブにあるので、指定
したフォルダーのC_Volフォルダー以下に複雑な
階層とともに作成される（詳しくは後述）。

⓫

回復先に、同名のファイルがあった場合の動作を選
択する。

⓬

［次へ］をクリックする。

⓭

内容を確認して［回復］をクリックする。

●回復が始まり、［閉じる］ボタンが有効になった
ら、ウィザードを閉じてよい。回復はバックグラ
ウンドで進行する。

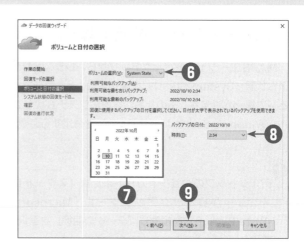

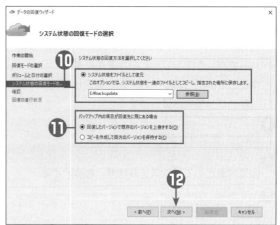

⑭

回復が完了したら［閉じる］をクリックする。

　システム状態はWindowsフォルダーの重要なファイルも含まれるため、複雑な階層構造を持ちます。ファイル間の依存性もあるため、矛盾が発生しないように、復元（回復）の結果はVHDX形式の仮想ディスクを含む複数のファイルで管理されます（図6-5）。

図6-5：システム状態の回復先

復元したシステム状態の利用

MARSエージェントはベアメタル回復、つまり「まっさらなサーバー（ベアメタル）に、OSを含めてまるごと回復する」という機能はありません。しかし、Windows Server標準の「Windows Serverバックアップ」を併用することで、システム状態を回復することが可能です。作業の流れは以下のようになります。

1. バックアップツール「Microsoft Azure Backup」で、システム状態（System State）を、別の場所を指定して復元
2. 復元した場所を共有
3. 「Windows Serverバックアップ」で、共有を指定してシステム状態を回復

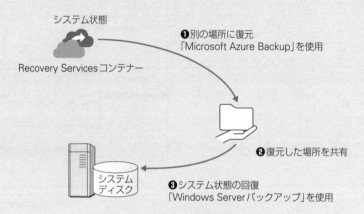

図6-6：システム状態の回復手順

Azure Backupツールでは、復元先として指定したフォルダーに、以下の例のような深い階層を作成します。

例：復元先のフォルダーが E:¥backup の場合

```
E:¥backup¥C_vol¥Program Files¥Microsoft Azure Recovery Services Agent¥
Scratch¥SSBV
（SSBV フォルダーには WindowsImageBackup フォルダーがある）
```

必要なファイルはWindowsImageBackupフォルダー以下にありますが、このフォルダーを直接指定することはできません。復元したシステム状態を使って回復するには以下のような制限があるためです。

・サーバー名を含めた共有フォルダーを指定する必要がある
・パス名は全体で110文字以下の制限がある

文字数をオーバーさせないため、WindowsImageBackupの1つ上の階層のSSBVフォルダーを共有するのがよいでしょう。これだと**¥¥サーバー名¥SSBV**と指定するだけで済みます。具体的な回復手順は次の通りです。

❶ Windows Serverバックアップの［操作］ペイン（または［操作］メニュー）から［回復］を選択する。

❷ ［回復ウィザード］が起動するので［別の場所に保存されているバックアップ］を選択し、［次へ］をクリックする。

● ［このサーバー］を選択すると、Azure Backupから復元したシステム状態は指定できない。

❸ ［リモート共有フォルダー］を選択し、［次へ］をクリックする。

❹ Microsoft Azure Backupから復元したシステム状態を共有したフォルダーを指定し、［次へ］をクリックする。

● そのサーバー自身であってもネットワーク共有名が必要。

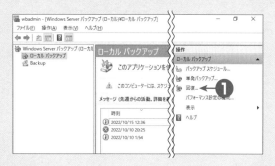

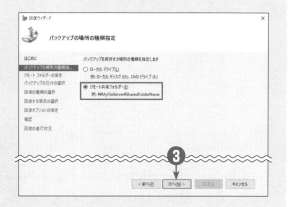

⑤ 回復したいバックアップの日付と時刻を選択し、[次へ]をクリックする。

⑥ [システム状態]を選択し、[次へ]をクリックする。

⑦ [元の場所]を選択し、[次へ]をクリックする

⑧ 確認のダイアログボックスで[OK]をクリックする。

⑨
[回復] をクリックする。

●システム状態の回復は途中でキャンセルできない。また、再起動が必須なので、既定では[回復処理の完了のためにサーバーを自動的に再起動する] が選択されている。

⑩
確認のダイアログボックスで [はい] をクリックする。

⑪
回復の完了と再起動を待つ。

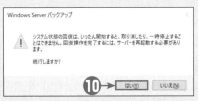

⑫
再起動が完了し、サインインすると確認メッセージが表示されるので Enter キーを押す。

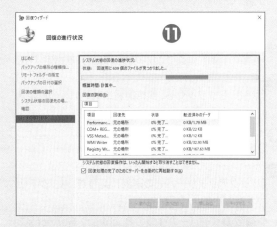

　なお、Windows Serverバックアップは自動的にはインストールされません。サーバーマネージャーから、機能の追加をしてください。また、Windows 10/11などのクライアントOSには「Windows Serverバックアップ」は付属しません。そもそも、クライアントOSにインストールされたMARSエージェントはシステム状態のバックアップ機能を持ちません。

別のサーバーに復元する

別のサーバーに復元する場合は、以下の2点に注意してMARSエージェントを構成してください。

- **資格情報を新しく取得し直す**…MARSエージェントの資格情報コンテナーの資格情報は、2日後に有効期限が切れるため、ほとんどの場合は最初に取得したのと同様の手順で、もう一度ダウンロードする必要があります（この章の3の「MARSエージェントをダウンロードする」の手順❽またはヒント「MARSエージェントのダウンロード作業」を参照）。資格情報は、AzureのRecovery Servicesコンテナーを使う権限がある、つまりAzureの管理者であることを確認するためのものです。バックアップ対象となったサーバーの情報は含まれません。
- **同じパスフレーズを指定する**…パスフレーズは、以前のバックアップと同じものを指定します。パスフレーズはバックアップデータにアクセスする権限を確認するためのものです。

具体的な復元手順を以下に示します。

❶ デスクトップのショートカットまたは［スタート］メニューからバックアップツール「Microsoft Azure Backup」を起動し、［データの回復］を選択する。

　▶［データの回復ウィザード］が起動する。

❷ ［作業の開始］画面で、［別のサーバー］を指定する。

❸ ［参照］をクリックし、資格情報コンテナーの資格情報ファイルを指定する。

❹ ［次へ］をクリックする。

❺ ［バックアップサーバーの選択］画面で、バックアップを行ったサーバーを選択する。

　● 複数のサーバーが1つのRecovery Servicesコンテナーを使っている場合があるので、目的のサーバーを選択する。

❻ ［パスフレーズ］は、バックアップしたときと同じものを指定する。

❼ 以降の操作は、［作業の開始］画面で［このサーバー］を選択した場合と同様に進める。

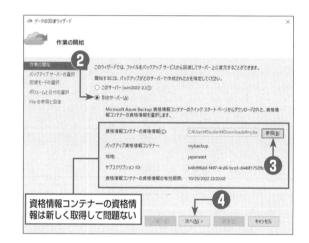

資格情報コンテナーの資格情報は新しく取得して問題ない

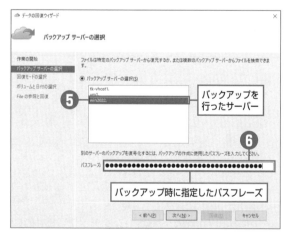

バックアップを行ったサーバー

バックアップ時に指定したパスフレーズ

　資格情報はAzureの管理者であればいつでも再生成できます。しかし、バックアップから復元するには資格情報のほかに、バックアップエージェントをAzureに登録するときに指定したパスフレーズが必要です。パスフレーズが一致しない場合はバックアップから復元することはできません。

6 MARSエージェントバックアップを停止するには

　バックアップデータの維持には費用がかかるため、不要になったバックアップは削除してください。ただし「削除した直後にバックアップデータが必要になった」というのはよくある話なので、不要だと判断してから実際に削除するまでの猶予期間を持つようにしてください。

バックアップを一時中止する：ファイルとフォルダーの場合

　バックアップが不要になった場合、MARSエージェントバックアップを停止し、バックアップデータを削除できます。このとき、Recovery Servicesコンテナーに含まれる情報を削除することで、バックアップデータとバックアップジョブをすべて削除できますが、すべての情報が完全に消えてしまいます。バックアップデータだけを残したい場合は、一時的な中止を行います。

❶
「Microsoft Azure Backup」を起動し、［バックアップのスケジュール］を選択する。

　▶［バックアップのスケジュールウィザード］が起動する。

❷
［ファイルとフォルダーのバックアップスケジュールを変更します］を選択する。

❸
［次へ］をクリックする。

❹
［このバックアップスケジュールの使用を中止するが、スケジュールが再度アクティブ化されるまで保存されているバックアップ］を選択する。

❺
［次へ］をクリックする。

⑥

内容を確認して［完了］をクリックする。

⑦

完了したら［閉じる］をクリックする。

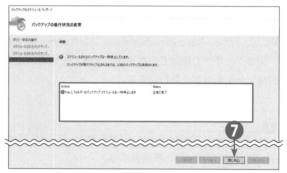

バックアップを一時中止する：システム状態の場合

システム状態の場合も、基本的な操作はファイルとフォルダーの場合と同じです。

❶

「Microsoft Azure Backup」を起動し、［バックアップのスケジュール］を選択する。

▶［バックアップのスケジュールウィザード］が起動する。

❷

［システム状態のバックアップスケジュールを変更します］を選択する。

❸

［次へ］をクリックする。

❹

[このバックアップスケジュールの使用を中止する
が、スケジュールが再度アクティブ化されるまで保
存されているバックアップ]を選択する。

- ●システム状態の場合は、ここで[削除]を選ぶこ
ともできる。

❺

[次へ]をクリックする。

❻

内容を確認して[完了]をクリックする。

❼

[閉じる]をクリックする。

システム状態の場合は
[削除]も選べる

バックアップを停止する

以下の手順で、MARSエージェントバックアップを停止し、ファイルとフォルダーおよびシステム状態のバック
アップデータを削除できます。

❶

「Microsoft Azure Backup」を起動し、[バックアッ
プのスケジュール]を選択する。

- ➡[バックアップのスケジュールウィザード]が起動
する。

② [すべてのバックアップスケジュールの使用を中止して、保存されているバックアップをすべて削除する] を選択する。

③ [次へ] をクリックする。

④ 内容を確認して [完了] をクリックする。

⑤ 確認用のPINコードを入力するダイアログボックスが表示される。

　　● PINをまだ生成していない場合は、ここでダイアログボックスを開いたまま、Azureポータルを開いてPINを取得する（以降の手順⑥～⑩）。

⑥ AzureポータルでRecovery Servicesコンテナーの管理画面を開き、バックアップ先のコンテナーを選択する。

⑦ [設定] の [プロパティ] を選択する。

⑧ [セキュリティ PIN] の [生成] をクリックする。

⑨ 生成されたPINを確認する。

⑩ コピーアイコンをクリックして、PINをクリップボードにコピーする。

⑪ 手順⑤のダイアログボックスに戻り、Azureポータルで取得したセキュリティPINを貼り付ける。

⑫

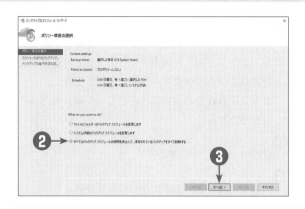

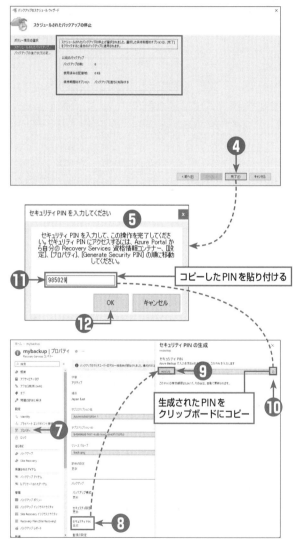

コピーしたPINを貼り付ける

生成されたPINを
クリップボードにコピー

[OK]をクリックする。

⓭ バックアップが中止されたことを確認して[閉じる]をクリックする。

システム状態とファイルとフォルダーの両方が削除される

⓭

ヒント

バックアップデータの削除

バックアップデータを削除して、バックアップを停止する指示を出した場合でも、14日間はバックアップデータが保持されます。この機能を「論理削除（soft delete）」と呼びます。必要なバックアップデータを誤って削除してしまうというミスは意外によくあります。こうしたうっかりミスは、作業直後に気付くことが多いため、14日間の猶予期間が設けられています。猶予期間の日数はRecovery Servicesコンテナーのプロパティで変更できます。実際の手順は、この章の「10 Recovery Servicesコンテナーを削除するには」のコラム「Recovery Servicesコンテナーの手動削除」の手順1を参照してください。

ヒント

システム状態のバックアップデータの削除

ファイルとフォルダーのバックアップを中止すると、システム状態のバックアップも中止されます。一方、システム状態は単独でバックアップを中止できます。システム状態のバックアップスケジュールを変更する画面で、バックアップの中止を指定してください（下の画面）。ファイルとフォルダーのバックアップの中止と同様、セキュリティPINを指定して削除します。

スケジュール変更時に、ファイルとフォルダーのバックアップを削除する機能はない

スケジュール変更時に、システム状態のバックアップのみを削除できる

7 Azure VMバックアップを実行するには

仮想マシン全体をバックアップする場合は、ホストベースバックアップの方が便利です。Azureでは、ホストベースバックアップとして仮想マシンバックアップ（Azure VMバックアップ）が提供されます。

Azure VMバックアップを準備する

Azure VMバックアップでは、仮想マシンをまるごとバックアップし、復元も仮想マシン単位で行うのが基本です（図6-7）。しかし、現在では、仮想ディスクのみを復元する機能や、ファイル単位で復元する機能も提供されています。詳細はこの章の「8 Azure VMバックアップから復元するには」で解説します。

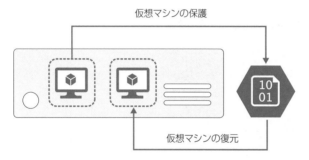

図6-7：Azure VMバックアップと復元

Azure VMバックアップは、MARSエージェントと同じRecovery Servicesコンテナーを利用します。そのため、Azure VMバックアップに必要な準備は、この章の「3 MARSエージェントを準備するには」で説明した内容と同じです。具体的には以下の2点に注意してください。

・Recovery Servicesコンテナーの作成
・ストレージアカウントの冗長性の指定

Azure VMバックアップを構成する

　Azure VMバックアップは、ホストベースバックアップのため、Azureポータルからの指示だけで完了します。実際には、仮想マシン内部でエージェントが必要ですが、Azureから展開した仮想マシンには自動的にインストールされています。

❶ Recovery Servicesコンテナーの管理画面で、バックアップに使うコンテナーを選択する。

❷ [はじめに] の [バックアップ] を選択する。

❸ [ワークロードはどこで実行されていますか？] で [Azure] を選択する。

❹ [何をバックアップしますか？] で [仮想マシン] を選択する。
- 他に [Azureファイル共有]、[Azure VM内のSQL Server]、[Azure VM内のSAP HANA]、[Azureファイル共有] を選択できる。

❺ [バックアップ] をクリックする。

ヒント

バックアップポリシーのサブタイプ

Azure VMバックアップには標準（Standard）と拡張（Enhanced）の2つのサブタイプがあります。拡張サブタイプを指定すると、バックアップ頻度として [毎日] [毎週] に加え [毎時間] が利用できます。[毎時間] では、開始時刻のほか、スケジュール（4時間ごと、6時間ごと、8時間ごと、12時間ごとのいずれか）と期間（4時間、8時間、12時間、16時間、20時間、24時間）を選択できます。たとえば、毎日1回20時に4時間ごとのバックアップを8時間の期間で設定した場合、1日3回（20時、0時、4時）のバックアップを行います。そのほか、インスタントリストア可能な期間が延びるなどの利点があります。

Azure VMバックアップポリシーのサブタイプ

	標準(Standard)	拡張(Enhanced)
バックアップ回数	1日1回	1日複数回 スケジュール：4、6、8、12時間ごとのいずれか 期間：4、8、12、16、20、24時間のいずれか
インスタントリストア	最大5日	最大30日
ゾーン冗長サポート	×	○
トラステッドVMのサポート	×	○

⑥

[バックアップの構成] 画面で、バックアップポリシーとバックアップ対象の仮想マシンを指定する。

- バックアップポリシーにはStandardとEhnancedがあり、いずれもバックアップ頻度や、バックアップデータの保持期間などを指定する（前ページのヒント参照）。既定値としてStandardの [DefaultPolicy] とEnhancedの [EnhancedPolicy] があらかじめ定義されている。ここでは [新しいポリシーを作成する] を選択する。

⑦

手順⑥で [新しいポリシーを作成する] を選択すると、[ポリシーの作成] 画面が表示される。

⑧

バックアップポリシーに名前を付ける。ここで付けた名前は、あとでバックアップポリシーの選択肢として利用できる。

⑨

バックアップ頻度やバックアップデータの保持期間（リテンション期間）などを定義する。

- Standardポリシーでは、頻度として [毎日]（1日1回）または [毎週]（決まった曜日に1回）を指定できる。Enhancedポリシーを選択した場合は、「毎時間」が追加され、スケジュールと期間を指定することで1日複数回のバックアップができる（前ページのヒント参照）。いずれの場合も保持期間の最長は99年となる。

⑩

[OK] をクリックする。

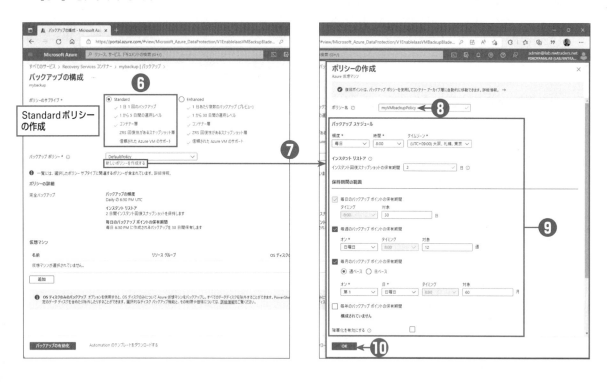

⑪ バックアップする仮想マシンを指定するために、[仮想マシン]の[追加]をクリックする。

⑫
バックアップしたい仮想マシンを選択する。

⑬
[OK] をクリックする。

⑭
バックアップポリシーとバックアップ対象の仮想マシンを確認して [バックアップの有効化] をクリックする。

●仮想マシンをバックアップ対象から外す場合は [削除] ボタン（ごみ箱のアイコン）をクリックする。データは別のツールでバックアップしている場合などで、OSディスクのみをバックアップしたい場合（すべてのデータディスクをバックアップ対象から外したい場合）は [OSディスクのみ] を選択する。PowerShellを使えば特定のデータディスクをバックアップ対象から除外できる。

⑮
バックアップの登録処理が完了すると [リソースに移動] ボタンが有効になり、クリックするとRecovery Servicesコンテナーの管理画面に戻る。

バックアップ可能な仮想マシンの一覧が表示されるので必要な仮想マシンを選択する

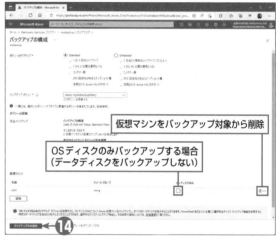

仮想マシンをバックアップ対象から削除

OSディスクのみバックアップする場合
（データディスクをバックアップしない）

以上で、バックアップスケジュールが有効になりました。

Recovery Servicesコンテナー
の管理画面に戻る

ヒント

バックアップストレージの階層化

バックアップポリシーでは「階層化」を指定することもできます。一定期間が過ぎたバックアップは、アーカイブ層に移動することでストレージコストを節約できます。
ただし、アーカイブ層からの復元は非常に長い時間がかかる場合があります。半年以上の長期保存を行う場合にのみ検討してください。

Azure VMバックアップを今すぐ実行する

スケジュールを無視して、今すぐバックアップを実行したい場合は、以下の手順に従います。

❶
Recovery Servicesコンテナーの管理画面で、バックアップに使うコンテナーを選択する。

❷
[保護されたアイテム]の[バックアップアイテム]を選択する。

❸
[Azure Virtual Machine]を選択する。

④

バックアップしたい仮想マシンを右クリックして
[今すぐバックアップ]を選択する。

● または、[View details]をクリックして、バッ
クアップ項目の詳細画面から[今すぐバックアッ
プ]をクリックしてもよい。

⑤

バックアップの保持期間を明後日以降の日付で指定
する。

● 「今すぐバックアップ」のバックアップ結果は、
バックアップポリシーで管理されないため、保持
期間を個別に指定する。

⑥

[OK]をクリックする。

➡ バックアップが開始される。

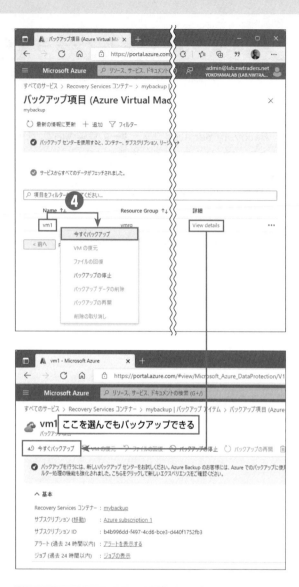

ヒント

バックアップが使用するエージェント

Azure VMバックアップが利用するエージェント（クライアントモジュール）は、Azureの標準イメージを使った場合、自動的に展開されます。オンプレミスで作成した仮想マシンをAzureに移行した場合は、以下のサイトからエージェントをダウンロードしてインストールする必要があります。

Windows版：**https://go.microsoft.com/fwlink/?LinkID=394789&clcid=0x409**
Windowsインストーラー用のファイルが提供されます。

Linux版：**https://github.com/Azure/WALinux Agent**
Linux環境によってインストール手順が変わります。リンク先ドキュメントの指示に従ってください。

ここで提供されているエージェントはバックアップだけではなく、パスワードの強制リセットなど複数の機能がパッケージされています。オンプレミスのサーバーで実行しても特に問題はないため、Azureに移行する予定の仮想マシンには、あらかじめインストールしておいてください。

バックアップジョブを確認する

　バックアップはバックグラウンドで行われます。現在の実行状況は、Recovery Servicesコンテナーの［監視およびレポート］にある［ジョブ］の［バックアップジョブ］で確認できます。

❶ Recovery Servicesコンテナーの管理画面でコンテナーを選択する。

❷ ［監視］の［バックアップジョブ］を選択する。

❸ バックアップジョブの実行状況が表示される。

❹ ［進行中］のジョブの［詳細を表示］をクリックすると、サブタスクを確認できる。

コラム ## インスタントリストア

　以前は仮想マシンのバックアップに、非常に長い時間がかかっていました。これを改善したのが「インスタントリストア」です。インスタントリストアは、仮想マシンのマネージドディスクでスナップショットを作成し（インスタント回復スナップショット）、その後スナップショットの情報をRecovery Servicesコンテナーに送ります（図6-8）。また、復元もスナップショットから行うため、復元が可能になるまでの時間も短くなります。

　インスタントリストアが使うスナップショットの最大保持期間は、Standardポリシーで5日、Enhancedポリシーで30日と短く設定されています（ただし、最初のバックアップが作成されるまでは常に保持されます）。これは、復元は直前の状態に戻すことが最も多いため、最近の復元を高速化すれば十分なためです。スナップショットにはバックアップとは別の料金が発生します。

　なお、現在のAzure VMバックアップは必ずスナップショットを作成します。スナップショットは実際に使ったデータ量にのみ課金され、料金もそれほど高くありません（本書の執筆時点でHDDタイプが月額GBあたり約7.2円）。また、保持期間も短いためすぐに削除されます。全体として、それほど高価ではないので大きな問題にはならないでしょう。

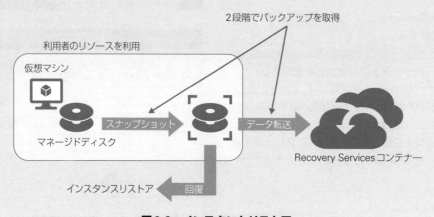

図6-8：インスタントリストア

 コラム ## 仮想マシンブレードからバックアップする

　Azureポータルの仮想マシンブレードからバックアップすることも可能です。この機能は、作業途中の仮想マシンを一時的に保管するために使われることが多く、システム管理者よりも開発者がよく利用します。

❶ Azureポータルで、バックアップしたい仮想マシンを選択する。

❷ [操作]の[バックアップ]を選択する。

❸ バックアップを構成していない仮想マシンの場合は、バックアップの設定画面になるので、ポリシーなどを指定し、[Enable backup]をクリックして有効化する。

❹ 既にバックアップが構成済みの場合は、画面上部のメニューで、構成済みのバックアップに対する操作ができる。表示しきれない項目は[…]をクリックしてメニューを表示する。

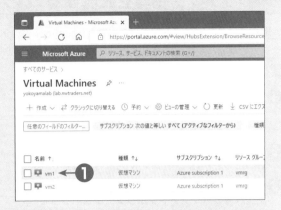

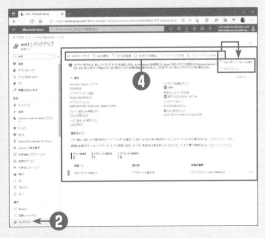

バックアップ情報を確認する：バックアップポリシー

　定義済みのバックアップポリシーは、Recovery Services コンテナーの［ポリシー］にある［バックアップポリシー］で確認と変更ができます。

❶ Recovery Services コンテナーの管理画面でコンテナーを選択する。

❷ ［管理］の［バックアップポリシー］を選択する。

❸ 定義済みのバックアップポリシーが表示される。

❹ ［＋追加］をクリックすると、新しいポリシーを作成することもできる。

❺ ポリシーをクリックすると、ポリシーの確認や変更ができる。

バックアップポリシーの詳細情報

バックアップ情報を確認する：バックアップアイテム

バックアップ済みの情報は、Recovery Servicesコンテナーの［保護されたアイテム］にある［バックアップアイテム］で確認できます。

❶
Recovery Servicesコンテナーの管理画面でコンテナーを選択する。

❷
［保護されたアイテム］の［バックアップアイテム］を選択する。

❸
バックアップ済みアイテムの概要が表示される。
- ここにはAzure VMバックアップだけでなく、MARSエージェントバックアップの情報も表示される。

❹
［Azure Virtual Machine］をクリックすると、Azure VMバックアップの詳細情報が表示される。

8 Azure VMバックアップから復元するには

Azureのホストベースバックアップ（Azure VMバックアップ）から仮想マシンを復元するには、管理ポータルを使います。現在サポートされている復元は以下の4種類です。

- 新規仮想マシンとして復元…バックアップした元の仮想マシンには手を付けない
- 既存仮想マシンの置換…バックアップした元の仮想マシンと差し替える
- ボリュームの復元…ディスクだけを復元する
- ファイルやフォルダーの復元…指定したファイルやフォルダーだけを復元する

新規仮想マシンとして復元する

最も簡単な復元は新しい仮想マシンを作ることです（図6-9）。ただし、Azureはサブスクリプションごとに合計CPUコア数の上限（クォータ）があります（既定値は20）。既にCPUコア数を使い切っている場合は、仮想マシンを復元できない場合があります（割り当てを解除するだけでは使用量は減りません）。

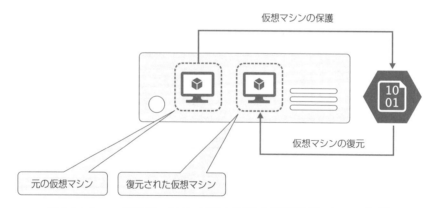

図6-9：Azure VMバックアップによる復元（新規仮想マシンの作成）

復元の結果できた仮想マシンは、以前のホスト名などを引き継ぎますが、ネットワークインターフェイスカードなどは新規作成されるので、IPアドレスは変化する可能性があります。

Azure VMバックアップからの復元手順は次の通りです。

❶ Recovery Services コンテナーの管理画面から、復元したい仮想マシンを含むRecovery Services コンテナーを選択する。

❷ [バックアップアイテム]を選択し、[Azure Virtual Machine]を選択する。

❸ 復元したい仮想マシンを右クリックして[VMの復元]を選択する。

ヒント

新規仮想マシンとして復元する別の手順

手順❸の画面で、復元したい仮想マシンの[View details]をクリックして、バックアップ項目の詳細画面から[VMの復元]を選択することもできます。また、この画面で表示される復元ポイントを右クリックして[VMの復元]を選択すると、続く手順❹と手順❺を省略できます（自動的に設定されます）。

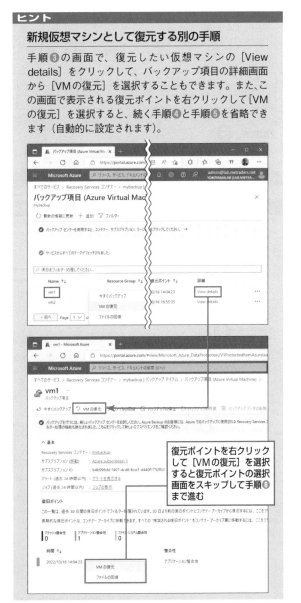

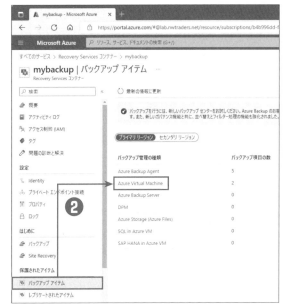

④

[復元ポイント] の [選択] リンクをクリックして、
復元ポイントの一覧を表示する。

- ●復元ポイントには以下の3種類の整合性（コンシ
  ステント）がある（バックアップ時に自動選択さ
  れる）。

[アプリケーションコンシステント]…アプリケー
ションレベルでの整合性を保証

[ファイルシステムコンシステント]…ファイルシス
テムレベルでの整合性を保証（動作中のアプリケー
ションが整合性保証機能を持たない場合に使用され
る）

[クラッシュコンシステント]…突然電源が切れたの
と同程度の整合性（システム停止中のバックアップ
など、整合性を保証する必要がない場合に使用され
る）

⑤

復元ポイントを選択して [OK] をクリックする。

⑥

[構成の復元] として [新規作成] を選択する。

- ●[既存を置換する] を選択すると、既存の仮想マシ
  ンを置き換える（後述）。

⑦

[復元の種類] として [新しい仮想マシンの作成] を
選択する。

- ●他に仮想ディスクのみを復元する [ディスクの復
  元] が選択できる（後述する「ボリュームを復元
  する」を参照）。

⑧

新しい仮想マシン名の構成情報として以下の項目を
指定する。

[仮想マシン名]
[リソースグループ]
[仮想ネットワーク]
[サブネット]

⑨

復元時に一時的に使用するストレージアカウントを
指定する。

- ●このストレージアカウントはあらかじめ仮想マシ
  ンの作成先リージョンに作成しておく必要がある。

⑩

復元パラメーターがすべて指定できたら [復元] を
クリックする。

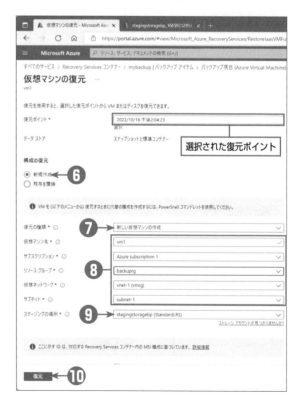

ヒント

復元した仮想マシンのホスト名

復元方法として新しく仮想マシンを作成した場合、管理ツール上は新しい名前の仮想マシンとして登録されますが、ホスト名は古い仮想マシンのものになります。通常Azureでは管理ツールで表示される仮想マシン名と、仮想マシンのコンピューター名は一致しますが、復元の場合は違う名前になります。バックアップからの復元なので当然ですが、混乱しやすいので注意してください。

仮想マシンの復元テスト：仮想ネットワークの選択

仮想マシンが正しくバックアップできているかどうかをテストすることは非常に重要です。Azure VMバックアップによる復元は、バックアップ対象を破壊せず、新規に仮想マシンを構成します。そのため、運用中のマシンを壊さずに復元のテストが可能です。これを俗に「避難訓練」と呼びます。

ただし、元の仮想マシンとまったく同じ構成なので、同じネットワークに復元してテストすると不具合が発生する可能性があります。そこで「避難訓練」ではテスト専用の仮想ネットワークを作成し、そこに復元します。本番ネットワークと分離することで、本番環境に影響を与えずに復元のテストが行えます。

復元した仮想マシンの「前回のシャットダウン」

動作中の仮想マシンをバックアップした場合、復元後に「コンピューターが予期せずシャットダウンされた」という意味のエラーメッセージが表示される場合があります。動作中のバックアップを復元しているわけですから、正常にシャットダウンせずに起動しているのは当然です。特に問題はないので、このエラーメッセージは無視してください。

（画面は英語版Windows）

既存の仮想マシンを置換する

既存の仮想マシンの内容を置き換えることもできます（図6-10）。既存の仮想マシンが完全に破損しており、削除するしかない場合に使うと便利です。仮想マシンの実行中に置換することはできません。必ず停止して［割り当て解除］状態にしてください。

Azureの管理ツールに表示される名前と仮想マシンのホスト名も一致するため、わかりやすいという利点もあります。ただし、既存の仮想マシンは完全になくなるので十分注意してください。

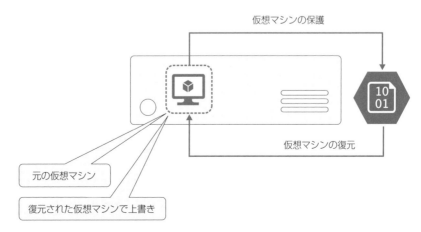

図6-10：Azure VMバックアップによる復元（既存の仮想マシンの置換）

　ディスクの置き換えなので、OSの構成やデータはすべて復元されますが、Azure上で設定されたネットワーク構成情報などはバックアップではなく、現在の値を引き継ぎます。

　Azure VMバックアップから置換をする場合、復元パラメーターを以下のように指定します。

❶

前項「新規仮想マシンとして復元する」の手順❶〜❺を行う。

❷

復元パラメーターを指定するための［構成の復元］で、［既存を置換］を選択する。

●これにより［復元の種類］として［ディスクの置換］が選択される（変更できない）。

❸

新規作成時と同様、復元時に一時的に使用するストレージアカウントを指定する。

❹

［復元］をクリックする。

ヒント

既存の仮想マシンの置換を行う場合の制約

既存の仮想マシンを置き換える場合、以下の制約があります。

- ・マネージドディスクを使っていること
- ・ディスクは暗号化されていないこと
- ・一般化されていないこと（通常起動可能な状態であること）

- ・復元時に、既存の仮想マシンが存在し、［割り当て解除］の状態であること
- ・復元されるのは、復元ポイントに含まれるディスクのみ

ボリュームを復元する

仮想ディスクだけを復元することもできます（図6-11）。復元したディスクは、他の仮想マシンに接続して使います。ボリュームの復元は、主に以下の目的で利用します。

- **仮想マシンが使っていたデータだけを取り出したい**…ファイルやフォルダーの復元（後述）には制約があるため、いったんボリューム（ディスク）全体を復元し、他の仮想マシンに接続してデータを取得することがあります。
- **特殊な構成の仮想マシンを復元する**…この目的で使用されることは減っています（次ページのヒント参照）。

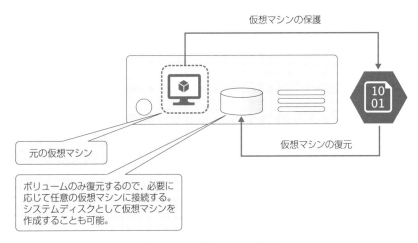

図6-11：ボリュームの復元

Azure VMバックアップからボリュームの復元を行う場合、復元パラメーターを以下のように指定します。

❶ この節の「新規仮想マシンとして復元する」の手順
❶～❺を行う。

❷ 復元パラメーターを指定するための［構成の復元］で、［新規作成］を選択する。

❸ ［復元の種類］で［ディスクの復元］を選択する。
- もう1つの選択肢は既に説明した［仮想マシンの作成］。

❹ 復元したボリューム（ディスク）を登録するサブスクリプションとリソースグループを指定する。

❺ 新規作成時と同様、復元時に一時的に使用するストレージアカウントを指定する。

❻ ［復元］をクリックする。

ヒント

特殊な構成の仮想マシン

以前は、作成済みの仮想マシンにネットワークカードを追加
することができませんでした。また、仮想マシンの復元は複
数のネットワークカードに対応していませんでした。そのた
め、仮想ディスクだけを復元して、そこから仮想マシンを構

成していました。
現在は、既存の仮想マシンにネットワークカードを追加でき
るため、ディスクだけを復元する必要はありません。

マネージドディスクのスナップショットを使った仮想マシンの複製

　定期的なバックアップではなく、「今ここにある仮想マシン」を保存しておき、必要に応じて複製を作りたい
ことがあります。たとえば、仮想マシン作成時にしか設定できない項目（仮想ネットワークや可用性セットな
ど）を変更したい場合です。1回限りの操作の場合、定期的なバックアップを前提とした Azure VM バックアッ
プでは使いにくいでしょう。

　仮想マシンの複製の流れは以下の通りです。

1. 仮想ディスクのスナップショットを取得する。
   Azure VM バックアップも内部でスナップショットを使っています。
2. スナップショットから新しい仮想ディスクを作成する。
3. 仮想ディスクから仮想マシンを作成する。

　具体的な手順は以下の通りです。

①スナップショットの取得

❶
Azure ポータルで［Virtual Machine］から目
的の仮想マシンを選択する。

② [ディスク]を選択し、システムディスクをクリックする。

③ [＋スナップショットの作成] をクリックする。

④ サブスクリプションとリソースグループを指定する。
- 場所（リージョン）は、元のディスクの設定が利用され、変更できない。

⑤ [インスタンスの詳細] として以下の情報を指定する。
[名前] …スナップショットの名前を指定する。
[スナップショットの種類]…[フル] を指定すると完全な複製を作成する。[増分] を指定すると前回取得したスナップショットの差分を保存する。スナップショットを何世代も作成する場合はストレージコストを削減できる。
[ストレージの種類] … [Standard HDD]、[Premium SSD]、[ゾーン冗長] から選択する。[Standard HDD] と [Premium SSD] はローカル冗長、[ゾーン冗長] はStandard HDDで構成される。通常、スナップショットにはパフォーマンスは要求されないので、[Standard HDD] または [ゾーン冗長] を指定する。
- その他の設定は元のディスクの情報が使用され、変更できない。

⑥ [次：暗号化] をクリックする。

⑦ [暗号化の種類] として既定値（マイクロソフト
が暗号キーを管理）のまま［次：ネットワーク］
をクリックする。

⑧ スナップショットにアクセス可能なネットワー
クの種類を選択して［次：詳細］をクリックす
る。この設定はスナップショットのエクスポート
などに影響するが、次のステップで行う仮想ディ
スクの作成などには影響しない。

⑨ スナップショットのアクセスに Azure AD 認証
を使うかどうかを指定する。事前設定が必要であ
り、本書では扱わないので、既定値のまま［次：
タグ］をクリックする。

⑩ 必要ならタグを指定して［確認および作成］をク
リックする。

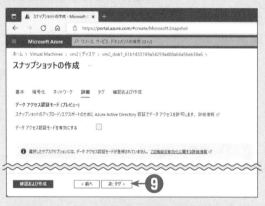

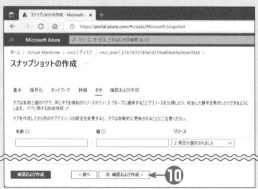

⑪
検証に成功したことを確認して［作成］をクリックする。

⑫
スナップショットが作成されると［リソースに移動］ボタンが表示されるので、クリックして次のステップに進む。
- 必要に応じてデータディスクのスナップショットも取得する。

以上で、既存の仮想ディスクからスナップショットが作成されました。

② スナップショットからの仮想ディスクの作成

①
前のステップで作成したスナップショットの管理画面で［＋ディスクの作成］をクリックする。ウィンドウを閉じた場合は、Azureポータルでスナップショットの管理画面を開き、作成したスナップショットを選択する。

②
［基本］タブで、サブスクリプションとリソースグループを指定する。

③
［ディスクの詳細］として、以下の情報を指定する。
［ディスク名］…仮想ディスクの名前を指定する。
［可用性ゾーン］…［なし］またはゾーンの番号を選択する。
［サイズ］…［サイズの変更］をクリックして、仮想ディスクの種類とサイズを指定する。元のディスクよりも大きなサイズが必要。ここでは Standard SSDの128GBを指定している。
●その他の設定は元のディスクの情報が使用され、変更できない。

④
［次：暗号化］をクリックする。

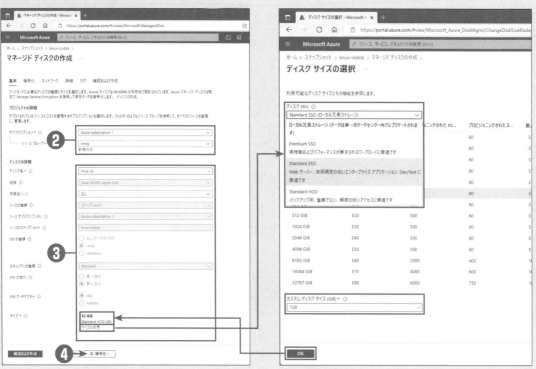

⑤
[暗号化の種類] として既定値（マイクロソフト
が暗号キーを管理）のまま ［次：ネットワーク］
をクリックする。

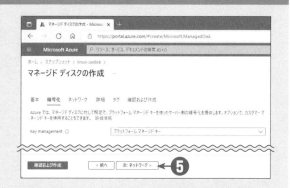

⑥
ディスクにアクセス可能なネットワークの種類
を選択して ［次：詳細］ をクリックする。この設
定はエクスポートなどに影響するが、仮想マシン
の動作には影響しない。

⑦
共有ディスクの設定と、ディスクのアクセスに
Azure AD認証を使うかどうかを指定する。いず
れも本書では扱わないので、既定値のまま ［次：
タグ］ をクリックする。

⑧ ［タグ］タブで、必要に応じてタグを指定して
　［次：確認および作成］をクリックする。

⑨ 検証に成功したことを確認して［作成］をクリッ
　クする。

⑩ ディスクが作成されると［リソースに移動］ボタ
　ンが表示されるので、クリックして次のステップ
　に進む。

　以上で、既存のスナップショットから新しい仮想
ディスクが作成されました。このあと、必要に応じ
て、同様の手順でデータディスクを作成します。

③ 仮想ディスクからの仮想マシンの作成

❶ 前のステップで作成したディスクの管理画面で［＋VMの作成］をクリックする。ウィンドウを閉じた場合は、Azureポータルでディスクの管理画面を開き、作成したディスクを選択する。

❷ サブスクリプションとリソースを指定する。

❸ ［インスタンスの詳細］として、以下の情報を指定または確認する。

［仮想マシン名］…作成する仮想マシンの名前を指定する。

［地域］…ディスクのリージョンが指定されて、変更できない。

［可用性オプション］…可用性セットまたは可撓性ゾーンを指定する。

［セキュリティの種類］…元のOSの設定が利用され変更できない。

［イメージ］…ディスクのOSが使用される。ここで変更すると、指定したディスクを使用せず別のOSが作成される。

［VMアーキテクチャ］…元のOSの設定が利用され変更できない。

● その他の情報は、第3章の「5 仮想マシンイメージから仮想マシンを作るには」の手順と同様に指定する。

❹ ［次：ディスク］をクリックして、ディスクの設定に進む。

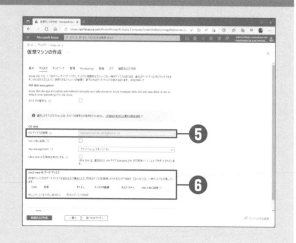

⑤ 既にシステムディスクを指定しているため、ここでディスクの種類を変更することはできない。

⑥ データディスクがある場合は[既存のディスクの接続]をクリックして、データディスクを選択する。

⑦ これ以降の画面は、第2章で説明した仮想マシンの作成手順と同じなので省略する。

以上で、既存の仮想ディスクから新しい仮想マシンが作成されました。

ファイルやフォルダーを復元する

　仮想マシン全体を復元するのではなく、仮想マシンに含まれるファイルだけを復元することができます（図6-12）。この場合はiSCSIプロトコルを使用するため、Azureに対してTCPポート3260が開いている必要があります。MARSエージェントと違いHTTPSでカプセル化されません。

　ファイルの復元は、WindowsとLinuxで利用する機能が違いますが、操作はほぼ同じです。以下はWindowsでの手順です。

①任意のWindows上にAzure Backup ILR（アイテムレベルリカバリ）をインストールする。ILRはPowerShellスクリプトとWindowsアプリケーションで構成されている。

②ILRからRecovery ServicesコンテナーにiSCSI接続する。最大接続時間は12時間なので、それ以内にファイルを取得する。

③iSCSI接続されたディスク装置からファイルを取得する。

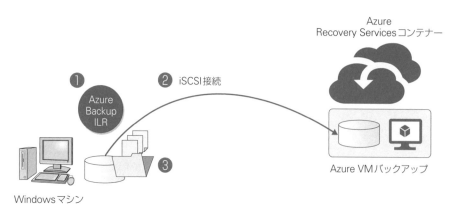

図6-12：Azure Backup ILRの動作

具体的な手順は以下の通りです。

❶
Recovery Servicesコンテナーの管理画面から、復元したい仮想マシンを含むRecovery Servicesコンテナーを選択する。

❷
［バックアップアイテム］を選択し、［Azure Virtual Machine］を選択する。

❸
復元したい仮想マシンの［View details］をクリックして、バックアップ項目の詳細画面に切り換える。
- 復元したい仮想マシンを右クリックして［ファイルの回復］を選択してもよい。この場合は次の手順❹をスキップして手順❺に進む。

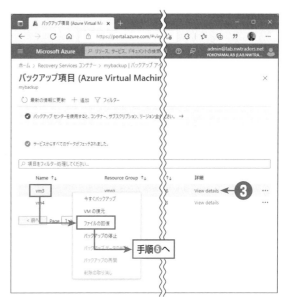

④

手順❸で［View details］をクリックしてバック
アップ項目の詳細画面を表示した場合は、［ファイル
の回復］を選択する。

●この画面で表示される復元ポイントを右クリック
して［ファイルの回復］を選択すると、次の手順
❺をスキップして手順❻に進む（自動的に設定さ
れる）。

⑤

適切な復元ポイントを選択して［OK］をクリックす
る。

復元ポイントを右クリックして［ファイル
の回復］を選択すると、復元ポイントの選
択画面をスキップして手順❼に進む

⑥ [実行可能ファイルのダウンロード] をクリックし、ダウンロードの準備ができたら [ダウンロード] をクリックしてAzure Backup ILRをダウンロードする。ダウンロードが始まるまで1分程度の時間がかかる。

⑦ パスワードが生成されるので、コピーアイコンをクリックしてクリップボードにコピーする。

⑧ ダウンロードしたファイルを管理者権限で実行してILRを起動する。
- 管理者権限がない場合、ユーザーアクセス制御（UAC）が動作するので管理者に昇格する。

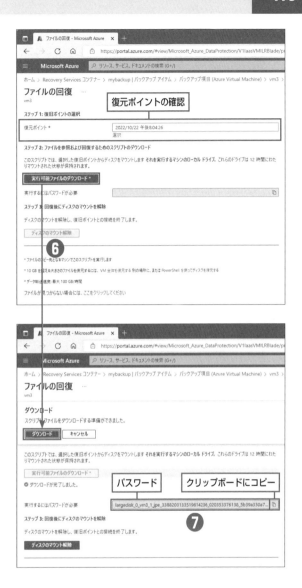

⑨

ILRがパスワードを要求するので、コピーしておいたパスワードを貼り付けて⊞Enterキーを押す。

●管理者権限がない場合はユーザーアクセス制御（UAC）が動作し、管理者への昇格を要求される。昇格後は、改めてパスワードを入力する必要がある。

●これにより、ILRのライセンス情報を示すファイルが開く。ILRはオープンソースソフトウェアの内容を含むので、組織のコンプライアンス上の制約がある場合は内容を確認する。特に問題ない場合はそのまま閉じる。

●Recovery Servicesコンテナーに対するiSCSI接続のディスクが構成される。

●この時点で、新しいiSCSIディスクにドライブ文字が割り当てられる。ドライブ文字ができたら、必要なファイルにアクセスし、復元を行う。

●ドライブ文字がない場合は、後述のコラム「ドライブ文字の割り当て」の操作を行う。

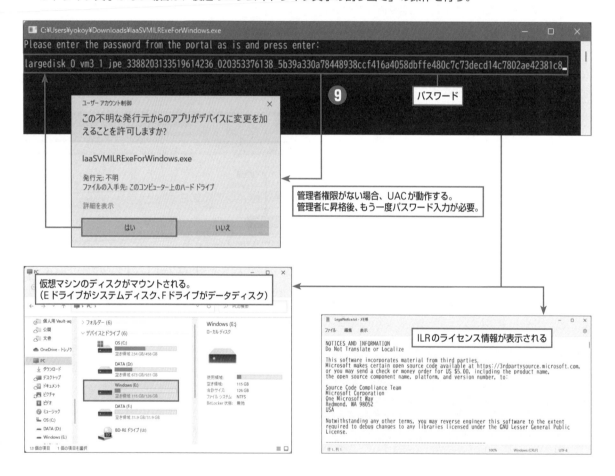

ヒント

ILRモジュールの発行元

ILRモジュールには適切なデジタル署名が付いていません。そのため、Windowsのユーザーアクセス制御（UAC）が動作したときの昇格ダイアログボックスには「発行元不明」と表示されます。

⑩
ここで **q**（または **Q**）と入力するとウィンドウは閉じるが、iSCSIディスク接続は削除されない。

⑪
ファイルの復元が完了したら、Azureポータルに戻り、［ディスクのマウント解除］をクリックしてiSCSI接続を解除する。

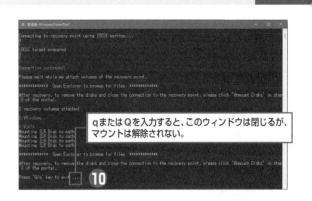

qまたはQを入力すると、このウィンドウは閉じるが、マウントは解除されない。

Linux仮想マシンの場合

Linux仮想マシンでは、復元作業に使うホストOSもLinuxである可能性が高いと考えられます。そのため、PowerShellスクリプトではなくPythonベースのスクリプトが生成されます。

公式にサポートされるLinuxディストリビューションは以下の通りです。

- ・Ubuntu 12.04以上
- ・CentOS 6.5以上
- ・RHEL 6.7以上
- ・Debian 7以上
- ・Oracle Linux 6.4以上
- ・SLES（SUSE Linux Enterprise Server）12以上
- ・OpenSUSE 42.2以上

また、以下のコンポーネントも必要です。

- ・Bash 4以上
- ・Python 2.6.6以上
- ・.NET 4.6.2以上
- ・TLS 1.2

スクリプトの実行手順はWindowsと同じですが、OSの違いから以下のような準備が必要です。

1. Python言語をインストールする。

例：パッケージ管理に **apt** を使う場合（Ubuntuなど）は以下のコマンドを実行する。（**sudo** は管理者に昇格するコマンド）。

```
sudo apt install python
```

2. ダウンロードしたファイル（ここではlargedisk.pyとする）に実行権を追加する。

例：以下のコマンドを実行する。

```
chmod +x largedisk.py
```

3. 準備ができたらファイルを実行する。パスワードの入力はWindows版と同じ。

例：

```
./largedisk.py
```

実行すると、カレントディレクトリにディスクがマウントされるので、必要なファイルにアクセスできるようになります。必要に応じて管理者に昇格してください。

ファイルやフォルダーの復元時間の制限

　Azure Backup ILRの接続時間は最大12時間です。また、1時間あたり1GBのファイルしかダウンロードできません。そのため、理論的な最大復元サイズは12GBとなりますが、余裕を持って10GB以下と考えてください。

　10GB以上のファイルを復元する場合は、以下のようにボリュームの復元を利用してください。

1. 復元したいファイルやフォルダーを含むボリュームを復元する。
2. 作業用仮想マシンを作成する。
3. 作業用仮想マシンに、復元したボリュームを接続する。
4. 作業用仮想マシンにサインインして作業する。

2. 作業用仮想マシンの作成

3. 復元したボリュームに接続

4. 必要なデータを作業用
仮想マシンに取得

1. ボリュームの復元

巨大なファイルの復元

ドライブ文字の割り当て

　以前はiSCSIディスクにドライブ文字が割り当てられないことが多かったのですが、最近はほぼ問題ないようです。もし、ドライブ文字が割り当てられなかった場合は、以下の操作を行います。

❶
Windowsで［管理ツール］の［コンピューターの管理］を起動して、［記憶域］－［ディスクの管理］を選択する。

❷
新しく追加されたディスクで、必要なパーティションを右クリックして［ドライブ文字とパスの変更］を選択する。
● ディスクがオフラインになっている場合は、右クリックしてオンラインにする。

❸
［追加］をクリックする。

❹
ドライブ文字を選択する。

❺
［OK］をクリックする。

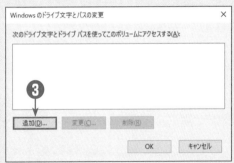

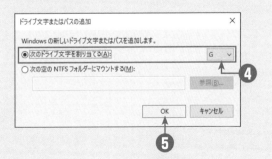

⑥ ボリュームにドライブ文字が割り当てられたことを確認する。

⑦ Windowsのエクスプローラーにドライブが表示される。

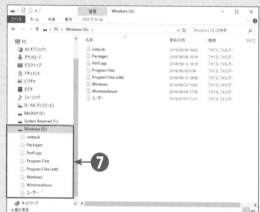

9 Azure VMバックアップを 停止するには

　MARSエージェントバックアップと同様、Azure VMバックアップの場合も、バックアップデータの維持には費用がかかります。不要になったサーバーのバックアップをいつまでも持っているのは不経済なので、不要になったバックアップは削除してください。

　ただし「削除した直後にバックアップデータが必要になった」というのはよくある話なので、削除する前に十分な猶予期間を設定してください。

Azure VMバックアップを停止する

　Azure VMバックアップの停止は以下の手順で行います。バックアップデータは、そのまま保存するか即座に削除するかどちらかを選択します。

❶
Recovery Servicesコンテナーの管理画面から、バックアップを停止したい仮想マシンを含むRecovery Servicesコンテナーを選択する。

❷
[バックアップアイテム] をクリックし、[Azure Virtual Machine] を選択する。

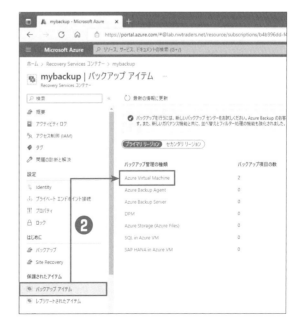

③

バックアップを停止したい仮想マシンの［View details］をクリックして、バックアップ項目の詳細画面に切り換える。

●目的の仮想マシンを右クリックして［バックアップの停止］を選択してもよい。この場合は次の手順**④**をスキップして手順**⑤**に進む。

④

バックアップ項目の画面で［バックアップの停止］を選択する。

⑤

［バックアップデータの保持］または［バックアップデータの削除］を選択する。

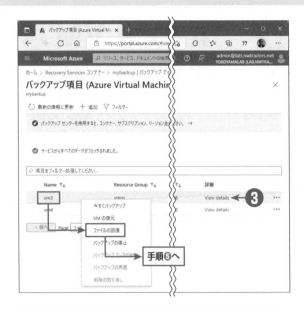

⑥ 手順⑤で［バックアップデータの削除］を選択した場合は、確認のためにバックアップ対象の仮想マシン名を入力する。

⑦ 理由を選択する。

⑧ コメントを入力する（オプション）。

⑨ ［バックアップの停止］をクリックする。

▶バックアップデータを削除した場合は、バックアップアイテムも消える。バックアップデータを残した場合は、バックアップアイテムは残る。

Azure VM バックアップを再開する

バックアップデータを残した場合は、バックアップの再開ができます。

❶

バックアップ項目の［View details］をクリックしてバックアップ項目の詳細画面に切り換える。

● バックアップ項目を右クリックして［バックアップの再開］を選択してもよい。この場合は次の手順❷をスキップして手順❸に進む。

❷

［バックアップの再開］をクリックして、バックアップを再開する。

❸

バックアップポリシーを選択する。

❹

［再開］をクリックすると、バックアップスケジュールが再設定され、バックアップが再開する

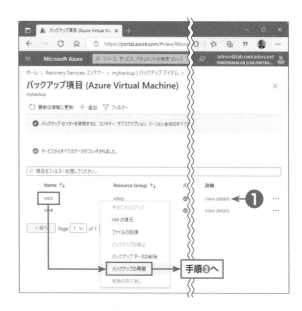

Azure VMバックアップデータを削除する

バックアップデータが、完全に不要になった場合は削除できます。

❶ バックアップ項目の［View details］をクリックして、バックアップ項目の詳細画面に切り換える。
● バックアップ項目を右クリックして［バックアップデータの削除］を選択してもよい。この場合は次の手順❷をスキップして手順❸に進む。

❷ ［バックアップデータの削除］をクリックする。

❸ バックアイテムとして仮想マシンの名前を入力する。

❹ 理由を選択する（前項「Azure VM バックアップを停止する」の手順❼と同じ）。

❺ コメントを入力する（オプション）。

❻ ［削除］をクリックする。

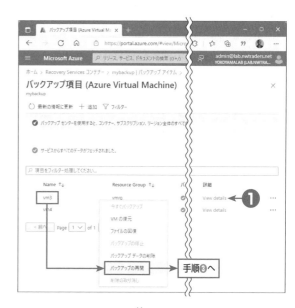

Recovery Servicesコンテナーで「論理削除」が有効になっている場合、14日以内はバックアップデータが保存されます。この場合、削除と同様の手順で削除をキャンセルできます。

ヒント
メール通知
バックアップデータの削除など、重大な操作を行うと、Azureの管理者宛てにメールが送信されます。

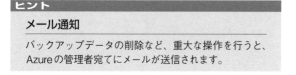

10 Recovery Servicesコンテナーを削除するには

　不要になったRecovery Servicesコンテナーは削除できます。ただし、事前にバックアップデータが完全に削除されている必要があります。バックアップデータやバックアップスケジュールが残っている状態では削除できません。

Recovery Servicesコンテナーを手動で削除する

　通常、Recovery Servicesコンテナーでは「論理削除（soft delete）」が有効になっています。そのため、バックアップデータを削除しても14日間は消去されません。また、MARSエージェントの登録情報も削除する必要があります。つまり、以下の準備が必要です。

1．論理削除を無効にする。
2．バックアップデータとバックアップ項目を削除する。
3．MARSエージェントの関連付けを解除する。

Recovery Servicesコンテナーの削除は、以下の手順で行います。

❶
削除したいRecovery Servicesコンテナーを選択する。

❷
［削除］をクリックする。

❸ ［手動で削除する］を選択すると、必要な手順が表示される。管理ツールへのリンクもあるので、これを参考に操作する。

● この画面の手順1〜6をすべて行う必要はなく、該当する手順を行えばよい。本書で扱った範囲はこの画面の手順1〜3に対応する（具体的な手順は後述のコラム「Recovery Servicesコンテナーの手動削除」を参照）。

● この画面の手順4と手順5はRecovery Servicesによるレプリケーションを使っている場合に必要で、手順6はプライベートエンドポイントを使っている場合に必要。いずれも本書では扱っていないので説明は省略する。

❹ ［上記の手順を実行したこととし、コンテナーを完全に削除することを確認します］をオンにする。

❺ ［はい］をクリックすると、削除作業が始まる。

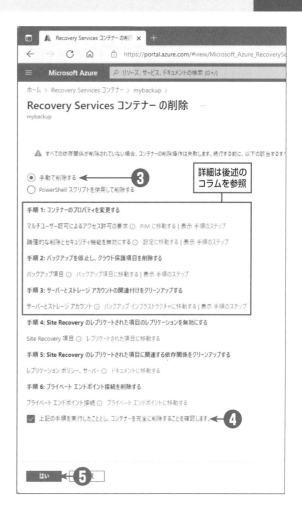

この時点で、Azureは削除可能かどうかのチェックをしません。条件が満たされない場合、削除操作は途中で失敗します。あとで本当に削除されたことを確認してください。なお、削除には数分以上かかります。

Recovery Servicesコンテナーの手動削除

Recovery Servicesコンテナーの手動削除は案外面倒なので、次項で説明するPowerShellスクリプトを使うことをお勧めします。しかし、スクリプトで何をしているのかを理解するために、手動削除の方法も紹介します。以下の説明の手順1〜手順3は、本文の手順❸の画面に表示されている手順1〜3に対応しています。

手順1：コンテナーのプロパティを変更する

最初に、Recovery Servicesコンテナーを削除可能な状態にするため、［論理削除］と［マルチユーザー認可］を無効化します。マルチユーザー認可については、設定されていなければ何もする必要はありません（既定では未設定、本書では扱っていません）。「論理削除」は英語では「soft delete」と表記します。

❶

削除したいRecovery Servicesコンテナーの管理画面で［プロパティ］を選択し、［セキュリティ設定］
の［更新］リンクをクリックする。

❷

以下の2箇所のチェックボックスをオフにする。

［Enable soft delete for cloud workloads］…クラウドワークロードの論理削除を有効化する場合にオ
ンにする（既定ではオン）。Azure VMバックアップを使っている場合に必要。

［Enable soft delete and security settings for hybrid workloads］…ハイブリッドワークロード（オ
ンプレミスのクラウドバックアップ）の論理削除を有効化する場合にオンにする（既定ではオン）。MARS
エージェントバックアップを使っている場合に必要。

●論理削除（soft delete）が有効な場合、削除後に保持される日数を変更することもできる。

❸

［Update］をクリックする。

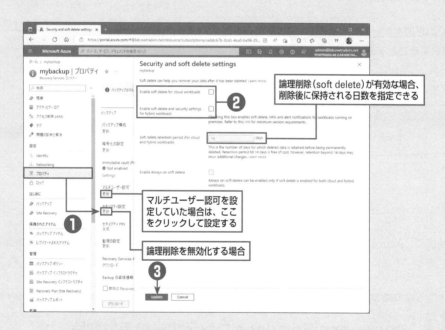

以上でRecovery Servicesコンテナー削除の準備ができました。

手順2：バックアップを停止し、クラウド保護項目を削除する

　個々のバックアップアイテムを削除します。操作手順については、この章の「6　MARSエージェントバッ
クアップを停止するには」と「9　Azure VMバックアップを停止するには」を参照してください。

手順3：サーバーとストレージアカウントの関連付けをクリーンアップする

　実際の作業は、ストレージアカウントではなくRecovery Servicesコンテナーの関連付けのクリーンアップ
です。バックアップに使うストレージアカウントはRecovery Servicesコンテナー内部に隠されています。

　この作業はMARSエージェントバックアップに必要です。Azure VMバックアップには必要ありません。画

面で「Workload in Azure VM」とあるのは「Azure仮想マシン上でのワークロード」、つまり仮想マシン上のサービスの意味で、本書では扱っていません。

❶ 削除したいRecovery Servicesコンテナーの管理画面で［バックアップインフラストラクチャ］を選択する。

❷ ［Azure Backup Agent］を選択する。

❸ MARSエージェントがインストールされているサーバーの一覧が表示されるので、関連付けをクリーンアップしたいサーバーを選択する。

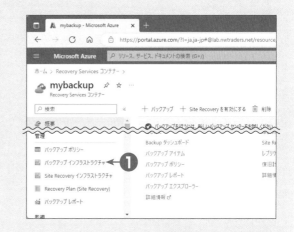

④ サーバーの情報が表示されるので［削除］をクリックする。

⑤ 確認のため、サーバー名を入力する（大文字小文字やピリオドも正確に入力する）

⑥ 関連付けをクリーンアップする理由を選択する。

⑦ コメントを入力する。

⑧ 削除が取り消せないことに同意するためにチェックボックスをオンにする。

⑨ ［削除］をクリックする。

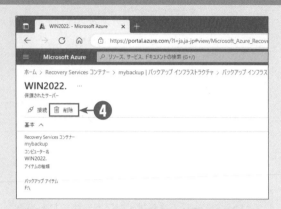

ヒント

関連付けのクリーンアップ理由

手順⑥の［理由］には次の選択肢があります。

理由 *
使用停止
☑ 使用停止
☐ 開発テスト サーバーのリサイクル中
☐ 移行済み
☐ 製品の信頼性が低い
☐ 製品を使用するのが難しい
☐ 製品のコストが高い
☐ 製品が要件を満たしていない
☐ コンプライアンス
☐ 法的情報
☐ その他

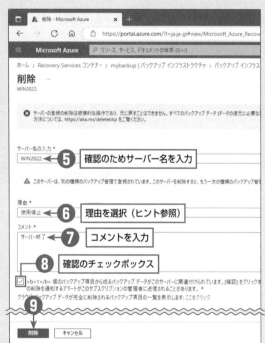

以上でRecovery Servicesコンテナーの削除が可能になります。このあと、Recovery Servicesコンテナーの手動削除の手順に戻ってください。

Recovery Servicesコンテナーをスクリプトで削除する：①スクリプトのダウンロード

　手動削除は、すべてのバックアップ項目に対して1つずつ行う必要があります。これは面倒なので、Recovery Servicesコンテナーを削除するためのPowerShellスクリプトが提供されています。操作の流れは以下のようになります。

　　1．AzureポータルでPowerShellスクリプトを生成してダウンロードする。
　　2．ダウンロードしたスクリプトを実行する。

　ここではスクリプトのダウンロード手順を説明します。ダウンロードしたスクリプトの実行手順は次項で説明します。

① 前項「Recovery Servicesコンテナーを手動で削除する」の手順と同様に、Recovery Servicesコンテナーを選択して［削除］をクリックする。

② ［PowerShellスクリプトを使用して削除する］を選択する。

③ ［スクリプトを生成してダウンロードする］をクリックして、PowerShellスクリプトファイルをダウンロードする（既定のファイル名はDelete_コンテナー名.ps1）。

④ ［キャンセル］をクリックして、Recovery Servicesコンテナーの管理画面に戻る。

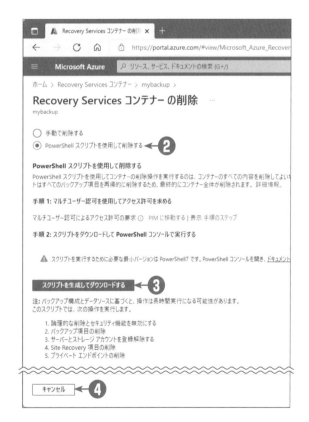

Recovery Servicesコンテナーをスクリプトで削除する：②スクリプトの実行

前項でダウンロードしたスクリプトファイルを実行するには、PowerShellバージョン7が必要です。Windows 10/11やWindows Server 2022標準のPowerShellはバージョン5.1なので、別途インストールする必要があります（PowerShell 5.1と7は共存します）。また、Azureを管理するためのPowerShell拡張機能「Azモジュール」も必要です。

Azureポータル内で実行するクラウドシェルはPowerShell 7で、Azモジュールも最初から組み込まれていますから、クラウドシェルにスクリプトをアップロードして実行するのが便利でしょう。クラウドシェルの詳細は第1章の「4　管理ツールとデプロイモデル」を参照してください。

❶

Azureポータルで［Cloud shell］アイコンをクリックして、PowerShellを起動する（Bashになっている場合はPowerShellに切り換える）。クラウドシェルの初回実行時はストレージの作成を要求してくるので、既定値で作成する。

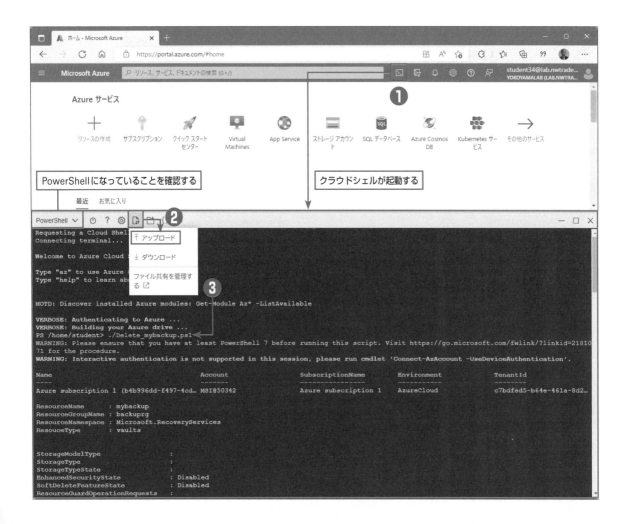

② ［ダウンロード/アップロード］をクリックして、［アップロード］を選択する。ファイル選択のダイアログボックスが開くので、ダウンロードしたPowerShellスクリプトファイルを指定する。

③ クラウドシェル内で、**./Delete_コンテナー名.ps1**（この例では./Delete_mybackup.ps1）を実行する。フォルダー指定が必須なので、先頭に「./」（ピリオドとスラッシュ）を必ず指定する（./は現在の場所を意味する）。

④ 数分したら、AzureポータルでRecovery Servicesコンテナーが削除されたことを確認する。完全に削除されるまで数十分かかる可能性もある。

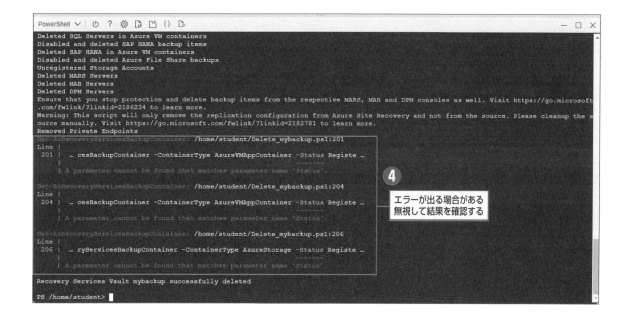

ヒント

スクリプトの実行

ここで説明する手順のほか、スクリプトファイルをアップロードせず、スクリプトファイルの内容をクリップボードにコピーし、クラウドシェルに貼り付けて実行することもできます。

削除スクリプトのエラーメッセージ

本書の執筆時点では、生成したスクリプトに不具合があるようで、エラーメッセージがいくつか表示されます。筆者が調べたところ、スクリプトに含まれるコマンド**Get-AzRecoveryServicesBackupContainer**に、オプション**-Status Registered**が指定されていました。ところが、このオプションは廃止されたようで、本書の執筆時点ではクラウドシェルや最新のAzure PowerShellで実行するとエラーになります。近日中に修正されると思いますが、当面は6箇所あるオプション**-Status Registered**をすべて削除して対応してください。

なお、本書で扱う範囲では、エラーとなる箇所を実行する必要はありません。また、エラーによってスクリプト全体が中断されることもありません。そのため、スクリプトを修正しなくても削除自体は正常に行えます。しかし、念のためスクリプトの実行後は、Recovery Servicesコンテナーが正しく削除されていることを確認し、削除されていない場合は手動での削除を試みてください。スクリプト実行後のメッセージにも「Ensure that you stop protection and delete backup item（保護（バックアップ）が停止し、MARS、MAB、およびDPMコンソールからバックアップ項目が削除されたことを確認してください）」という英語のメッセージが含まれています。

「バックアップが停止して、バックアップ項目が削除されたことを確認しなさい」という指示が含まれる

11 バックアップに対する課金

　MARSエージェントバックアップやAzure VMバックアップの課金は、Recovery Servicesコンテナーに対する基本料金と、ストレージアカウントに対する追加料金に分かれます。月額料金が設定され、使用日数が1ヶ月に満たない場合は日割り計算されます。また、Azure VMバックアップの場合は、スナップショットに対する課金が加算されます。

Recovery Servicesコンテナーに対する基本料金

　Recovery Servicesコンテナーに対する基本料金は、バックアップ対象として構成された仮想マシン（または物理マシン）のファイルおよびフォルダーの合計サイズで決まります。MARSエージェントはデータを圧縮しますが、基本料金の計算は圧縮前の値を使用します。

　なお、Recovery Servicesコンテナーを使ったバックアップでは、ネットワーク帯域の料金がかかりません。Azureに入る場合はもちろん、Azureから出る場合も無料です。ストレージに対するトランザクション課金もありません。ストレージアカウントとして、バックアップ専用のブロックBLOBが使われるため、料金体系も異なる仕組みになっているようです。

表6-3：Azureバックアップのコスト（本書の執筆時点での東日本および西日本の価格）
・インスタンス登録料金

保護対象仮想マシンの月間保存データ	料金（仮想マシン単位）
50GBまでのデータを持つ仮想マシン	月額約723円
50GB〜500GBのデータを持つ仮想マシン	月額約1,446円
500GB超のデータを持つ仮想マシン	500GBごとの増分ごとに月額約1,446円の加算

・ストレージ使用料金（バックアップ用ブロックBLOB）

冗長化レベル	1GBあたりの月額価格
ローカル冗長（LRS）	約3.2円
ゾーン冗長（ZRS）	約4.0円
地理冗長（GRS）	約6.5円
読み取りアクセス地理冗長（RA-GRS）	約8.2円

表はStandardレベルの価格。他にArchiveレベルが設定されているが本書では扱わない

・インスタント復元オプション（VMバックアップが一時的に使用）

使用するストレージ	1GBあたりの月額価格
Standard HDD（LRSおよびZRS）	約7.2円

> **ヒント**
>
> **スナップショットの価格**
>
> スナップショットの価格は、東西日本で1GBあたり月額7.2円です。スナップショットは実際に使った分だけ課金されるので、たとえば1ヶ月30日のとき、30GBを2日間使った場合、以下のような金額になります。
>
> （30GB×7.2円/GB）÷30日（1ヶ月）×2日使用
> 　＝14.4円

バックアップのストレージアカウントの利用状況を確認する

　バックアップが使用するストレージアカウントは、通常のストレージアカウントとは別に設定されます。現在の利用状況は以下の手順で確認します。ただし、1日遅れで報告されるので注意してください。

❶ Recovery Services コンテナーの管理画面から、使用量を知りたいRecovery Services コンテナーを選択する。

❷ ［概要］で［バックアップ］タブを選択する。

❸ ［使用量］の［ストレージの構成］に、冗長化レベル別の使用量が表示される（単位はGB）。

まとめ～Webアプリケーション サーバーを構築しよう

第 7 章

ここまでの章で、Azureの IaaS機能について説明してきました。意外に多くの機能があり、混乱している人もいるかもしれません。この章では、本書全体のまとめとして、Azureを使ったWebアプリケーションサーバーの構築例パターンを説明します。

個々の内容は既に説明しているので、ここでは全体の流れを中心に解説します。内容の重複はありますが、各機能をどのような場面で、どのような目的で使うのかを理解してください。

1 基本設計を行う

　クラウド上のサーバーでも、オンプレミスのサーバーでも、最初の作業はシステム構成を決めることです。ここでは、典型的な Web アプリケーションサーバーを例に説明します。

Web アプリケーションサーバーの構成

　Web アプリケーションサーバーの典型的な構成は、2層に分離されたシステムです（図7-1）。フロントエンド Web サーバーを、フロントエンドサーバーとアプリケーションサーバーの2階層に分離することもあります。

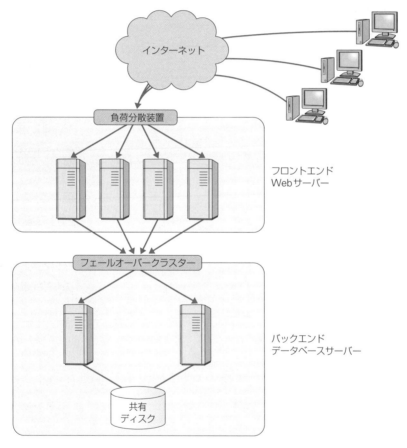

図7-1：典型的な Web アプリケーションサーバーの構成

　ただし、Azure ではディスク共有型のクラスターを最近までサポートしていなかったため、ディスク複製型のクラスターを構築することが多いようです（図7-2）。

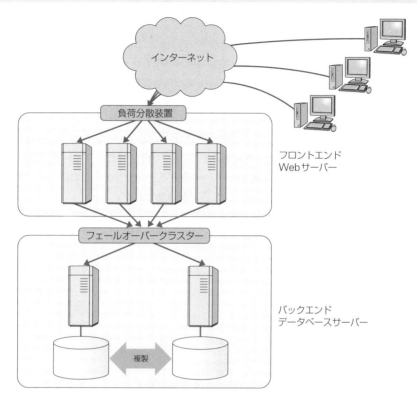

図7-2：Azureでの典型的なWebアプリケーションサーバーの構成

　仮想マシンは2台以上作成し、可用性セットまたは可用性ゾーンを構成します。Azureの仮想マシンに対するSLA（サービスレベルアグリーメント）は以下の通りです。

●99.99%…可用性ゾーン（2台以上で構成）
　同一リージョンの2つ以上の可用性ゾーンにまたがって2台以上の仮想マシンがある場合、99.99%の時間において、少なくとも1台の仮想マシンが動作する。

●99.95%…可用性セット（2台以上で構成）
　同じ可用性セットに2台以上の仮想マシンがある場合、99.95%の時間において、少なくとも1台の仮想マシンが動作する。

●99.9%…Premium SSD（1台）
　すべてのディスクにPremium SSDまたはUltra Diskを使った単一仮想マシンは、99.9%の時間において動作する。

●99.5%…Standard SSD（1台）
　Standard SSDを使った単一仮想マシンは、99.5%の時間において動作する。

●95%…Standard HDD（1台）
　Standard HDDを使った単一仮想マシンは、95%の時間において動作する。

Webサーバー

Webサーバーは、スケールアウトによる負荷分散と障害対策が利用できます。必要なときに必要な台数を確保し、不要になったら停止することで、負荷に応じた最適なパフォーマンスを実現し、運用コストを最小化できます。Azureでは、Webサーバーのスケールアウトが容易なため、従来ほど厳密な性能設計は必要ありません。負荷分散については、第4章を参照してください。

サーバーの停止と起動で負荷調整をする場合、ある程度小さなサイズの方が最適化を進められます。たとえば、負荷に応じて2時間ごとにサーバー台数を変化させた場合、1日で延べ39台分のサーバー性能が必要だったとします（図7-3）。しかし、倍の性能のサーバーを使った場合は24台が必要です（図7-4）。これは小さなサーバー性能に換算すると48台分となり、9台分のサーバー性能が無駄になることを意味します。

実際にはサーバー性能と価格が完全に比例するわけではありませんし、ある程度の絶対性能が必要な場合もあります。しかし、必要以上に高性能なサーバーが無駄を生むことはおわかりいただけるでしょう。

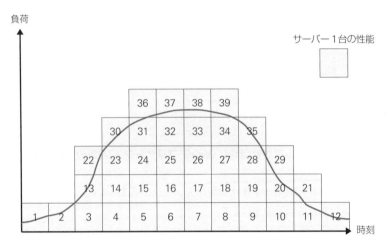

図7-3：サイズによる負荷の最適化度合いの違い：サーバーサイズが小さい場合

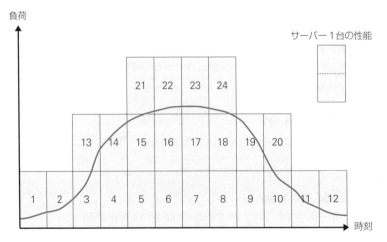

図7-4：サイズによる負荷の最適化度合いの違い：サーバーサイズが大きい場合

　従来、Azureの仮想マシンは高性能指向で、1つの物理CPUコアを1つの仮想CPUコアに割り当てるなど贅沢な構成を取っていました。また、パフォーマンス指標が複雑になるハイパースレッドも使用していませんでした。

　最近では1つの物理CPUコアを2つの仮想CPUコアに割り当てるものが増えてきています。また、性能を意図的に落とした安価なBシリーズも登場したため、用途によって使い分けることが可能です。

　たとえば、以下のシリーズは1つの物理CPUコアを2つの仮想CPUコアに割り当てているほか、ハイパースレッドが有効です。また、高負荷時にCPUクロックを一時的に上昇させるIntel Turbo Boostテクノロジーを採用しています。

・D_v3/Ds_v3シリーズ以降
・E_v3/Es_v3シリーズ以降
・F2s_v2シリーズ
・Mシリーズ

　そのほか、AMDのプロセッサを採用したシリーズでも同様の機能が使われます。詳細は以下のドキュメントなどを参照してください。

「Azureコンピューティングユニット（ACU)」
　https://learn.microsoft.com/ja-jp/azure/virtual-machines/windows/acu

データベースサーバー

　データベースサーバーは、スケールアウトが困難なため、スケールアップを検討します。一度構成した仮想マシンはスケールアップまたはスケールダウンが可能ですが、その範囲には制約があります（シリーズの変更はできない場合があります）。そのため、Webサーバーよりは厳密な性能設計が必要です。また、スケールアップまたはスケールダウン時はサーバーの再起動が必ず行われます。

　可用性を考えて、データベースサーバーも2台以上で可用性セットまたは可用性ゾーンを構成する必要があります。また、どの1台のサーバーが停止してもアプリケーションが完全には停止しないようにシステムを設計する必要があります。これを「高可用性構成」と呼びます。

　従来、SQL Serverを高可用性構成にするにはディスク共有型のフェールオーバークラスターを使用していました。しかし、SQL Server 2012以降では「Always On可用性グループ」と呼ばれる機能を使ってデータベースを複製します。Always On可用性グループはネットワークの負荷が高くなりますが、Azureのネットワークは十分高速なため問題になりません。具体的な手順は、以下のドキュメントなどを参照してください。

「Azure VM上のSQL ServerのAlways On可用性グループ」
　https://learn.microsoft.com/ja-jp/azure/azure-sql/virtual-machines/windows/availability-group-overview

ドメインコントローラー

　複数のWindows Serverの設定を集中管理したい場合はグループポリシーが便利です。グループポリシーを構成するには、Active Directoryドメインサービス（AD DS）を利用する必要があります。AD DSは、SQL Serverの

Always Onを構成するためにも使用できます（ワークグループ可用性グループを使う場合はAD DSは不要です）。

　Azureの仮想マシンでAD DSを構成するには以下の手順で行います（図7-5）。詳しい手順は、かっこ内の参照先で説明されています。

1. 仮想ネットワーク（第2章の5、第5章）

AD DSのサーバー（ドメインコントローラー）とクライアント（メンバー）は自由に通信できる必要があるため、同一の仮想ネットワークに所属させます。セキュリティ上の配慮で、サブネットは分離する場合もあります。

2. 仮想ネットワークのDNSサーバー（第5章の4）

AD DSには独自のDNSサーバーが必要です。通常はドメインコントローラーがDNSサーバーとなるので、仮想ネットワークのDNSサーバーとして登録します。

3. 複数のドメインコントローラーを含む可用性セット（第4章の3と4）

AzureのSLAで稼働率99.5％を満たすには、複数のドメインコントローラーを含む可用性セットが必要です。ただし、ドメインコントローラー自身が負荷分散機能を持つため、ロードバランサーを構成する必要はありません。

4. パブリックIPアドレスの削除（第5章の3）

ドメインコントローラーはインターネットと通信をする必要がないため、パブリックIPアドレスを構成する必要はありません。ポイント対サイト接続VPNを構成していれば、リモートデスクトップサービスのパブリックIPアドレスやNSG（ネットワークセキュリティグループ）を削除しても構いません。この場合、ポイント対サイト接続VPNを使って（パブリックIPアドレスではなく）プライベートIPアドレスを指定したリモートデスクトップ接続を行います。

5. メンバーサーバー

AD DSで管理されるサーバー（メンバーサーバー）は、DNSサーバーとしてドメインコントローラーを参照する必要があります（第5章の4）。また、99.95％のSLAを満たすためには可用性セットが必要です（第4章の3と4）。

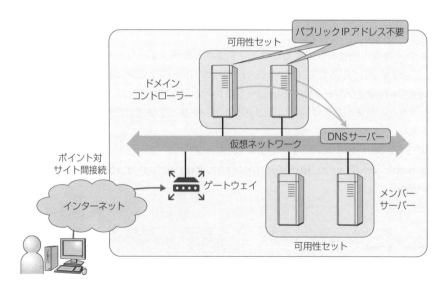

図7-5：ドメインコントローラーの配置

Azure ADDS

AD DS を使用するのが Azure 上のみの場合は、Azure Active Directory Domain Services（Azure ADDS）が利用できます。Azure ADDS は内部的には Azure AD のオプションとして構成され、アカウント情報が自動的に同期されます。
単体の AD DS として使う場合は、以下のように利用します。

1. Azure ADDS 用の仮想ネットワークを構成（必須ではないが専用が望ましい）
2. Azure ADDS を構成（2 台のドメインコントローラーが構成される）
3. 仮想ネットワークの DNS を変更
4. 仮想ネットワークにメンバーサーバーを構築
5. メンバーサーバーに AD DS 管理ツールをインストール

（Azure ADDS のドメインコントローラーへのログオンは許可されていない）

6. Azure ADDS 上に OU を構成（Azure ADDS 全体の管理者権限は与えられないが、作成した OU の管理者権限は与えられる）
7. 作成した OU にユーザーアカウントなどを登録
8. 必要に応じてグループポリシーを構成し、OU にリンク

ただし Azure ADDS は、2 万 5000 オブジェクト以下の構成で月額 1 万 5,000 円以上かかります。2 台のドメインコントローラーが構成されることを思うと決して高価ではありませんが、社内用の AD DS とは別に保守しないといけないことを考えると、少々割高かもしれません。

Azure 上のドメインコントローラー

　Azure 上の仮想マシンとして AD DS のドメインコントローラーを配置する場合、以下の 3 点に注意してください。

1. DNS サーバーの IP アドレス

　通常、AD DS 環境ではドメインコントローラーが DNS サーバーになります。ドメインコントローラー昇格後、DNS サーバーの構成ができたら、Azure 仮想ネットワークの構成で、DNS サーバーの IP アドレスをドメインコントローラーのプライベート IP アドレスに変更してください。

2. ディレクトリデータベースの配置

　ドメインのデータベースを配置したディスクドライブは AD DS が自動的にキャッシュを無効化しようとします。しかし、実際には Azure のホストベースキャッシュは仮想マシンからは無効にできません。また、そもそも性能上の問題からシステムディスクのキャッシュを無効にすべきではありません。
　そこで、ドメインコントローラーを Azure 上に展開する場合は必ずディスクドライブを追加し、システムディスクとは別のボリュームにディレクトリデータベースを配置してください。その際、キャッシュは「なし」で構成します。ドメインのデータベースアクセスは最適化されており、追加のキャッシュは必要ありません。また、「読み取り / 書き込み」キャッシュは、万一の場合にデータ欠損の恐れがあるため設定しないでください。

3. サイトの配置

　Azure 上だけにドメインコントローラーを配置する場合は不要ですが、VPN で社内ネットワークと結ぶ場合、Azure 上のネットワークに「サイト」を構成してください。サイトは AD DS の構成情報で、「高速で安定した通信が可能な範囲」を意味します。

　Active Directory ドメインサービスの詳細は、『ひと目でわかる Active Directory　Windows Server 2022 版』（日経 BP、2022 年）などの解説書を参照してください。

2　仮想ネットワークを構成する

　複数のサーバーが連携するシステムでは、多くの場合ファイアウォールや NAT を経由しない直接通信が必要です。そのためには、第5章で説明した仮想ネットワークを構成します。

TCP/IP構成

　ゲートウェイを経由して、社内ネットワークと仮想ネットワークを VPN 接続する場合、社内ネットワークとは異なるネットワーク番号が必要です。VPN 接続を行わない場合は特別な注意はありません。

保守用VPN（ポイント対サイト接続）

　仮想ネットワークのオプションとして、ポイント対サイト接続を使った保守用の VPN を構成できます。VPN ゲートウェイは課金対象なので、追加のコストはかかりますが、以下のメリットがあります。

1. リスクの高いインターネット接続が不要

　リモートデスクトップサービスのパブリック IP アドレスを公開した場合、アカウント情報とポート番号がわかれば外部から侵入されます。しかし、VPN を構成した場合は、アカウント情報に加えて VPN の接続情報が必要なため安全性が高まります。

2. リモート管理が可能

　管理用のデスクトップ PC からリモート管理が可能なので、わざわざ仮想マシンにリモートデスクトップ接続をする必要がありません。

仮想マシンが使用する仮想ネットワークの変更

　仮想ネットワークは、仮想マシンの作成時に指定する必要があります。そのため、仮想マシンの作成と同時に、または仮想マシンを作成する前に、仮想ネットワークを作成する必要があります。
　どうしても既存の仮想マシンを別の仮想ネットワークに割り当てたい場合は、以下の手順に従います。

　　1. 仮想ディスクを残して仮想マシンを削除する。
　　2. 残した仮想ディスクから新しい仮想マシンを作成する。

　仮想マシンのバックアップを取って別のネットワークに展開することもできます。ただし、Azure VM バックアップは低速なうえ、スケジュール設定が必須なので少々使いにくいかもしれません。第6章の8のコラム「マネージドディスクのスナップショットを使った仮想マシンの複製」で紹介した手順が手軽でしょう。仮想ディスクから新しい仮想マシンを作成する手順もここで説明しています。

3　仮想マシンイメージを構成する

　仮想マシンを使ってスケールアウトを行う場合、あらかじめ仮想マシンイメージを構成しておく必要があります。スケールアウトを使わない場合でも、「イミュータブルインフラストラクチャ」を実現するには仮想マシンのテンプレートとしての仮想マシンイメージ（第3章で説明）が必要です。これを「仮想マシンイメージ」と呼びます。

イミュータブルインフラストラクチャの利用

　第3章の5でも解説した通り、クラウドでは「イミュータブルインフラストラクチャ」という考え方をよく使います。

　オンプレミス環境でよく使われる「ペットモデル」では、1台のサーバーを保守しながら大事に使います。昔はVenusやMercuryなど惑星や神話から取った固有名詞をサーバーに付けていたシステム管理者も多かったようです。

　一方、クラウドでは「キャトル（家畜）モデル」が一般的です。通常、家畜には名前を付けません。名前という固有名詞を付けた時点で、ペットになってしまい経済動物ではなくなってしまうからです。同様に、サーバーにもweb001のような機械的な名前を付けるのが一般的です。

　イミュータブルインフラストラクチャを実現するには、主に以下の2つの典型的な設計手法（デザインパターン）があります。

　・スタンプ
　・ブートストラップ

　スタンプは、第3章で紹介した方法で仮想マシンのイメージを作成して再展開します。スタンプを押すように、同じマシンを次々と生成できることに由来します。スタンプは展開時間が短い利点があるのですが、少しでも変更するたびにイメージの再作成が必要になります。

　一方、ブートストラップは起動時にスクリプトを自動実行し、最終的な構成を作り上げる方法です。通常は、イメージの作成よりスクリプトの修正の方が簡単なので、より手軽な方法です。ただし、展開にかかる時間が増加しやすいという欠点があります。

　Azureでは、管理ツールで指定したデータを、作成する仮想マシンに送ることができます。Linuxでは、このデータを「cloud-init」というシステムに渡すことで初期化が可能です（図7-6）。WIndowsではデータはC:¥AzureData¥CustomData.binというファイルに格納されますが、初期化などの処理は実行されません。また、さまざまな拡張機能が用意されており、シェルスクリプト（Linuxの場合）やPowerShellスクリプト（Windows）を実行できます。WindowsではPowerShell Desired State Configuration（DSC）を使った初期化も可能です（図7-7）。いずれも本書では扱っていませんが、大規模なクラウド展開をする場合にはよく使われる技術です。

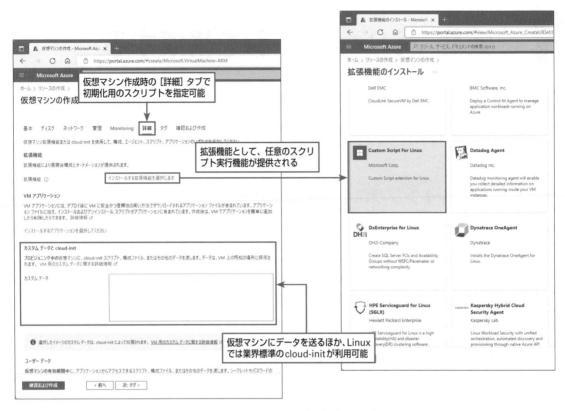

図7-6：仮想マシンの初期化（Linux）

ヒント

cloud-init

cloud-init は、Linuxディストリビューションに依存しない初期設定ツールで、AWS EC2（仮想マシン）やOpenStack（オープンソースのプライベートクラウド構築システム）などで広く使われています。cloud-initはパッケージの追加やロケール（言語情報）を設定できるほか、任意のスクリプトを登録することもできます。

DSC

PowerShell Desired State Configuration（DSC）はマイクロソフトが開発したPowerShell拡張機能です。現在はWindows版のほかLinux版も存在しますが、本書の執筆時点で初期展開時に利用できるのはWindowsだけです。DSCは「あるべき状態」を宣言的に記述するため、現在の状態をチェックしたり、実行順序に注意したりする必要がありません。

ヒント

クラウドデザインパターン

パブリッククラウドは、すべてのコンポーネントを完全に制御できるわけではありません。そのため、典型的な設計パターン（デザインパターン）を踏襲することはオンプレミス以上に重要です。

Azureでは公式ドキュメントとして「クラウド設計パターン」が提供されていますが、アプリケーションアーキテクチャが中心で、基本的なサーバー展開のデザインパターンは少ないようです。ここでは『Amazon Web Servicesクラウドデザインパターン設計ガイド［改訂版］』（日経BP、2015年）に掲載されているパターンに従いました。

「クラウド設計パターン」
https://learn.microsoft.com/ja-jp/azure/architecture/patterns/

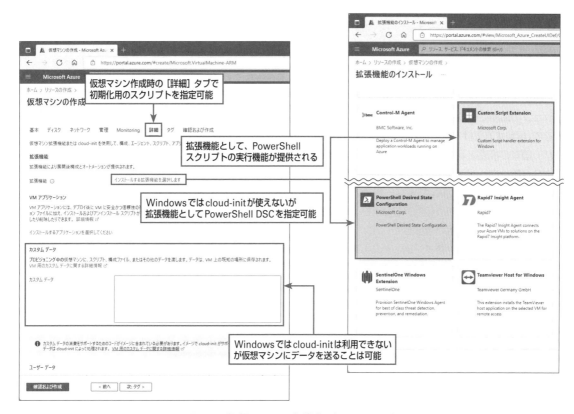

図7-7：仮想マシンの初期化（Windows）

Webサーバー

Webサーバーはスケールアウトを行うことが多く、イミュータブルインフラストラクチャと組み合わせることで、サーバーの迅速な展開が可能です。

データベースサーバー

データベースサーバーはスケールアウトすることが少なく、一度インストールしたサーバーを使い続けることもよくあります。同じサーバーを使い続ける場合はデータも蓄積されるため、サーバーを入れ換えてしまうイミュータブルインフラストラクチャの効果は限定的です。しかし、過去の仮想マシンイメージを保存しておくことで、回帰テストが容易になるなどのメリットがあります。

回帰テストとは、システムに変更を加えた際、それによって新しい不具合が起きていないかどうかを検証するテストのことです。新たに発見された不具合の原因は、過去のプログラムの潜在的なバグに起因することがあります。古い仮想マシンイメージを保存しておくことで、過去にさかのぼったテストを容易に実現できます。

仮想マシンイメージの保存にはストレージアカウントが必要ですが、ストレージの使用料はそれほど高くないため、ITシステム全体の管理コストに比べればわずかな金額で済みます。

仮想マシンイメージを準備する

　第2章で説明したように、仮想マシンのインストールは数分で完了しますが、そのあとの初期設定には多くの時間がかかります。たとえば、Windows Server 2019の日本語化作業には10分近くかかりました（2022年10月時点で、Premium SSDにWindows Server 2019をインストールしたD2s_v3サイズの仮想マシンの場合）。アプリケーションの追加にも多くの時間がかかるでしょう。

　そこで、展開するだけですぐに利用できるように仮想マシンイメージを作成しておきます。仮想マシンイメージは、サーバー固有の構成を消去する必要があります。そこで、第3章で説明したように、Windows Serverの場合はあらかじめSysPrepツールを実行します（Linuxの場合はwaagentツール）。

　一部のアプリケーションは、サーバー固有の設定（たとえばホスト名やサーバーのセキュリティID）を独自のデータベースに保存します。こうしたアプリケーションがインストールされた状態でSysPrepを実行すると、システム設定とアプリケーション設定が矛盾してしまい、正常な動作ができない場合があります。そのため、SysPrepに対応していないアプリケーションをインストールしてイメージを作ることはできません（図7-8）。たとえばSQL Serverはデータベース内にホスト名を登録するため、通常のSysPrepは利用できません。そのため、SQL Serverには専用の「SQL Server SysPrep」が提供されており、SysPrepと組み合わせて使います（第3章の2で説明）。

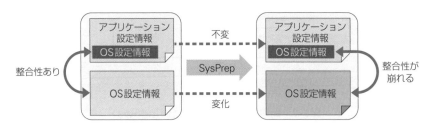

図7-8：SysPrepが利用できないアプリケーションの例

4　仮想マシンを展開する

　仮想マシンの展開は第3章で説明した仮想マシンイメージをテンプレートとして使いますが、いくつかの注意点があります。

仮想マシン展開：共通の注意点

　仮想マシンを展開するうえで、共通の注意点は以下の通りです（図7-9）。

1. **仮想ネットワークの選択**…仮想マシン展開時に、適切な仮想ネットワークを指定します。
2. **サイズ指定**…スケールアウトによる負荷分散を行う場合は、原則として全仮想マシンが同じサイズでなければなりません。
3. **可用性**…可用性セットや可用性ゾーンは、仮想マシン作成時にのみ指定できます。あとから変更することはできません。
4. **NSG（ネットワークセキュリティグループ）**…NSGをサブネットに対して構成することで、設定漏れを防げます（推奨構成）。NSGを仮想マシンごとに構成することもできます。この場合、同じNSGを複数の仮想マシンに割り当てると便利です。
5. **ロードバランサー**…ロードバランサーの負荷分散規則で着信可能なTCP/UDPポートを指定します。また、インバウンドNAT規則を構成することで、ロードバランサーの着信ポートと仮想マシンの着信ポートの変換が可能です。

　サイズやNSGは、仮想マシンの作成後に変更できます。ただし、サイズ変更は仮想マシンが展開された物理マシンの制約を受けるうえ、仮想マシンの再起動を伴います。

　仮想ネットワークの変更は原則としてできません。あとから変更する場合は、ディスクを残して仮想マシンを削除し、残したディスクから新しい仮想マシンを作成するなどの工夫が必要です。

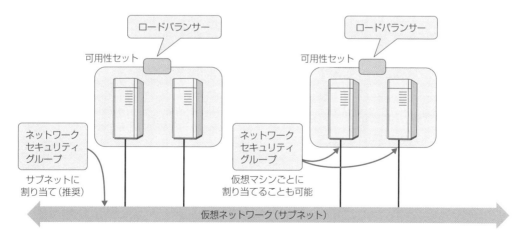

図7-9：仮想マシン展開の注意点

1台目の仮想マシンで実施する作業

1台目の仮想マシンでは、以下の作業を行ってください。

1．可用性セットの新規作成（第4章の3）
2．ロードバランサーの新規作成（第4章の4）
3．NSGの新規作成（第2章の4）

2台目以降の仮想マシンで実施する作業

2台目以降の仮想マシンでは、以下の作業を行ってください。

1．既存の可用性セットに追加（第4章の3）
2．既存のロードバランサーに追加（第4章の4）
3．既存のNSGを利用（第2章の4と5）

　スケールアウトに対応した仮想マシンを追加するときは、既存の可用性セットとロードバランサーを利用します。削除するときは、それぞれのリソースからサーバーを削除するだけで構いません。

　データベースサーバーなど、スケールアウトに対応していないサーバーの場合、サーバーを追加したあとの作業や、削除する前の作業が必要な場合があります。利用するアプリケーションの構成手順に従ってください。

5 バックアップ計画を立てる

バックアップには大きく2つの目的があります。1つは障害からの回復で、もう1つは構成ミスからの回復です。

Azureの場合、ストレージアカウントを「地理冗長」として構成すれば、障害による破損は事実上ありません。しかし、操作ミスやソフトウェア障害から回復するためには、第6章で説明したバックアップが不可欠です。

スケールアウトに対応したサーバーのバックアップ（Webサーバーなど）

大半のWebサーバーなど、スケールアウトに対応した仮想マシンの場合、個々のサーバーをバックアップする必要はありません。仮想マシンのイメージさえあれば、いつでもサーバーを再構成できるからです（図7-10）。

イメージ自体のバックアップ機能はないため、必要に応じてイメージ作成時にゾーン冗長を指定してください。仮想マシンイメージについては第3章で、ストレージアカウントについては第1章の5で、それぞれ説明しました。

スナップショットを使うことで、仮想ディスク単独のバックアップも可能です（第6章の8のコラム）。定期的な実行機能はありませんが、イメージの内容が日々変化することはないためバックアップの代替として使えるでしょう。一般化する前のスナップショットがあれば、いつでも仮想マシンを再作成できます。

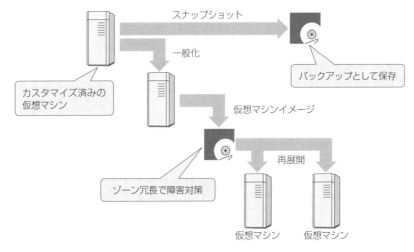

図7-10：スケールアウトに対応したサーバーのバックアップ

スケールアウトに対応しないサーバーのバックアップ（データベースサーバーなど）

データベースサーバーの中にはスケールアウトに対応しているものもあります。しかし、そもそもデータベースの内容は日々のデータが蓄積されるため、少なくともデータは定期的にバックアップする必要があります。Azureではストレージアカウントの構成と可用性の要件によっては障害対策を考えなくてもよいのですが、ソフトウェアのバグによって意図しないデータ変更や削除があるかもしれません。

データベースサーバーの保護には、次の3つの方法があります。条件に合わせて使い分けてください（図7-11）。詳しい手順は、かっこ内の参照先で説明されています。

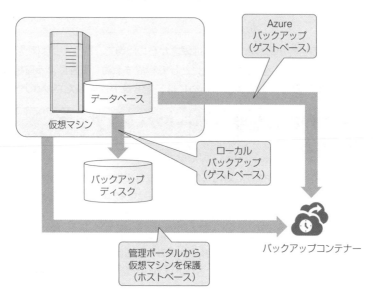

図7-11：データベースサーバーのバックアップ

1. **管理ポータルから仮想マシン全体を保護**（ホストベースバックアップ、第6章の7～9）
2. **Azureバックアップを使ってデータベースを保護**（ゲストベースバックアップ、第6章の3～6）
3. **データベースサーバーに対応したバックアップソフトウェアを利用してデータベースを保護**（アプリケーションに依存するため本書では扱わない）

　サーバーを仮想マシンごと保護するには、Azureの管理ポータルを使ったホストベースバックアップ（Azure VMバックアップ）が便利です。この場合、復元は新しい仮想マシンを作成することも、既存の仮想マシンに上書きすることもできます。

　データベースだけを保護するのであれば、仮想マシンからのゲストベースバックアップ（MARSエージェントバックアップ）が使用できます。ただし、データベース管理システムによっては、特別なバックアップシステムが必要な場合もあるため、Azureバックアップでは対応できないかもしれません。仮想マシンにはほとんどのアプリケーションがインストールできるため、アプリケーションに応じたバックアップソフトウェアを選択できます。

著者紹介

横山 哲也（よこやま てつや）

　1987年、日本ディジタルイクイップメント株式会社に入社、SEおよびプログラマー向け教育に従事。1993年、Windows NT 3.1のビデオ教材開発を担当、翌年よりマイクロソフト認定トレーナー（MCT）としてWindows NT教育コースを実施。1996年にグローバルナレッジネットワーク株式会社（現トレノケート株式会社）に移籍、現在に至る。

　主な業務はWindowsおよびAzure関連教育コースの企画・開発・実施。2008年からはHyper-V研修、2014年からAzure研修、2015年から2017年までSoftLayer（現IBM Cloud IaaS）研修を担当。著書・共著書に『ストーリーで学ぶWindows Server　ひとり情シスのためのITシステム構築入門』（日経BP、2022年）、『徹底攻略Microsoft Azure Fundamentals教科書［AZ-900］対応』（インプレス、2021年）、『グループポリシー逆引きリファレンス厳選98』（日経BP、2017年）などがある。

　各種勉強会の講師やWeb記事が評価され、2003年4月から2019年6月まで16年間連続でMicrosoft MVP（Most Valuable Professional）として表彰される（最終受賞時の専門はCloud and Datacenter Management）。

　個人ブログは「ヨコヤマ企画」（https://yp.g20k.jp/）。好きなクラウドサービスは仮想マシンイメージ、好きなシンガーソングライターは宮崎奈穂子、好きなアイドルは「まなみのりさ」。

■主な資格

Microsoft Certified: Azure Solutions Architect Expert
Microsoft Certified: Azure Administrator Associate
Microsoft Certified: Azure Security Engineer Associate
Microsoft Certified: Azure Fundamentals
Microsoft Certified: Security, Compliance, and Identity Fundamentals
AWS認定クラウドプラクティショナー
EXIN Cloud Computing Foundation Certificate

トレノケート株式会社

　1995年、ディジタルイクイップメント社（DEC）の教育部門を母体としてGlobal Knowledge Network Inc.設立。IT教育を中心とした人材育成サービスを提供。2004年米国本社から日本法人が独立、2012年Global Knowledge Asiaと統合。2017年ブランド名および社名をTrainocate（トレノケート）に変更。TrainocateはTrainingとAdvocateの合成語。
https://www.trainocate.co.jp/

● 本書についての最新情報、訂正情報、重要なお知らせについては、下記Webページを開き、書名もしくはISBNで検索してください。ISBNで検索する際はハイフン（-）を抜いて入力してください。

　　　https://bookplus.nikkei.com/catalog/

● 本書に掲載した内容についてのお問い合わせは、下記Webページのお問い合わせフォームからお送りください。電話およびファクシミリによるご質問には一切応じておりません。なお、本書の範囲を超えるご質問にはお答えできませんので、あらかじめご了承ください。ご質問の内容によっては、回答に日数を要する場合があります。

　　　https://nkbp.jp/booksQA

● ソフトウェアの機能や操作方法に関するご質問は、製品パッケージに同梱の資料をご確認のうえ、日本マイクロソフト株式会社またはソフトウェア発売元の製品サポート窓口へお問い合わせください。

ひと目でわかる Azure
基本から学ぶサーバー＆ネットワーク構築　第4版

2015年 9 月14日　初版第1刷発行
2017年 5 月29日　改訂新版第1刷発行
2019年10月28日　第3版第1刷発行
2023年 1 月23日　第4版第1刷発行
2024年 6 月10日　第4版第2刷発行

著　　者	横山 哲也	
発 行 者	村上 広樹	
編　　集	生田目 千恵	
発　　行	株式会社日経BP	
	東京都港区虎ノ門4-3-12　〒105-8308	
発　　売	株式会社日経BPマーケティング	
	東京都港区虎ノ門4-3-12　〒105-8308	
装　　丁	コミュニケーションアーツ株式会社	
DTP制作	株式会社シンクス	
印刷・製本	図書印刷株式会社	